高等院校"新形态"规划教材

现代工程实训

主　编　高慎涛　胡丽娜
副主编　刘守梅　文湘霖　李明涛　王鑫慧

本书资源使用说明

北京邮电大学出版社
·北京·

内 容 简 介

本书是一本专注于工程实习和技能培训的综合性教材。从绪论开始，本书涵盖了车工实习、数控车床实习、特种加工实习、钳工实习、铣工实习、加工中心实习和 NX CAM 自动编程实习等多个关键主题。每章都以项目驱动方式，结合视频、电子课件等资源，深入浅出地介绍了相应的工艺和技术，既包括基础知识又包括高级应用。附录部分包含实用的综合案例，如江苏省数控技能大赛选拔赛样题和百隆(加农炮)，旨在帮助读者更好地理解和应用所学知识。

无论是对于初学者还是专业人士，本书都是一本实用的工程指南和学习资料。

图书在版编目(CIP)数据

现代工程实训 / 高慎涛，胡丽娜主编 . -- 北京 ：
北京邮电大学出版社，2025. -- ISBN 978－7－5635－7472
－8

Ⅰ. TB

中国国家版本馆 CIP 数据核字第 2024U0X003 号

策划编辑：韩　霞　　**责任编辑：**韩　霞　　**封面设计：**广信达雅

出版发行：北京邮电大学出版社
社　　址：北京市海淀区西土城路 10 号(100876)
电话传真：010－82333010　62282185(发行部)　010－82333009　62283578(传真)
网　　址：www. buptpress3. com
电子信箱：buptpress3@163. com
经　　销：各地新华书店
印　　刷：鸿博睿特(天津)印刷科技有限公司
开　　本：787 mm×1 092 mm　1/16
印　　张：16.75
字　　数：417 千字
版　　次：2025 年 1 月第 1 版
印　　次：2025 年 1 月第 1 次印刷

ISBN 978－7－5635－7472－8　　定价：49.80 元

前言

随着科技的迅猛发展和产业结构的持续变革，工程教育面临着前所未有的挑战和机遇。新工科教育模式的兴起，提供了重新审视和优化工程实训课程的契机。本书旨在探讨新工科背景下工程实训课程的设计与实施，培养学生实际操作技能，提升学生解决问题的能力，致力于为读者提供一本全面的工程实习和技能培训教材。

传统的工程实训课程往往侧重于技术的传授和操作技能的培养，然而，在新工科教育理念下，学生需要掌握更多元化、跨学科整合的实践经验，具备创新思维和团队协作能力，以适应快速变化的工业需求和科技进步的潮流。

党的二十大报告强调“推进教育数字化”。教育数字化是教育教学活动与数字技术融合发展的产物，教材是教育教学的基本载体和关键支撑。本书为新形态教材，配套了丰富的数字教学资源，学生可以通过助学助教平台手机端 APP 扫描二维码观看。本书资源使用说明，请扫描扉页中的二维码查看。

本书主要包括以下内容：第 1 章为车工实习，介绍车工应具备的基础知识和技能，包括车床的操作与调整、常见车削工艺及精度控制技术。通过项目驱动方式，学生将学习从简单的零件加工到复杂的工艺控制的知识。第 2 章为数控车床实习，深入讨论数控技术在车床加工中的应用，包括编程基础、G 代码解析和实际操作技巧。结合视频和电子课件资源，学生将掌握利用数控技术提高生产效率和加工精度的方法。第 3 章为特种加工实习，介绍特种加工工艺，如电火花加工、激光加工等，以及 3D 打印技术在工程实践中的创新应用，重点讲解不同材料的打印技术、设计原理和实际案例分析。第 4 章、第 5 章分别为钳工、铣工实习，详细介绍钳工、铣工的基本技术和高级应用，包括机床操作、夹具设计和刀具选择等关键技能。通过实例演练和实用案例，学生将掌握钳工、铣工操作的精要。第 6 章、第 7 章分别为加工中心实习、NX CAM 自动编程实习，探讨加工中心的工艺流程和自动编程技术在工程设计与生产中的重要性，提供实际操作指南和常见问题的解决方案，帮助学生利用先进的工程软件有效地进行自动化生产。

附录部分包含了江苏省数控技能大赛选拔赛样题和加农炮等实用案例，旨在帮助学生更好地理解和应用所学知识。这些案例涵盖了从基础到高级的技能要求，也适用于不同层次的学习者和专业人士。

无论是初学者还是已经在工程领域工作多年的专业人士，本书都将为您提供全面的实用工程指南和学习资料。书中项目驱动的教学方法和丰富的多媒体资源有助于读者在理论学习与实际操作中找到平衡，全面提升工程实践能力，为未来的职业发展奠定坚实的基础。

在新工科背景下，工程实训课程的优化和创新是我们共同面对的责任和挑战。让我们携手并肩，共同探索工程教育的未来，为社会和行业培养出更多的优秀工程师和领导者。

本书由高慎涛、胡丽娜担任主编，刘守梅、文湘霖、李明涛、王鑫慧担任副主编。另外，本书编写过程中，得到了山东省机械设计制造及其自动化专业发展联盟的大力支持。在此，向联盟的各位专家和成员表示诚挚的感谢。

由于编者水平有限，书中疏漏之处在所难免，敬请广大读者批评指正。

编　者

2024 年 10 月

CONTENTS 目录

绪 论

2024 年 3 月，习近平总书记在参加十四届全国人民代表大会第二次会议江苏省代表团审议时强调“树立工匠精神”，指出“大国工匠是我们中华民族大厦的基石、栋梁。”“光图纸设计得好还不行，最后要落实到焊工手里，没有世界一流的水平，不可能做出最好的装备。”当前，我国正处于从“中国制造”向“中国智造”、从“中国速度”向“中国质量”、从“中国产品”向“中国品牌”转变的关键时期，需要大力弘扬工匠精神，精心培养更多知识型、技能型、创新型的大国工匠。

中央电视台新闻频道于 2015 年 4 月 29 日起推出的“五一”特别报道《大国工匠》，介绍了 8 位一线工人的高超技艺与执着坚守，包括火箭心脏焊接人高凤林、錾刻大师孟剑锋、双丝钳工顾秋亮、航天手艺人胡双钱、殷瓦焊接工张冬伟、高铁首席研磨师宁允展、深海钳工管延安、捞纸工周东红。他们的事迹激励我们热爱专业、追求卓越、思维创新、团队合作、终身学习，努力成为更好的自己。

大国工匠

世界技能大赛由世界技能组织举办，被誉为“世界技能奥林匹克”。其比赛项目分为 6 个大类，即结构与建筑技术、创意艺术和时尚、信息与通信技术、制造与工程技术、社会与个人服务、运输与物流，共计 46 个竞赛项目。为弘扬工匠精神，精心培养大国工匠，教育模式应以赛促教、以赛促学、以赛促改、赛课融通、赛训结合。这种模式既有助于教育的全面发展，也有助于促进师生共同进步。

世界技能大赛

第1章 车工实习

1.1 卧式车床安全操作规程

项目目标

(1)掌握车床的安全操作规程，减少设备故障和损坏，延长车床的使用寿命。

(2)掌握车床操作的注意事项，操作者在使用车床时避免受伤，防止意外事故的发生。

(3)形成规范的操作习惯，提高整体的职业素养。

项目内容及任务

(1)掌握操作机床前的检查流程。

(2)掌握机床操作的注意事项。

(3)提高操作者的安全素养，减少事故发生，为安全生产创造良好的环境。

1.1.1 安全操作的基本要求

1. 操作机床前的检查

(1)进行机床操作前，要穿好工作服、工作鞋，戴好工作帽、护目镜等防护用品；不得在开动的机床旁穿脱衣服，不得穿裙子、留长发，以防机器绞伤；严禁戴手套操作设备。

(2)开机前，首先检查机床各部件，并使其低速空载运行10～30 min(热机)，以检查机床运转是否正常；如机床各部件有缺失或异常要及时通知维修人员，严禁机床带“病”工作。

(3)根据机床润滑图表，仔细选择并加注适当的润滑油(脂)，确保机床各润滑点都能得到充分的润滑，以保证机床的正常运行和延长其使用寿命。

(4)对机床的各电气设施进行全面检查，确保手柄、传动部位、防护装置及限位装置都齐全、可靠，且操作灵活无阻碍，以保障操作者的安全和机床的正常运行。

(5)在启动机床前，务必检查各挡位是否处于零位状态，同时检查皮带的松紧度是否符合要求，以确保机床启动后能够平稳运行，避免因皮带过松或过紧而导致设备损坏。

(6)机床床面上严禁直接存放金属物件，以免因重物压伤或刮伤床面而影响机床的精度和使用寿命，确保机床床面完好无损。

(7)在进行工件加工前，必须确保被加工的工件表面无泥沙等杂物，防止泥沙掉入拖板内部后磨坏机床的导轨，确保机床导轨的精度和使用寿命。

(8)在夹持工件进行加工之前，必须先进行空车试运转，仔细检查机床的各个部分是否运转正常，确认无异常情况后，才能正式装上工件进行加工，以确保加工过程的安全和工件的加工质量。

2. 操作机床规程

(1)调整齿轮架和挂轮时，断电并紧固螺栓，使用后取下工具。

(2)装卸工件后，移除卡盘扳手和浮动物件。

(3)将机床尾架和摇柄调整至适当位置并紧固。

(4)确保工件、刀具、夹具牢固，浮动刀具应伸入工件。

(5)使用中心架或跟刀架时，确保中心调整正确，润滑良好。

(6)加工长料时，主轴伸出部分不宜过长，必要时使用托料架。

(7)进刀时刀具应缓慢接近工件，避免碰撞；换刀时，刀具与工件保持适当距离。

(8)车刀应紧固，伸出长度不超过刀厚的2.5倍。

(9)加工偏心件时，应配重，平衡卡盘，车速适当。超出机身的工件须防护。

(10)对刀调整应缓慢，刀尖离工件40～60 mm时改用手动或工作进给。

(11)使用锉刀时，刀架退至安全位置，操作者面向卡盘，右手在前。

(12)有键槽或方孔的工件禁止用锉刀加工。

(13)用砂布打光时，操作者应按指定姿势操作。

(14)自动走刀时，小刀架应与底座平齐。

(15)切断直径大的工件时，应给端面留足够的加工余量。

3. 停车操作规程

(1)切断电源、卸下工件。

(2)将各部分手柄摆置零位，清点工具，打扫清洁。

(3)检查各部分保护装置的情况。

1.1.2 文明生产

文明生产的要求如下。

(1)要求每台机床都具有防护设施，确保人身安全。

(2)摇动滑板时要集中注意力，做模拟切削运动。

(3)变换车速时，应停车进行。

(4)车床运转操作时，转速要慢，注意防止左右前后碰撞，以免发生事故。

卧式车床安全文明生产及操作规程

1.2 卧式车床概述

项目目标

(1)了解车床型号、规格、主要部件的名称和作用。

(2)了解车床传动系统。

(3)熟练掌握床鞍、中滑板、小滑板的进退方向。

(4)根据车削类型，按车床铭牌对各手柄位置进行调整。

(5)掌握车床维护、保养及文明生产和安全技术知识。

(6)培养严谨的工作态度和责任感。

项目内容及任务

(1)车床床鞍、中滑板、小滑板的手柄操作。

(2)车床主轴的正反转及停车操作。

(3)车床进给箱手柄的机动进给操作。

(4)车床尾座的应用。

(5)通过车床加工实践，培养劳动精神和职业素养。

(6)强调工匠精神，培养认真负责、精益求精的工作态度。

1.2.1 CE6136 车床各部分名称及其作用

主轴以水平方式放置的车床称为卧式车床。卧式车床能对轴类、盘类、环类等回转类零件进行多种工序加工，它通常用于加工回转表面、端面和各种螺纹，配合不同的刀具，还能进行钻孔、扩孔、攻螺纹和滚花等加工操作。车床常见加工范围如图 1-1 所示。

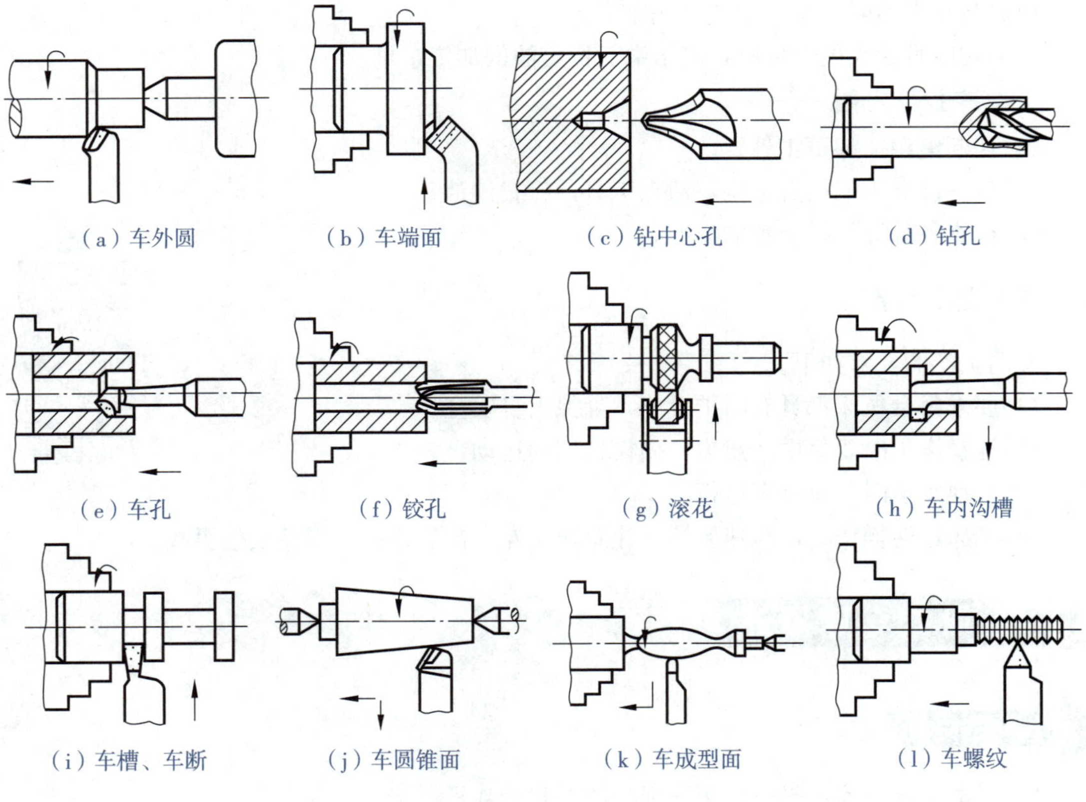

(a) 车外圆　(b) 车端面　(c) 钻中心孔　(d) 钻孔

(e) 车孔　(f) 铰孔　(g) 滚花　(h) 车内沟槽

(i) 车槽、车断　(j) 车圆锥面　(k) 车成型面　(l) 车螺纹

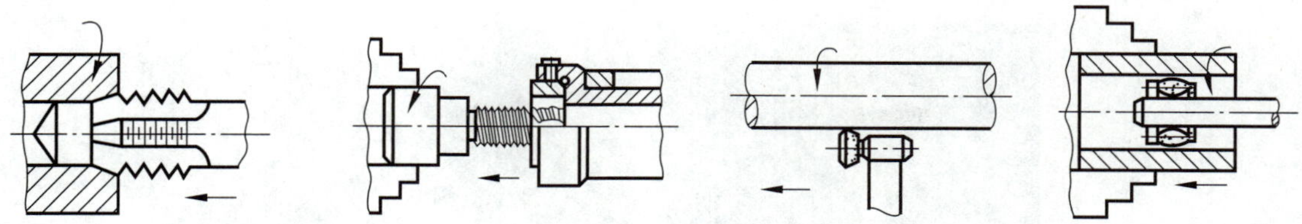

（m）攻螺纹（攻丝）　（n）套螺纹（板牙）　（o）滚压（外圆）　（p）滚压（内孔）

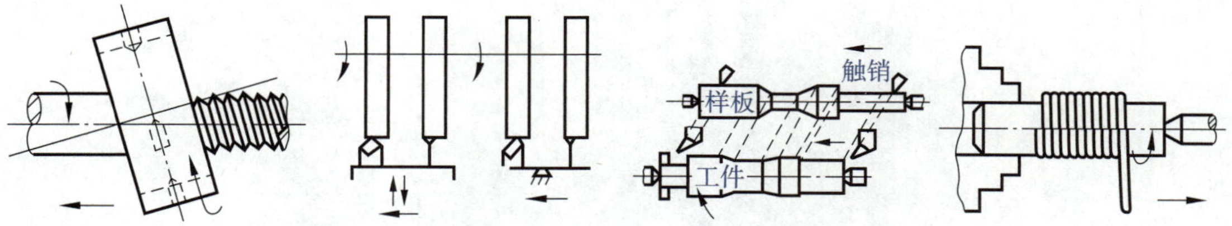

（q）旋风车螺纹　（r）同轴靠模车削　（s）仿形车削　（t）绕弹簧

图 1-1　车床常见加工范围

CE6136 车床是一种常见的卧式车床，广泛应用于机械加工领域。其主要部分包括主轴箱、挂轮箱、进给部分、溜板部分、尾座、床身等，如图 1-2 所示。各部分名称及其作用的详细介绍如下。

车床加工范围

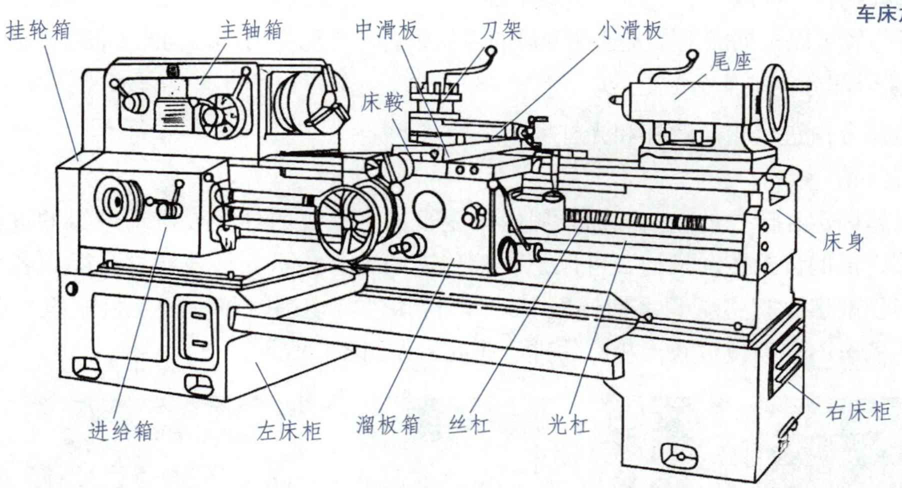

图 1-2　车床各部分名称

1. 主轴箱

主轴箱固定在床身的左端，其内部装有主轴和传动轴、变速机构、变向机构、润滑机构等，由电动机经变速机构带动主轴旋转，实现主运动，并获得需要的转速及转向。主轴前端可装夹自定心卡盘、单动卡盘等附件，用以装夹工件。主轴箱内部结构图如图 1-3 所示。

车床各部分名称及其作用

图 1-3　主轴箱内部结构图

2. 挂轮箱

挂轮箱位于主轴箱的左侧，主要负责将主轴的动力传递到进给箱，调换箱内齿轮，与进给箱及丝杠配合，可以车削各种不同螺距的螺纹。挂轮箱内装有多个齿轮，通过挂轮杆进行挂接，操作者可以根据加工需要选择合适的齿轮组合。挂轮箱内部结构图如图 1-4 所示。

3. 进给部分

进给部分由进给箱、丝杠和光杠等组成。

1)进给箱

进给箱固定在床身的左前侧面，用以改变被加工螺纹的导程或机动进给的进给量。利用进给箱内部的齿轮传动机构，可以把主轴传递的动力传给光杠或丝杠，得到各种不同的转速。当切削螺纹时将右侧手柄调至 M 挡，自动进给切削时将右侧手柄调至 S 挡。调整左、右手柄至不同挡位可获得相应的进给速度，如图 1-5 所示。

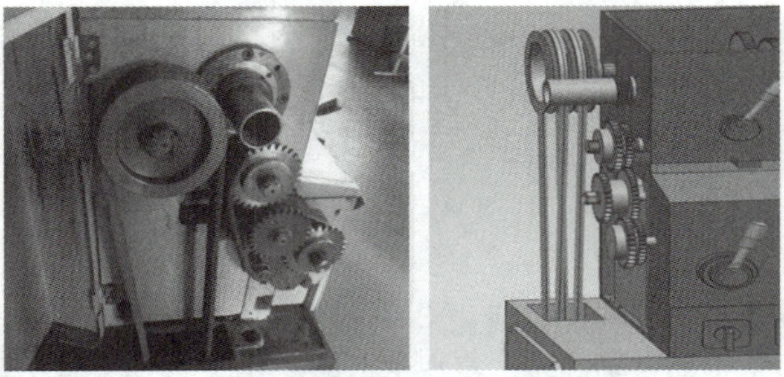

图 1-4　挂轮箱内部结构图

图 1-5　进给箱实物图

2)丝杠

丝杠在加工螺纹方面起关键的作用。要在工件上加工特定螺距的螺纹，需要丝杠依据其自身的螺距与传动系统的配合，确保在主轴每转一圈时刀具在工件上移动准确的距离，从而加工出符合要求的螺纹。这一过程需要丝杠具有较高的精度，因为丝杠自身制造精度的高低直接影响被加工螺纹精度的高低。如图 1-6 所示，有螺纹的杠是丝杠。

3)光杠

光杠的作用是传递动力，带动床鞍、中滑板，使车刀做纵向或横向的进给运动。如图 1-6 所示，没有螺纹的杠是光杠。

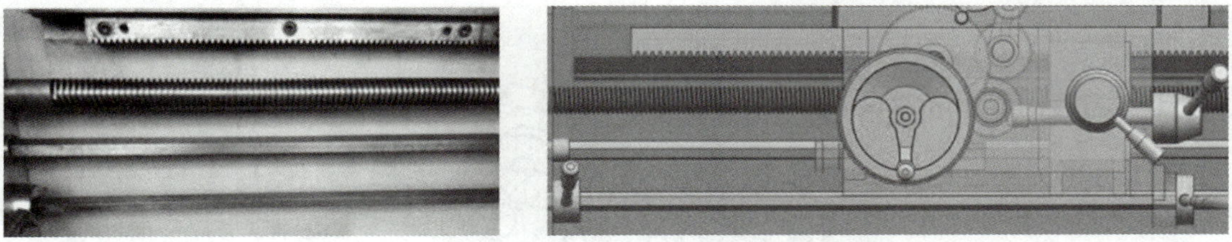

图 1-6　丝杠与光杠

4. 溜板部分

溜板部分由溜板箱、滑板及刀架等组成，其模型图如图 1-7 所示。

图 1-7　溜板部分模型图

1)溜板箱

通过调整和变换溜板箱外部的手柄位置，可以实现对车刀的精确控制。当手柄位置改变时，光杠或丝杠会随之转动，进而驱动车刀按照预定的方向做进给运动。具体来说，溜板箱将丝杠或光杠的旋转运动传递给溜板，通过这种方式，当操作者在溜板箱外部调整手柄位置时，溜板会相应地移动，从而使车刀能够沿着纵向或横向做精确的进给运动。这种机械传动方式确保了车刀在加工过程中的稳定性和精确度，使操作者能根据加工需求灵活地调整车刀的位置和方向。

在机床的操作过程中，纵向和横向机动进给的接通、断开与换向功能可以通过一个集中的手柄来控制。如图 1-8 所示，手柄 1 通过销轴 2 与一个轴向位置固定的轴 23 相连。当操作者向左或向右扳动手柄 1 时，手柄座 3 上的缺口会通过球头销 4 拨动轴 5，使其沿轴向移动。轴 5 的轴向移动经过一系列的机械传动部件，包括杠杆 11、连杆 12 和偏心销，最终使圆柱形凸轮 13 转动。凸轮 13 上的曲线槽通过圆柱销 14、拨叉轴 15 和拨叉 16，拨动离合器 M_{I} 与空套在轴 Ⅰ 上的两个空套齿轮之一啮合。这样，离合器 M_{I} 的接通和断开就能控制机动纵向进给，从而实现刀架向左或向右移动。这一系列的机械传动和控制机制，使操作者能够方便地通过一个手柄来控制机床的纵向和横向进给，提高了操作的便捷性和效率。

操作者向前或向后扳动手柄 1 的动作会传递到轴 23 上，使其开始转动。随着轴 23 的转动，其左端的凸轮 22 也会随之旋转。凸轮 22 的表面设计有特定的曲线槽，这些曲线槽在凸轮旋转过程中会与圆柱销 19 接触。当凸轮 22 转动时，曲线槽会推动圆柱销 19，进而使杠杆 20 绕着销轴 21 摆动。杠杆 20 的另一端装有圆柱销 18，这个圆柱销 18 会穿过拨叉轴 10 上的缺口。随着杠杆 20 的摆动，圆柱销 18 会带动拨叉轴 10 沿其轴向移动。拨叉轴

10 上固定一个拨叉 17，拨叉 17 在拨叉轴 10 移动的过程中会与离合器 M_{II} 接触。离合器 M_{II} 通过这种接触被拨动，进而与轴Ⅱ上预先装夹的两个空套齿轮中的一个啮合。这样，通过离合器 M_{II} 的啮合动作，就接通了向前或向后的横向机动进给。整个过程是通过一系列精密的机械传动和杠杆作用来完成的，确保了操作的准确性和可靠性。

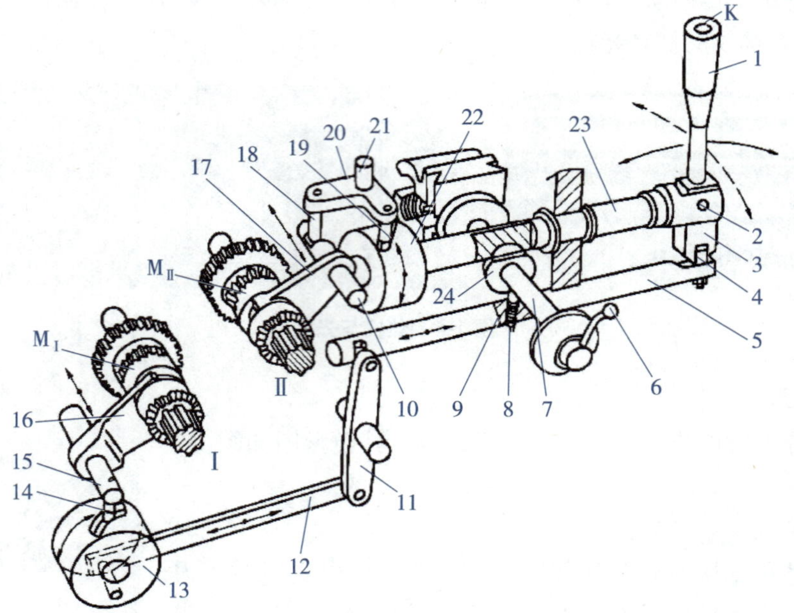

1、6—手柄；2、21—销轴；3—手柄座；4、9—球头销；5、7、23—轴；8—弹簧销；
10、15—拨叉轴；11、20—杠杆；12—连杆；13、22—凸轮；
14、18、19—圆柱销；16、17—拨叉；24—凸肩

图 1-8 纵向和横向机动进给操纵机构示意图

纵向和横向机动进给操纵机构的手柄扳动方向与刀架进给方向一致，以便操作者使用。手柄在中间位置时机动进给断开。当扳动手柄朝向某方向，并按下手柄顶端的按钮 K 时，接通快速电动机，可使刀架按手柄位置确定的进给方向快速移动。

2)滑板

主要的滑动部件通常可以分为三种：床鞍、中滑板和小滑板。这三种滑动部件各自承担着不同的功能和用途，以满足各种车削加工的需求。床鞍做纵向移动，中滑板做横向移动，小滑板通常做纵向移动。床鞍在纵向车削工件时使用，中滑板在横向车削工件和控制切削深度(depth of cut，又称背吃刀量)时使用，小滑板在纵向车削较短的工件或圆锥面时使用。

3)刀架

刀架是用来装夹刀具的一种重要装置，其结构形式通常设计为回转式，以便操作和提高加工效率。刀具被固定在刀架上，沿着圆周方向进行装夹，这样可以灵活地调整刀具的位置和角度。刀架可以容纳多种类型的刀具，这些刀具在加工过程中可以根据需要快速更换，从而实现不同的加工任务。

如图 1-9 所示，刀架的设计通常具有较高的灵活性和稳定性，确保在高速旋转和切削过程中刀具能够保持精确的位置。通过回转式结构，操作者可以轻松地将刀具旋转到所需

的位置，从而实现高效且精确地加工。

5. 尾座

尾座可用来装夹顶尖，支顶较长工件，还可以装夹其他切削刀具，如钻头、绞刀等，如图 1-10 所示。

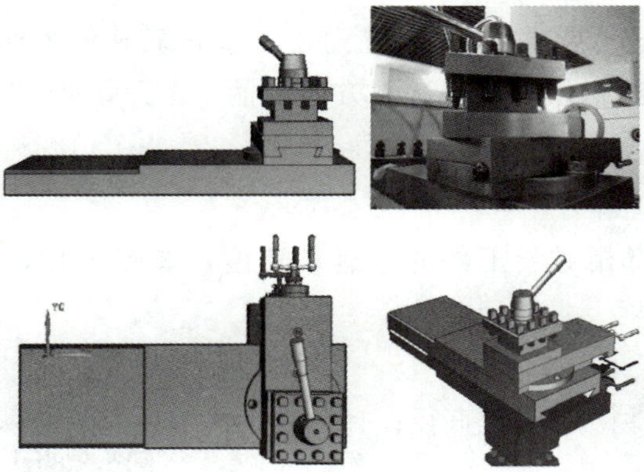
图 1-9　刀架

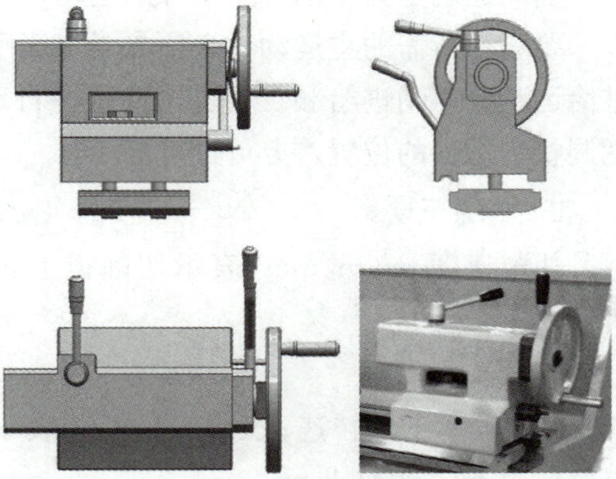
图 1-10　尾座

6. 床身

床身用来支撑和装夹车床的各个部件。床身上面有两条精确的导轨，床鞍和尾座可沿着导轨移动。

1.2.2　车床各部分的传动关系

车床传动关系

电动机所产生的动力通过传动皮带传递给主轴箱，进而驱动主轴、卡盘及工件做旋转运动。与此同时，主轴的旋转动作还通过挂轮箱、进给箱、光杠或丝杠传递至溜板箱，使床鞍和刀架沿着导轨做精确的直线运动。这一过程的具体传动关系如图 1-11 所示。

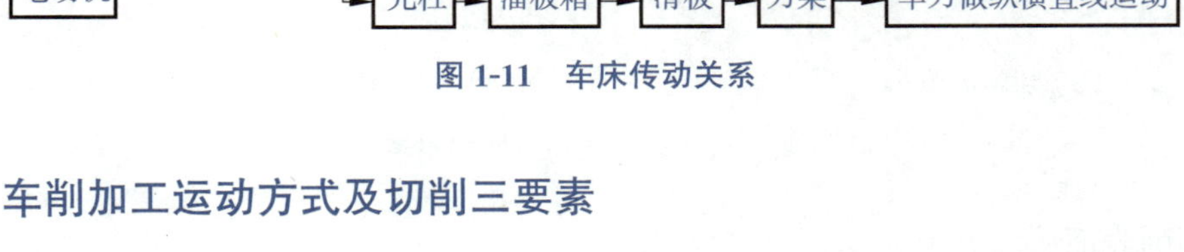

图 1-11　车床传动关系

1.2.3　车削加工运动方式及切削三要素

1. 车削加工运动方式

车削加工运动方式分为主运动、进给运动和辅助运动。

主运动是指车床在加工过程中提供主要切削动力的运动，即主轴卡盘带动工件的旋转运动，是切除工件上的被切削层，使之转变为切屑，从而形成新表面的运动。

进给运动是使工件被切削层连续被切除，加工出完整表面所需的运动。

加工外圆时主运动为工件转动；进给运动为车刀的位移，如图 1-12(a)所示。

辅助运动是为切削创造条件的运动，如进刀、退刀、回程等。

要获得所需的主运动，必须先对车床手柄进行调整，如高低挡手柄、实际转速值手柄。进给运动分手动进给和自动进给两种。自动进给时，必须将送刀方向手柄、走刀量调节手柄调整到适当的位置，方可进行加工。

2. 切削三要素

切削速度 v_c(m/min)表示切削刃上选定点相对于工件的主运动速度，如图 1-12(b)所示。

$$v_c = n\pi D/1\ 000$$

式中，n 表示工件转速；$\pi \approx 3.14$；D 表示工件待加工面直径；1 000 表示将单位由 mm 转换成 m。

车削加工运动方式及切削三要素

进给量(又称走刀速度) f (mm/r)表示工件或刀具每回转一周(或往复一次)沿进给运动方向的相对位移，如图 1-12(b)所示。

切削深度 a_p(mm)表示工件上已加工表面和待加工表面之间的垂直距离，如图 1-12(b)所示。

$$a_p = (D - d)/2$$

式中，D 表示工件待加工表面直径；d 表示工件已加工表面直径。

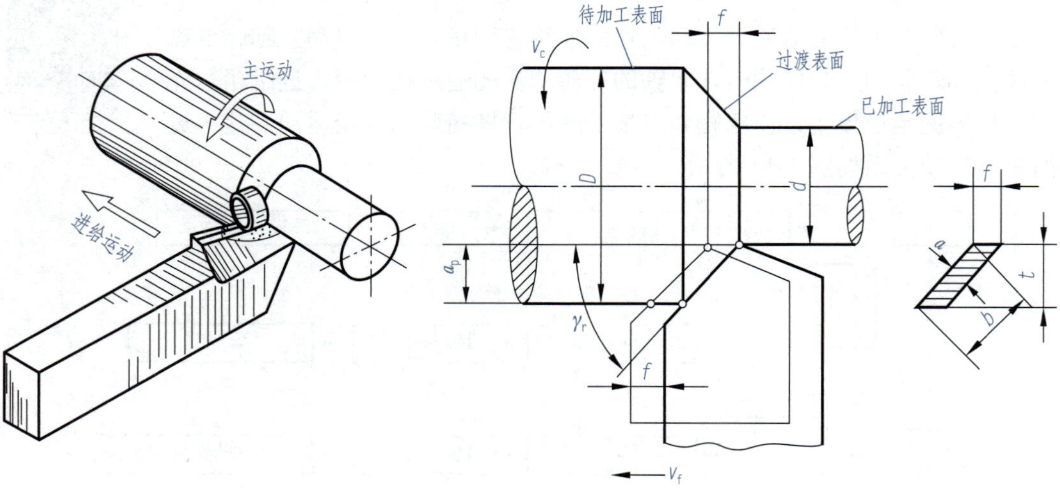

(a) 切削运动　　(b) 切削用量

图 1-12　切削运动及切削用量

3. 切削表面

已加工表面是指经过加工后形成的表面，它已经达到了所需的形状、尺寸和表面质量要求。

待加工表面是指在加工过程中尚未进行加工的表面，需要通过后续的加工来改变其形状、尺寸和表面质量。

过渡表面是指在切削加工过程中，刀具正在切削的表面，它是待加工表面和已加工表面之间的表面。在下一个切削过程中，过渡表面会被切除。

不同加工过程中加工表面的关系如图 1-13 所示。

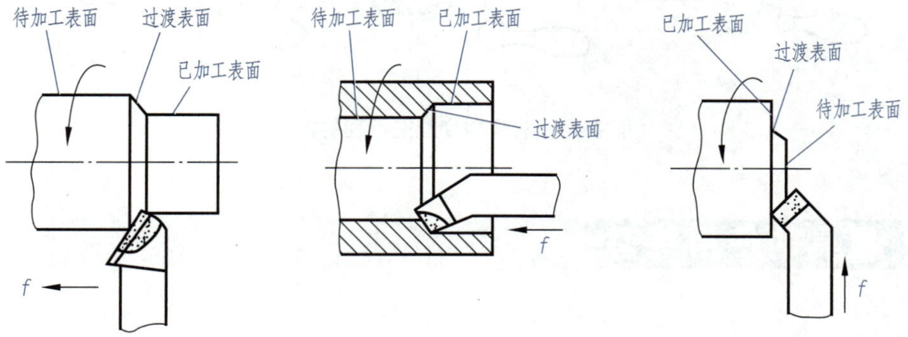

（a）车外圆　（b）车内孔　（c）车端面

图 1-13　加工表面的关系

1.2.4　操纵练习

操纵练习的步骤如下。

(1)中滑板和小滑板慢速均匀移动，要求双手交替动作切换自如。

(2)分清中滑板的进退刀方向，要求反应灵活，动作准确。

①床鞍：控制方向为纵向，主要用于车削工件的长度，刻度盘精度 1 格=1 mm。

②中滑板：控制方向为横向，主要用于直径深度控制，刻度盘精度 1 格=0.02 mm。

③小滑板：控制方向为纵向，主要用于公差长度控制，刻度盘精度 1 格=0.02 mm。

(3)在进行车削工件的操作过程中，为了确保能准确无误且迅速地掌握切削深度，操作者通常会借助车床的中滑板或小滑板上所配备的刻度盘进行精细调整和控制。通过仔细观察和精确读取这些刻度盘上的数值，操作者可以有效地控制刀具的切削深度，从而确保工件的加工精度和表面质量。这种利用刻度盘进行操作的方法不仅提高了加工效率，还大幅减少了因经验不足或操作失误所导致的废品率，使整个车削过程更加顺畅和高效。

(4)中滑板的刻度盘装在横向进给的丝杠上，当摇动横向进给丝杠转一圈时，刻度盘也转了一周，这时固定在中滑板上的螺母就带动中滑板车刀移动一个导程，如果横向进给丝杠导程为 5 mm，刻度盘分 100 格，当摇动进给丝杠转动一周时，中滑板就移动 5 mm；当刻度盘转过一格时，中滑板的移动量为(5÷100) mm=0.05 mm。使用刻度盘时，由于螺杆和螺母之间的配合往往存在间隙，因此会产生空行程(刻度盘转动而滑板未移动)。使用刻度盘进给过深时，如图 1-14(a)所示，必须向相反方向退回全部空行程，然后转到需要的格数，如图 1-14(c)所示，而不能直接退回到需要的格数，如图 1-14(b)所示。但必须注意，中滑板刻度的走刀量应是工件余量的 1/2。

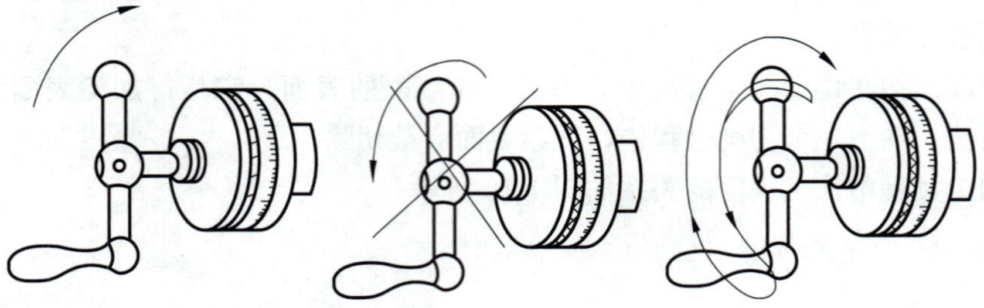

图 1-14　消除刻度盘空行程的方法

1.3 量具的使用练习

项目目标

(1)了解卡尺、千分尺的结构形状。

(2)了解卡尺、千分尺的读数原理及读数方法。

(3)掌握用卡尺、千分尺进行测量的方法。

(4)掌握卡尺、千分尺的维护、保养方法。

(5)了解量具的精度和误差范围，提高测量的准确性。

(6)培养严谨的测量态度和责任心。

项目内容及任务

(1)用卡尺测量工件的外圆、内孔及深度尺寸。

(2)用千分尺测量工件尺寸。

(3)了解量具的精度和误差范围，提高测量的准确性。

(4)培养严谨的测量态度和责任心。

(5)强调诚信意识，如实记录测量数据，不弄虚作假。

1.3.1　卡尺

卡尺是一种专门用于测量长度、内外径及深度的精密量具。它主要由两部分组成，即尺身和附着在尺身上自由滑动的游标。卡尺的设计使其测量过程既直观又便捷。这种量具因其测量精度高、稳定性好及使用方便等显著优点，广泛应用于机械加工和检测领域，成为机械制造和质量控制中不可或缺的工具之一。卡尺通常分为游标卡尺、带表卡尺、电子数显卡尺三种类型，如图 1-15 所示。

1. 游标卡尺

游标卡尺的组成如图 1-16 所示。使用游标卡尺测量时，量值的整数部分从主尺上读出，小数部分从游标尺上读出。游标尺的工作原理是利用主尺上的刻线间距(简称线距)和游标尺上的线距之差来读出小数部分的。游标卡尺有 0.01 mm、0.02 mm 和 0.05 mm 三种最小读数值。

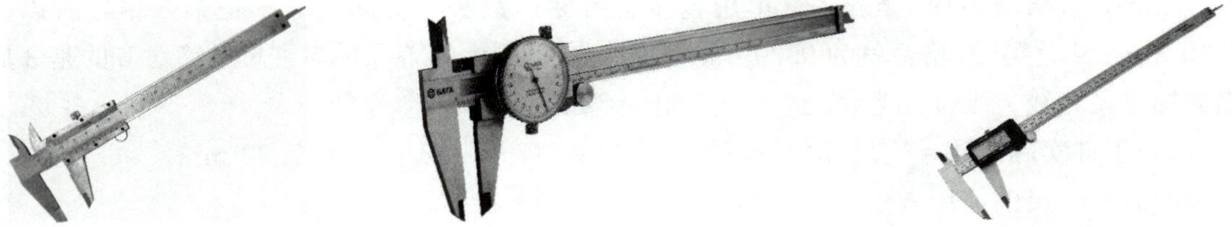

（a）游标卡尺　　（b）带表卡尺　　（c）电子数显卡尺

图 1-15　各类卡尺

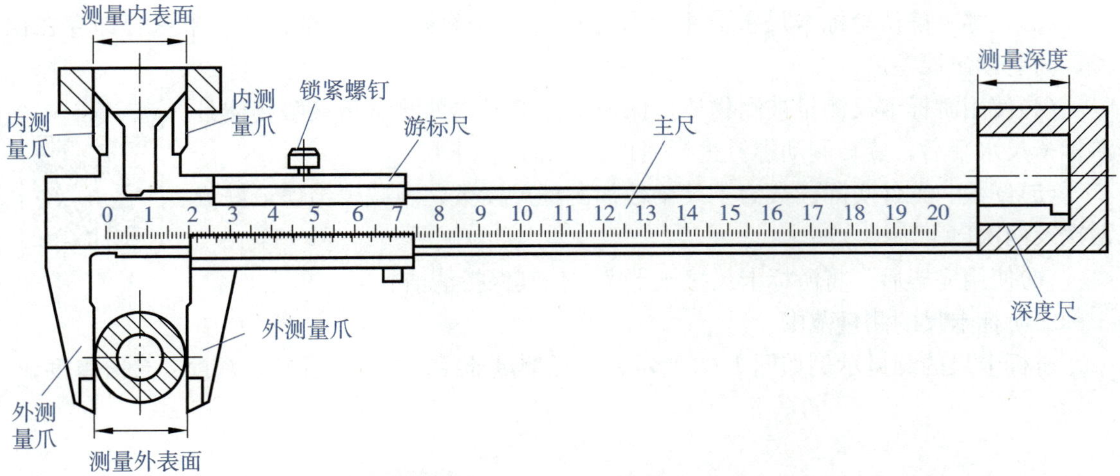

图 1-16　游标卡尺的组成

1)游标卡尺的读数方法

(1)确认游标卡尺的精度。如图 1-17 所示，游标卡尺的精度为 0.02 mm。

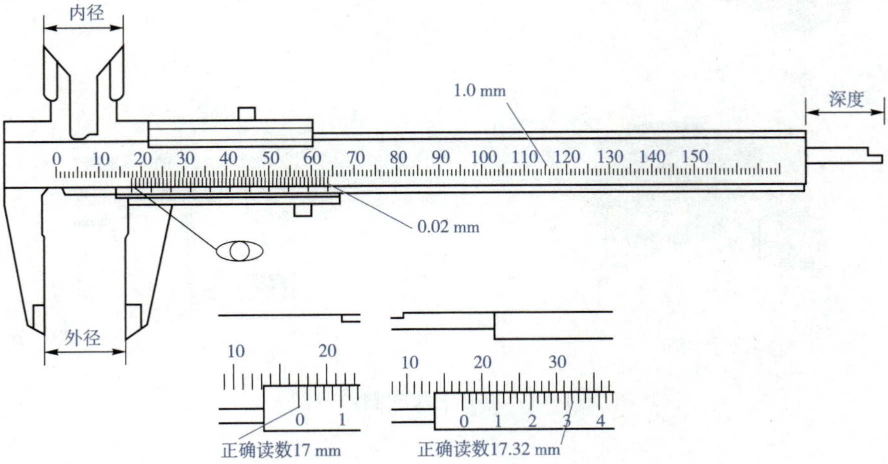

图 1-17　游标卡尺的读数

(2)确认所测工件的整数部分。主尺每格为 1 mm，游标尺 0 位置对准或超过主尺第 17 条刻线，则主尺读数为 17，即所测工件的整数部分为 17 mm。

(3)确认所测工件的小数部分。由于游标尺精度为 0.02 mm，游标尺的一格为 0.02 mm，五格就为 0.1 mm。这里用直接看游标读数法：游标尺上 1 是第 5 格，所以为 0.10 mm；2 是第 10 格，就为 0.20 mm；如图 1-17 所示的游标尺与主尺最终对齐的是 3 后面的第 1 条刻线，则读数为(0.3+0.02)mm=0.32 mm。

(4)工件实际读数=主尺读数+游标尺读数=(17+0.32)mm=17.32 mm。

2)游标卡尺的使用方法

(1)检查。拿出游标卡尺，进行外观检查、精度核对、刻度清晰度检查，并检查卡尺本身是否损坏，游标尺是否能够正常滑动。

(2)清洁。清洁内外测量爪和刻度，不要有油污或铁屑，清洁被测物体表面。

(3)校零。确认游标卡尺上的主尺和游标尺的 0 刻线是否重合，如果未重合即存在误差，需要读出误差值。

(4)使用游标卡尺测量被测物体，保证游标卡尺内外测量爪接触物体且游标卡尺水平后，旋转制动螺钉进行锁止，取出游标卡尺。

(5)读数。工件实际读数为主尺读数加游标尺读数，为减少错误最好测两次及两次以上。

(6)使用完毕后，将游标卡尺擦拭干净，使其保持清洁。

游标卡尺读数方法

3)游标卡尺的测量范围

游标卡尺的测量示例如图 1-18 所示，包括测量外径、长度、孔径、深度、台阶厚度。

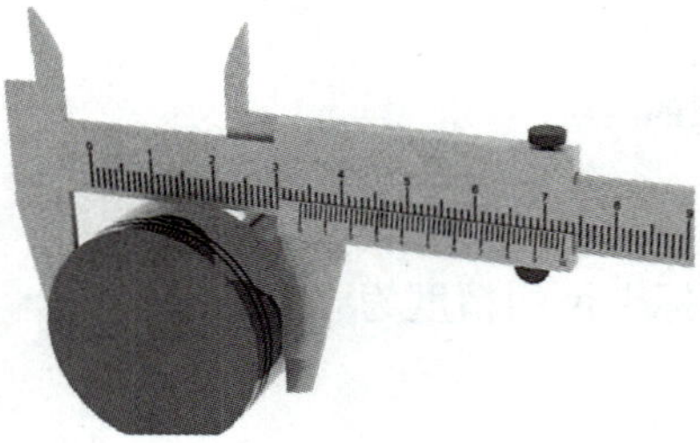

(a) 测外径

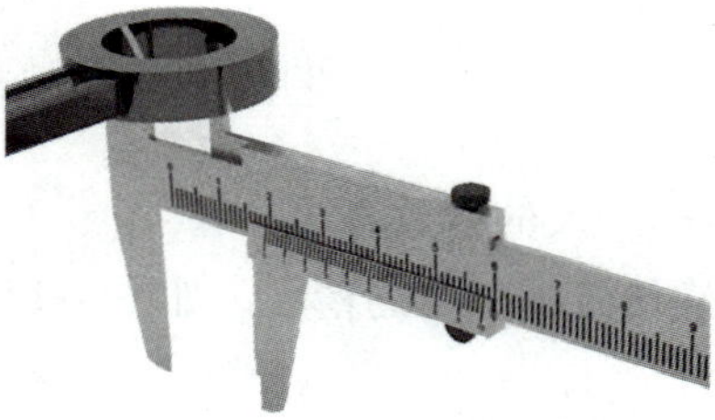

(b) 测孔径

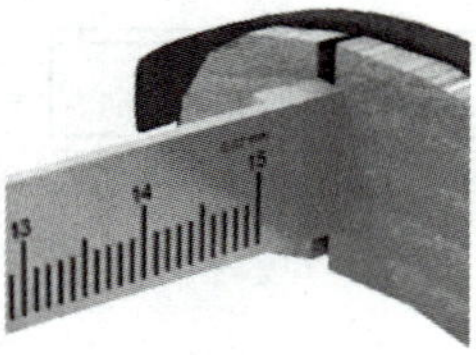

(c) 测深度

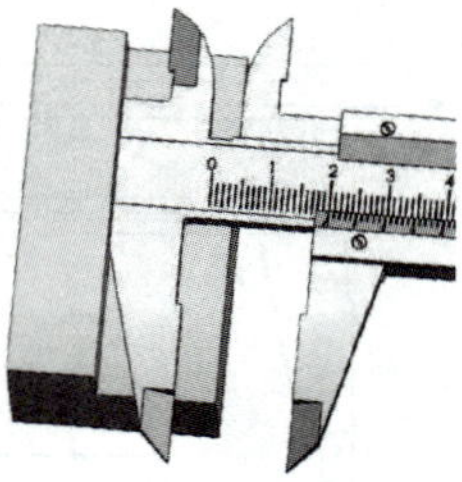

(d) 测台阶厚度

图 1-18 游标卡尺的测量示例

2. 带表卡尺

带表卡尺能解决游标卡尺的读数误差问题。常见的最小读数值有0.01 mm和0.02 mm两种。

3. 电子数显卡尺

电子数显卡尺采用容栅、磁栅等测量系统，是以数字显示测量示值的长度测量工具，其读数直观、清晰，测量效率较高。常用的分辨率为0.01 mm，允许误差为±0.03 mm/150 mm。也有分辨率为0.005 mm的高精度电子数显卡尺，允许误差为±0.015 mm/150 mm。

1.3.2 千分尺

千分尺，又称百分尺，是工业生产中不可或缺的一种精密测量工具。它的测量精度通常能够达到0.01 mm，这使它在各种精密测量任务中发挥着重要作用。然而，由于测微螺杆的精度和结构上的限制，千分尺的移动范围通常被设定为25 mm。因此，为了满足不同测量需求，千分尺被设计成不同的测量范围。常用千分尺的测量范围分别为0～25 mm，25～50 mm，50～75 mm，75～100 mm……每隔25 mm为一挡规格。根据用途的不同，千分尺的种类很多，有外径千分尺、内径千分尺、游标千分尺、螺纹千分尺和壁厚千分尺等，它们虽然用途不同，但都利用了测微螺杆移动的基本原理。这里主要介绍外径千分尺。

千分尺由尺架、测砧、测微螺杆、锁紧装置、固定套管、微分筒和棘轮等组成，如图1-19所示。

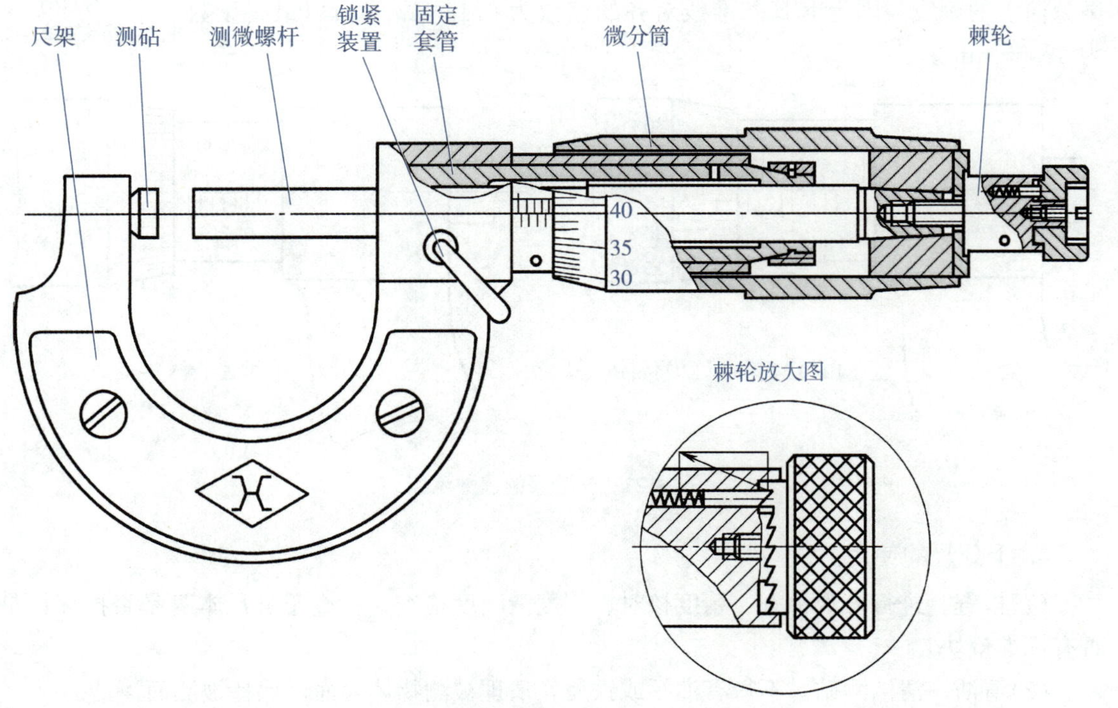

图 1-19 千分尺的组成

在测量前，必须校正千分尺零位，如果零位不准，可用专用扳手调整。

1. 千分尺的工作原理

千分尺测微螺杆的螺距为 0.5 mm，即固定套筒上的刻线距离每格为 0.5 mm(分上、下刻线)。当微分筒转一周时，测微螺杆就移动 0.5 mm，微分筒上的圆周上共刻 50 格，因此当微分筒转一格(1/50 r)时，测微螺杆移动(0.5/50) mm=0.01 mm，所以千分尺的测量精度为 0.01 mm。

2. 千分尺的读数方法

如图 1-20 所示，首先读出固定套管上露出刻线的整毫米数 10 mm，再看微分筒上的刻线与固定套管基准线对齐的读数为 0.25 mm，把两个数相加得到的最终得数为 10.25 mm，即被测工件的尺寸为 10.25 mm。

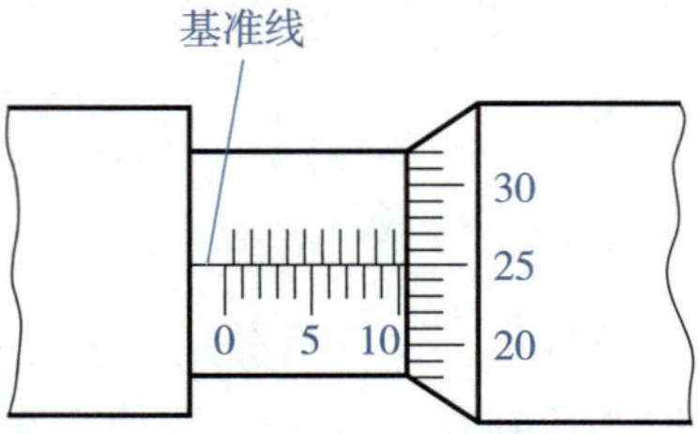

图 1-20　千分尺的读数

3. 千分尺读数示例

固定套管上 0.5 mm 刻线未露出时的读数示例如图 1-21(a)所示，固定套管上 0.5 mm 刻线已露出时的读数示例如图 1-21(b)所示。

(1)如图 1-21(a)所示，固定套管露出刻线的整毫米读数为 12 mm，微分筒上的刻线与固定套管基准线对齐的读数为 0.24 mm，所以最终读数为 12.24 mm。

(2)如图 1-21(b)所示，固定套管露出刻线的整毫米读数为 32.5 mm，微分筒上的刻线与固定套管基准线对齐的读数为 0.15 mm，所以最终读数为 32.65 mm。

千分尺的读数方法

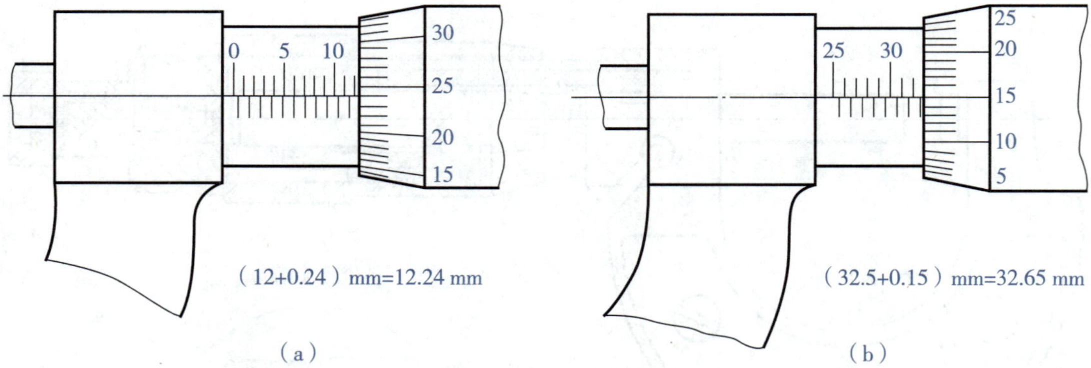

(a)　　(b)

图 1-21　千分尺的读数示例

4. 千分尺的使用方法

(1)检查。进行外观检查、精度核对、刻度清晰度检查，检查千分尺本身是否损坏，是否有标准量块。

(2)清洁。清洁测砧，不得有油污或铁屑，清理被测物体表面，保持被测面清洁。

(3)校零。确认微分筒和主尺的 0 刻线是否重合，如果未重合即存在误差，须用钩形扳手调整，调整后重新校验，直至合格。

(4)将工件被测表面擦拭干净，置于千分尺的测砧和测微螺杆之间，使千分尺测微螺杆轴线与工件中心线垂直或平行，旋转旋钮，使测砧与工件测量表面接近，这时改用旋转棘轮盘，直到棘轮发出“咔咔”声响为止，此时的指示数值就是所测量的工件尺寸，重复测量确保数值无误。

(5)使用完毕，应将千分尺擦拭干净，保持其清洁并涂抹一薄层工业用凡士林防止生锈，然后放入盒内密封保存。

＊注意事项

(1)使用游标卡尺测量时，测量平面要垂直于工件中心线，不许敲打游标卡尺或拿游标卡尺勾铁屑。

(2)工件转动时禁止测量。

(3)使用千分尺和游标卡尺配合测量，游标卡尺测量整数部分，千分尺测量小数部分。

(4)使用千分尺测量时左右移动找最小尺寸，前后移动找最大尺寸，当测量头接触工件时应使用棘轮，以免造成测量误差。

(5)用前须校对“零”位，用后擦净涂油后放入盒内。

(6)不要把游标卡尺、千分尺与其他工具混放，更不要把游标卡尺、千分尺当卡规使用，以免降低其精度。

(7)不允许用千分尺测量粗糙表面。

1.4 刀具认知及基础车削知识

项目目标

(1)认识常用车床刀具。

(2)合理组织工作位置，注意操作姿势。

(3)用手动进给均匀地移动床鞍、中滑板和小滑板，按图样要求车削工件。

(4)掌握试切削，使用试切削的方法车削外圆。

(5)遵守操作规程，养成文明生产、安全生产的良好习惯。

项目内容及任务

(1)掌握装夹刀具的方法。

(2)掌握车削加工的基本概念和工艺流程。

(3)掌握试切法并车削外圆。

(4)掌握切削参数的选择和优化。

(5)强调安全生产意识，确保车削加工过程中的人身安全。

(6)培养创新精神，在刀具应用和车削加工中寻求创新。

1.4.1 常用车刀的种类与用途

1. 车刀的种类

在机械加工领域，车刀按其加工工艺可分为外圆车刀、端面车刀、切断刀、内孔车刀、球头刀(R 刀)及螺纹车刀等。

车刀按其结构可分为焊接车刀和机夹车刀。焊接车刀如图 1-22(a)所示，其刀片通过焊接方式固定在刀杆上，整体的强度高，可修磨再利用，一般采用硬质合金或高速钢材料；机夹车刀如图 1-22(b)所示，其刀片通过夹持装置固定在刀杆上，通常采用标准化的刀片和刀具座，刀片磨损后，可以快速更换。在选择车刀时，应根据具体的加工要求和工作环境确定。

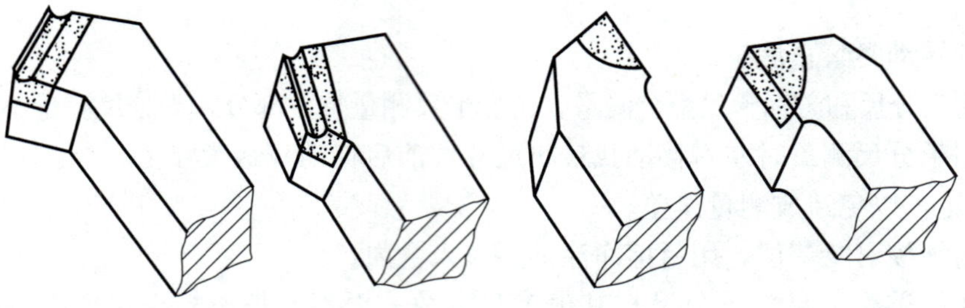

45° 外圆车刀　75° 外圆车刀　90° 左偏刀　90° 右偏刀

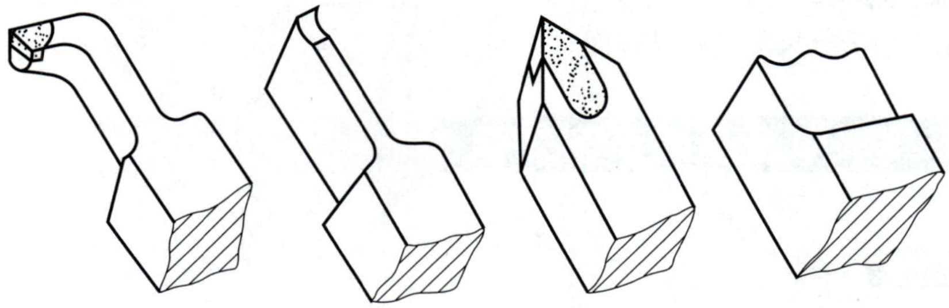

镗孔刀　切断刀　螺纹车刀　成型车刀

（a）焊接车刀

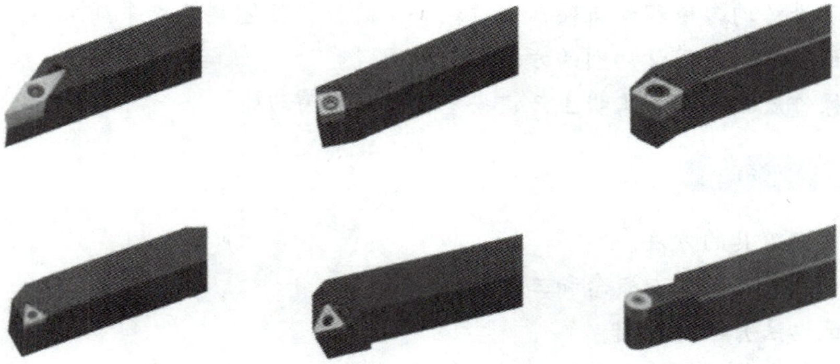

外圆、端面车刀

内孔车刀

（b）机夹车刀

图 1-22　焊接车刀和机车车刀

2. 车刀的几何角度

车刀切削部分由若干个刀面和切削刃组成，如图 1-23 所示。

(1)前刀面：切屑沿着排出的面排出。

(2)后刀面：分主、副后刀面，与加工零件的过渡表面相对的面称为主后刀面，与加工零件的已加工表面相对的面称为副后刀面。

(3)主切削刃：前刀面与主后刀面相交的部分，承担主要切削工作。

(4)副切削刃：前刀面与副后刀面相交的部分，配合主切削刃参与少量的切削工作。

(5)刀尖：主切削刃和副切削刃相交的部分。

车刀的组成及切削角度

车刀切削部分名称

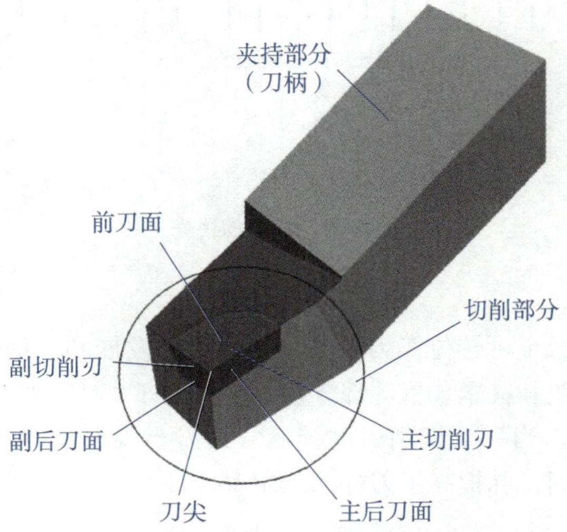

图 1-23 车刀切削部分名称

3. 车刀几何角度的辅助平面

为了确定车刀的测量角度，需要假想 3 个辅助平面作为基准，分别是切削平面、基准平面(简称基面)和正交平面。

(1)切削平面：过切削刃上的某一点，切于零件的过渡表面的平面。

(2)基面：通过切削刃上的某一点，垂直于该点切削速度方向的平面。

(3)正交平面：通过切削刃上的某一点，同时垂直于切削平面与基面的平面。

4. 车刀的用途

车刀主要用于金属切削加工，特别是在车床上加工各种轴类零件的外圆、端面、沟槽、螺纹等。车刀的种类繁多，每种车刀都有其独特的设计和应用范围，以满足不同工件的加工要求，如图 1-24 所示。

(1)90°车刀(偏刀)：加工外圆、台阶和端面。

(2)45°车刀：加工外圆、端面和倒角。

(3)切断刀：切断零件或在零件上切槽。

(4)内孔车刀：车削零件的内孔。

(5)R 刀：加工成型面。

(6)螺纹车刀：车削螺纹。

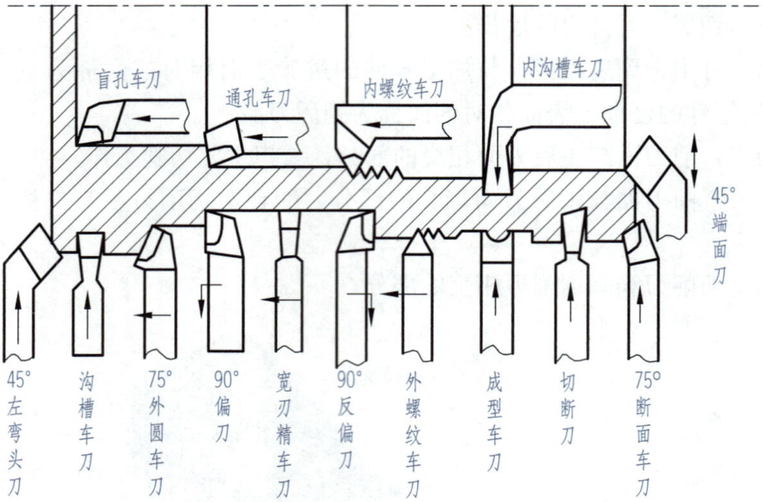

图 1-24 车刀的用途

5. 机夹车刀

机夹车刀又称硬质合金可转位车刀，是国内外大力发展和广泛应用的先进刀具。机夹车刀由刀杆、刀片、刀垫和夹紧装置等部分组成，如图 1-25 所示。其刀片采用夹固的方式安装在刀杆上，使用时，当一个切削刃磨钝后，只需要将刀片换个角度，即可继续使用，缩短了换刀和磨刀的时间，并提高了刀杆的利用率。

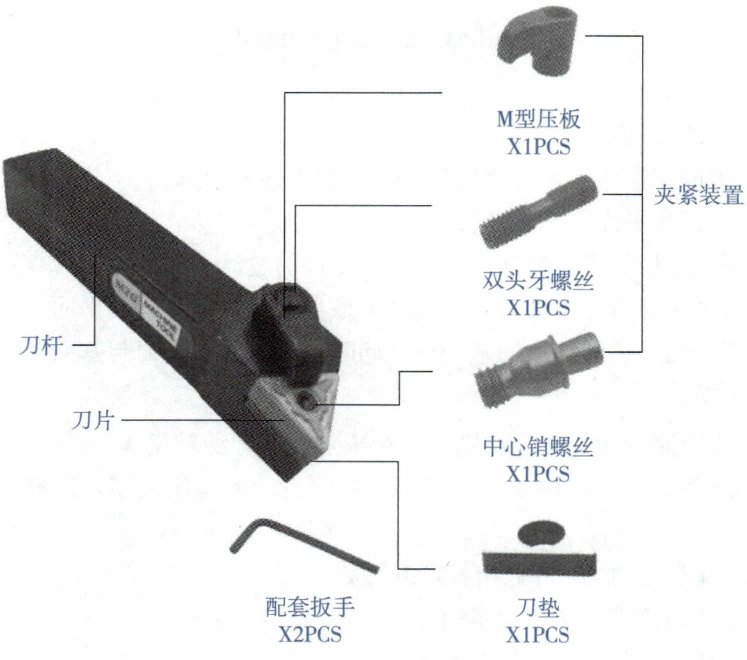

图 1-25 机夹车刀

刀片型号所使用的字母、数字都具有一定含义，可从中了解刀片的形状和尺寸。各种代号的含义说明如图 1-26～图 1-34 所示。

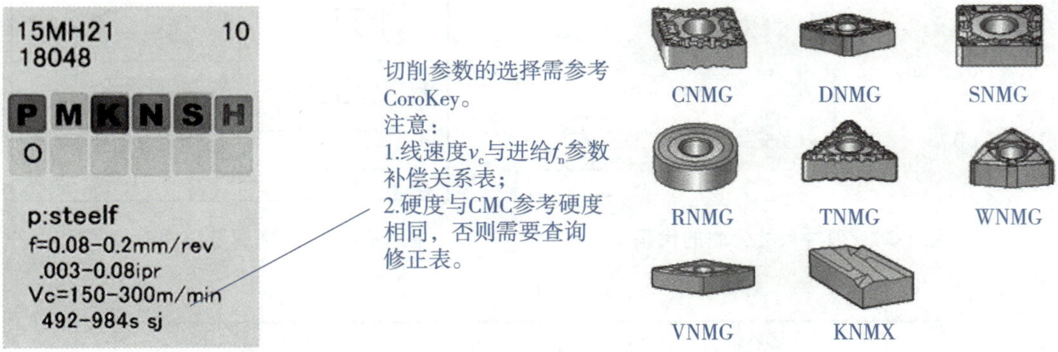

P 类—加工长切屑的钢件；M 类—加工不锈钢件；K 类—加工短切屑的；
N 类—加工短切屑的非铁金属材料；S 类—加工难加工材料；H 类—加工硬材料

图 1-26　切削刀具用硬质合金分类及标志

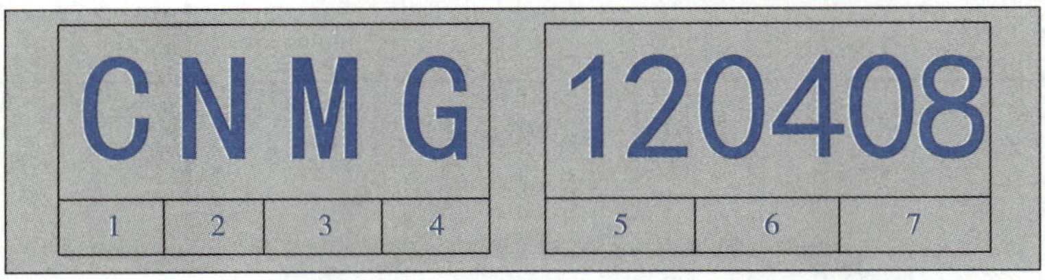

图 1-27　刀具型号示例

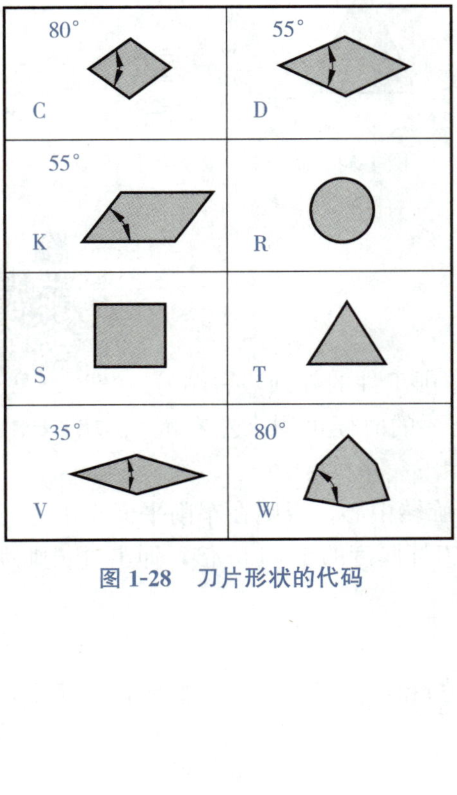

图 1-28　刀片形状的代码

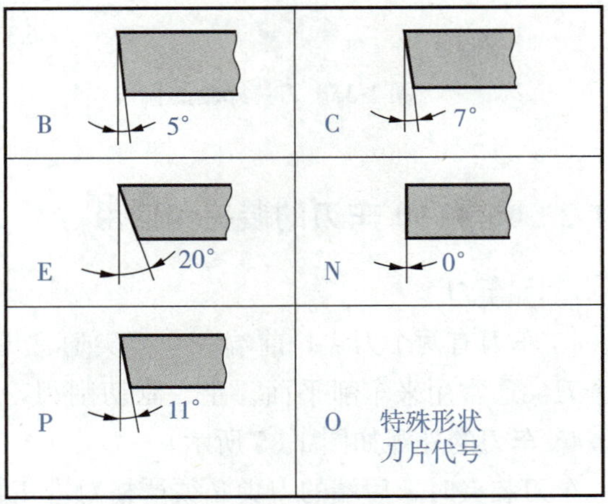

图 1-29　主切削刃后角的代码

等级	s	iC/iW
G		±0.025
M	±0.13	±0.05～±0.15）
U		±0.08～±0.25）

图 1-30 刀片尺寸公差的代码

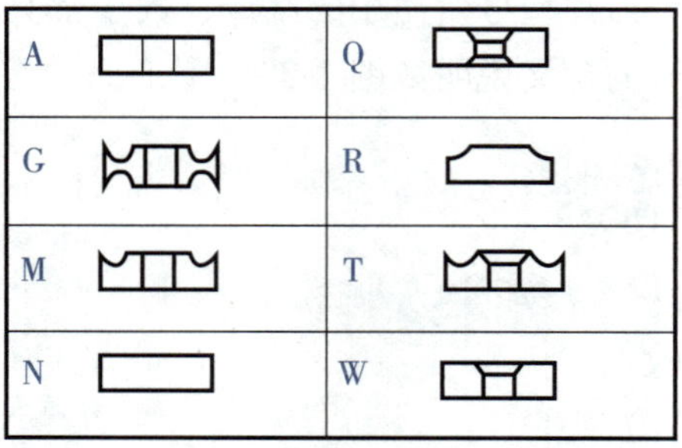

图 1-31 刀片断屑及夹固形式的代码

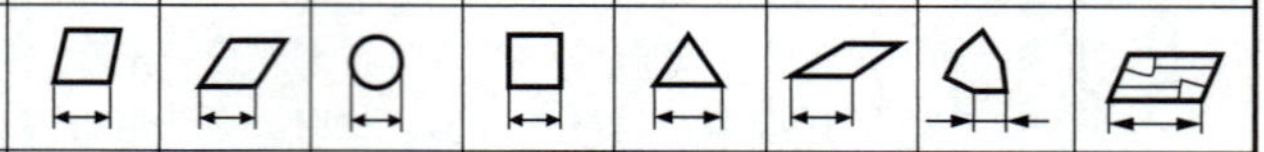

iC /mm	刀片形状	C	D	R	S	T	V	W	K
	iC /inch								
3.97	5.32					06			
5.0				05					
5.56	7/32					09			
6.0				06					
6.35	1/4	06	07			11	11		
8.0				08					

图 1-32 切削刃长度表示方法

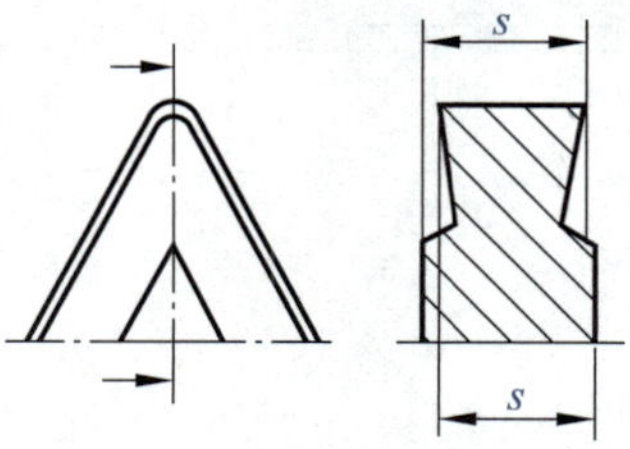

01	s=1.59
T1	s=1.98
02	s=2.38
03	s=3.18
T3	s=3.97
04	s=4.76
05	s=5.56
06	s=6.35

图 1-33 刀片厚度的代码

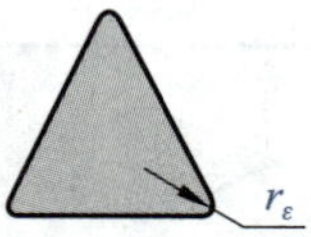

M0，00	r_ε=圆刀片
04	r_ε=0.4
08	r_ε=0.8
12	r_ε=1.2
16	r_ε=1.6
24	r_ε=2.4

图 1-34 修光刃、R 角的代码

1.4.2 45°和 90°车刀的装夹和使用

刀片形状解读

1. 45°车刀

45°车刀有两个刀尖，前端一个刀尖通常用于车削工件的外圆，后端另一个刀尖通常用来车削平面。主、副切削刃，在需要的时候可用来左右倒角。45°车刀的外观如图 1-35 所示。

车刀装夹时，后端的刀尖必须严格对准工件的旋转中心，否则在车削平面至中心时会留有凸头或造成车刀刀尖碎裂。刀头的伸出长度为刀杆厚度的 1～1.5 倍，伸出过长则刚性变差，车削时容易引起振动。

2. 90°车刀

90°车刀又称偏刀，按进给方向分为右偏刀(正刀)和左偏刀(反刀)，如图 1-36 所示。右偏刀（正刀）一般用来车削工件的外圆、端面和右向台阶，因为它的主偏角较大，车外圆时，用于工件的半径方向上的径向切削力较小，不易将工件顶弯。

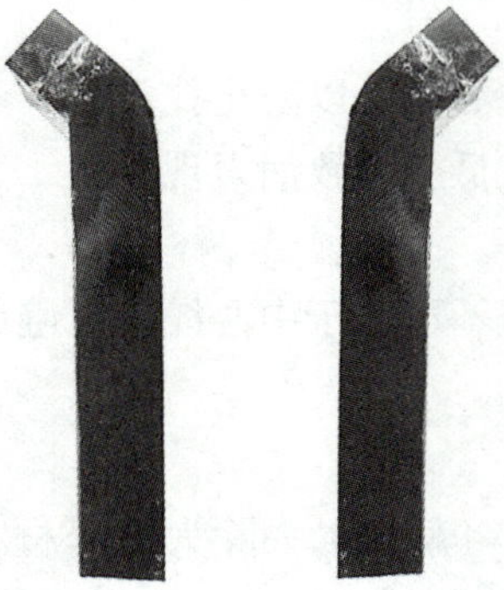
45° 正刀　　45° 反刀

图 1-35　45°车刀

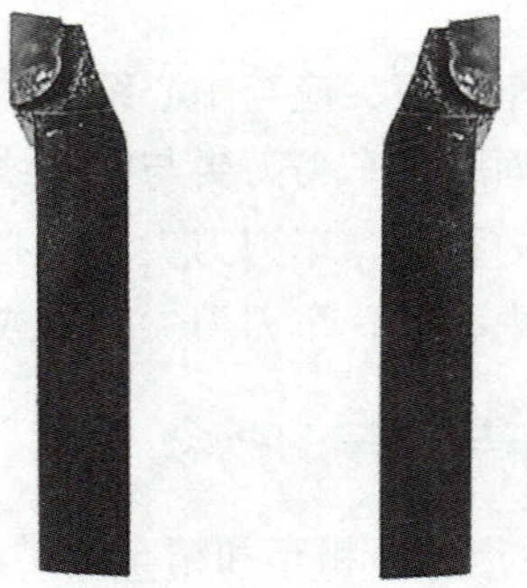
90° 正刀　　90° 反刀

图 1-36　90°车刀

车刀装夹时，应使刀尖对准工件中心，若高度低则增加垫片，如图 1-37 所示，且主切削刃应与工件中心线垂直。车刀刀尖与工件中心的位置关系如图 1-38 所示。如果车刀中心太高，如图 1-38(a)所示，可能会导致工件表面粗糙度值增大或切削不稳定。如果车刀中心太低，如图 1-38(b)所示，可能会导致车刀与工件之间的干涉或碰撞，从而损坏刀具和工件。如果主切削刃与工件中心线不垂直，将会导致车刀的工作角度发生变化，主要影响车刀的主偏角和副偏角。

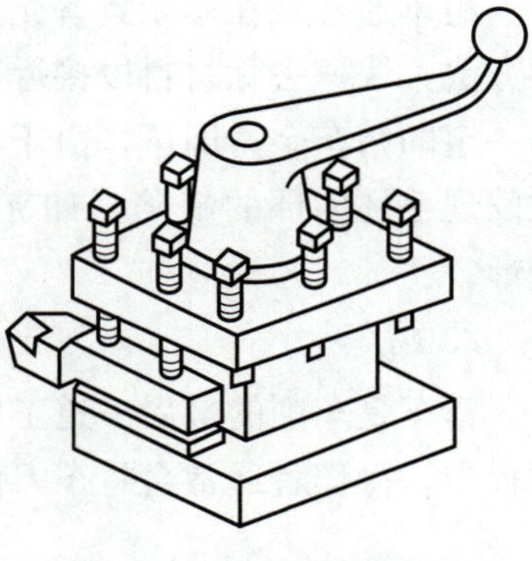
图 1-37　车刀垫片的使用

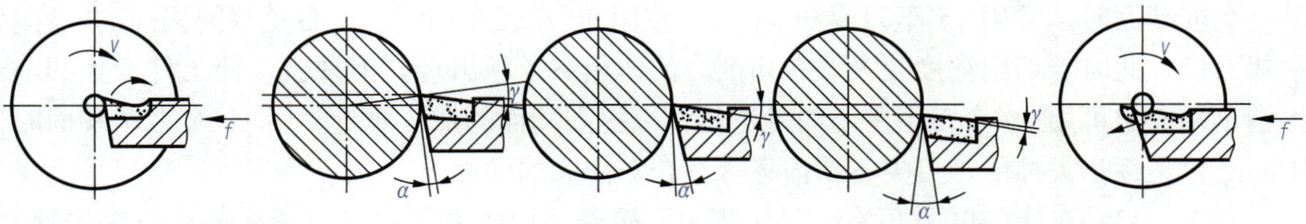

(a) 车刀中心太高　　(b) 车刀中心合适　　(c) 车刀中心太低

图 1-38　车刀刀尖与工件中心的位置关系

右偏刀也可以用来车削平面，但因车削时使用副切削刃切削，如果由工件外缘向工件中心进给，当切削深度较大时，切削力会使车刀扎入工件而形成凹面。为了防止产生凹面，可改由中心向外进给，用主切削刃切削，但切削深度较小。

刀具装夹

3. 刀具装夹

(1)装夹粗车刀时，车刀刀尖应比主轴中心线稍高，以便顺利切削。

(2)粗车细长轴工件时，车刀刀尖应与中心线一致，避免振动。

(3)粗车硬度较高的工件时，车刀刀尖应比中心线稍低，避免产生车刀被压弯和扎刀现象。

(4)外圆车刀刀尖应与中心线一致，但不可交于中心线，以防止扎刀。

(5)车端面时，车刀刀尖与中心线一致，过高或过低会导致崩刀现象。

(6)粗车内孔时，车刀刀尖和中心线一致。

(7)精车内孔时，车刀刀尖略高或交于中心线，但不可低于中心线，以避免孔径过大。

1.4.3 粗车与精车的概念

在实际生产中，粗车和精车通常是结合使用的。粗车负责去除大部分材料，而精车则负责达到最终的尺寸和表面质量要求。这种分阶段的加工方式可以提高加工效率，同时确保零件的质量。

1. 粗车

粗车通常是在车床具备充足动力的情况下，采用大的切削深度、大的进给量、低转速的方法，快速去除材料以接近零件的最终形状。由于粗车对切削表面要求不严格，只需留出一定的精车余量即可。由于粗车切削力较大，工件必须被可靠固定。此外，粗车还能及时发现毛坯内部的缺陷，如夹渣、砂眼、裂纹等，并消除毛坯内部残留的应力，防止热变形。

2. 精车

精车是车削的最后一道工序，旨在确保工件尺寸准确、表面粗糙度符合规定。在精车过程中，操作者通常会将车刀修磨得更锋利，并选用较高的主轴转速和较小的进给量。

1.4.4 车削的方法

1. 车削端面的方法

车削端面时，常用 45°车刀或 90°车刀。使用 90°车刀车削时，凸台是瞬间去掉的，容易损坏刀尖，此时若切削深度较大，在切削力的作用下，易出现扎刀现象，使工件产生凹陷。但精车端面时可用 90°车刀由中心向外进给，以提高端面的加工质量。用 45°车刀车端面时，中心凸台是逐步去掉的，刀尖不易损坏，适合车削大的端面。

首先，启动车床的电源开关，调整转速。接着，操作者需要将小滑板或床鞍缓慢地移动到毛坯的附近位置。在这个过程中，操作者需要仔细观察，确保小滑板或床鞍与毛坯之间的距离适中，以便进行下一步的加工。

接下来，操作者需要调整切削深度，这一步骤至关重要，因为它直接影响加工精度和表面质量。调整切削深度时，操作者需要根据加工要求和工件材料的性质，选择合适的刀具，并设定合适的切削参数。在调整好切削深度后，操作者需要摇动中滑板的手柄进行进给操作。进给方向可以是从工件的外侧向中心方向，也可以是从工件的中心向外侧方向，具体取决于加工需要，车削端面如图 1-39 所示。在进给过程中，操作者需要密切关注切削力和切削声音，以确保加工过程平稳进行。同时，操作者需要观察切削区域，确保切削过程中没有异常情况发生，如刀具磨损、工件变形等。

整个加工过程中，操作者需要保持注意力的高度集中并细致地操作，以确保加工出符合要求的工件。操作者应按照机械加工工艺制定的步骤和方法进行操作，以确保加工质量和效率。

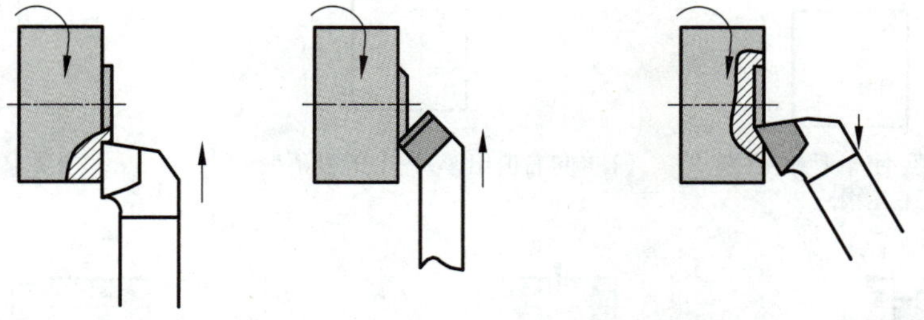

（a）由外向内车端面　　（b）由内向外车端面

图 1-39　车削端面

2. 车外圆的方法

加工前选择合适的刀具，如车直台阶、有角度的台阶时，选择的刀具如图 1-40 所示，按要求装夹刀具。

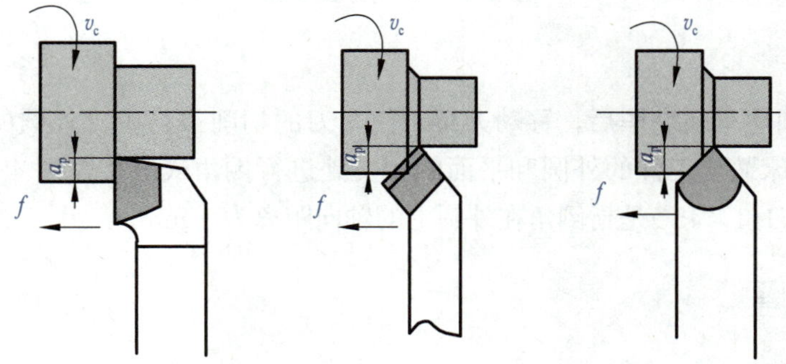

（a）90° 车刀　　（b）45° 车刀　　（c）尖刀

图 1-40　车刀选择

(1)移动床鞍至毛坯的右端，用中滑板控制切削深度，摇动小滑板丝杠或床鞍纵向移动车削外圆，第一次进给完毕后，横向退刀，再纵向移动刀架或床鞍至工件右端，进行第二、三次进给车削，直至符合图样要求为止。

(2)在车削外圆时，为了准确地确定切削深度，保证工件加工的尺寸精度，只靠刻度盘来进刀是不行的，通常要进行试切削和测量。具体方法：根据工件直径余量的 1/2 横向进刀，当车刀在纵向外圆上进给 2 mm 左右时，纵向快速退刀，然后停车测量(注意横向不要退刀)。如果已经符合尺寸要求，就可以直接纵向进给进行车削，否则可按上述方法继续进行试切削和试测量，直至达到要求为止。

(3)为了确保外圆的车削长度，通常先采用刻线痕法，后采用测量法进行车削，即在车削前根据需要的长度，用钢直尺、样板或卡尺测量并用车刀刀尖在工件的表面刻一条线痕。然后根据线痕进行车削，当车削完毕后，再用钢直尺或其他工具复测。车削外圆步骤如图 1-41 所示。

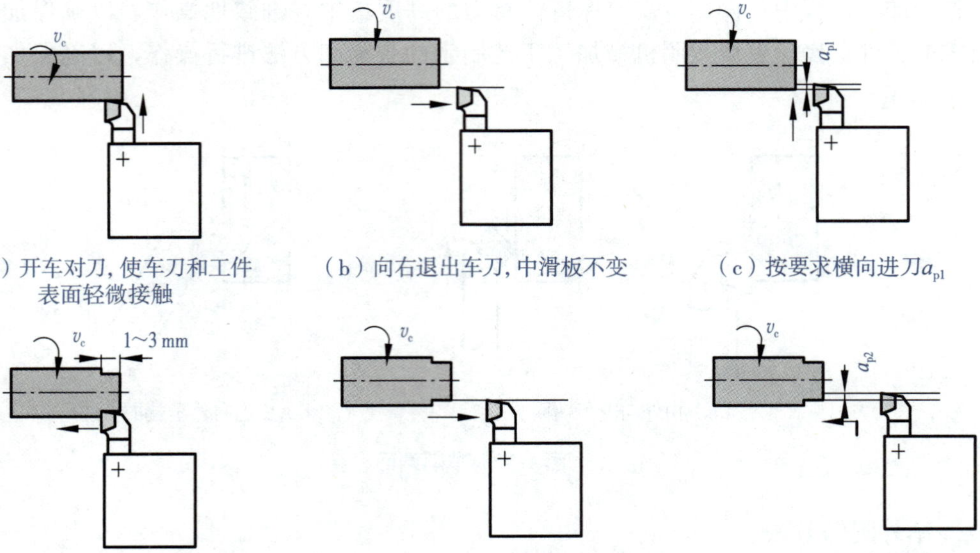

（a）开车对刀，使车刀和工件表面轻微接触　（b）向右退出车刀，中滑板不变　（c）按要求横向进刀a_{p1}

（d）试切长度1～3 mm　（e）向右退出，停车，测量　（f）调整切削深度至a_{p2}后，机动进给车外圆

图 1-41　车削外圆步骤

3. 倒角

当端面、外圆均车削完毕后，移动刀架，使车刀的切削刃与工件外圆的夹角为 45°，移动床鞍至工件的外圆和平面的相交处进行倒角或直接使用 45° 车刀倒角，其中 $C1(1\times45°)$是指倒角在外圆上的轴向距离为 1 mm。

平端面车外圆

1.4.5　刀的刃磨

1. 砂轮的选择

工厂中常用的磨刀砂轮有两种：一种是氧化铝砂轮，另一种是绿色碳化硅砂轮。氧化铝砂轮适用于合金钢、碳素钢类刀具，绿色碳化硅砂轮适用于硬质合金刀具。

2. 磨刀的步骤

下面以主偏角为 90°的硬质合金车刀为例，介绍手工刃磨的步骤，如图 1-42～图 1-47 所示。

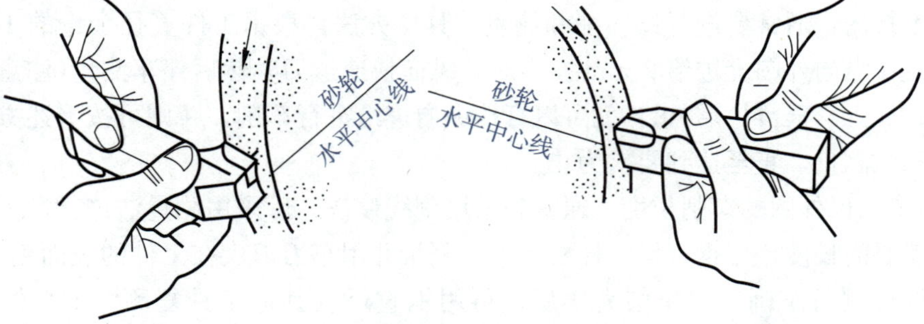

图 1-42　粗磨主后角与副后角

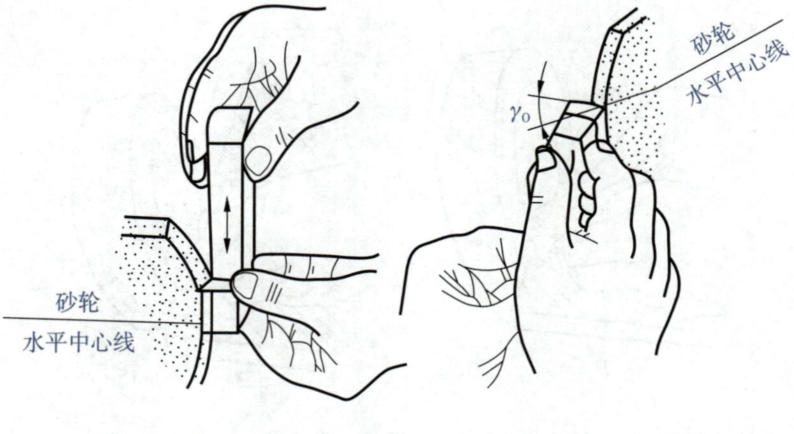

（a）向下磨　（b）向上磨

图 1-43　刃磨断屑槽

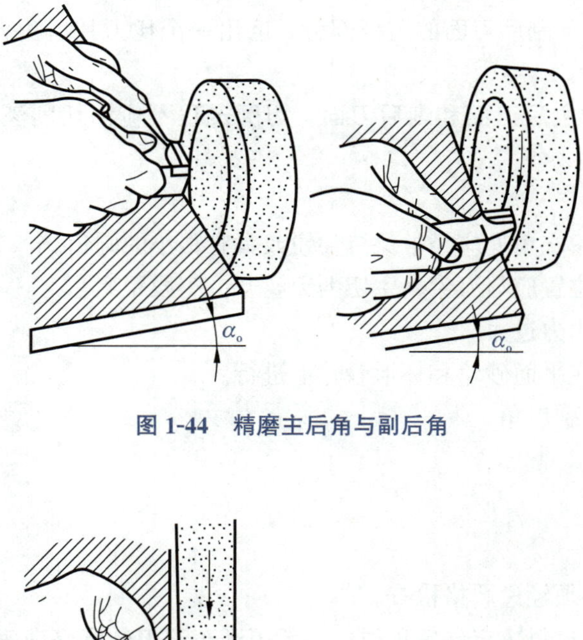

图 1-44　精磨主后角与副后角

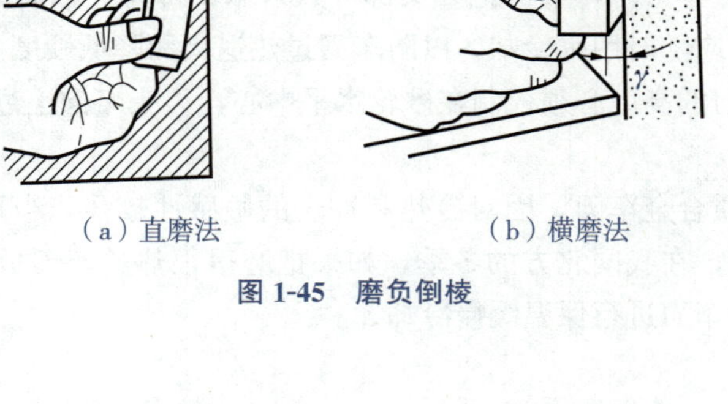

（a）直磨法　（b）横磨法

图 1-45　磨负倒棱

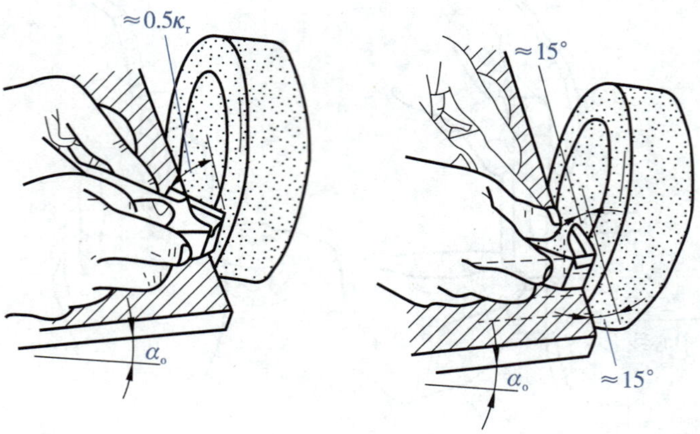

（a）磨直线形过渡刃　　（b）磨圆弧形过渡刃

图 1-46　磨过渡刃

（1）先把车刀前刀面、后刀面上的焊渣磨去，并磨平车刀的底平面。

（2）粗磨主后刀面和副后刀面的刀杆部分，磨出一个比刀片后角大2°～3°的后隙角。

（3）粗磨刀片上的主后刀面和副后刀面，刃磨过程不应沾切削液，防止刀片开裂。

（4）磨断屑槽。

①磨断屑槽的砂轮交角处应经常保持尖锐或具有很小的圆角。

②刃磨时的起点位置应与刀尖、主切削刃离开一小段距离。

③刃磨时，不能用力过大。

④磨断屑槽可以在平面砂轮和杯形砂轮上进行。

（5）精磨主后角和副后角。

（6）磨负倒棱。

（7）磨过渡刃。

图 1-47　磨刀过程实物图

＊注意事项

（1）新装的砂轮必须经过严格检查。

（2）必须根据刀具材料决定砂轮种类。一般刃磨车刀刀体和高速钢车刀时，用白色氧化铝砂轮；刃磨硬质合金车刀时，用绿色碳化硅砂轮。如果条件允许，在精磨硬质合金车刀时，可采用金刚石砂轮。

（3）刃磨硬质合金车刀时，不可把刀头部分放入水中冷却，以防刀片突然冷却而碎裂。刃磨高速钢车刀时，应随时用水冷却，以防车刀过热退火而降低硬度。

（4）刃磨时，车刀的高度必须控制在砂轮水平中心，刃头略向上翘，否则会出现后角过大或负后角等缺陷。

（5）钨钛钴类硬质合金车刀，因对冷热和冲击的敏感性较强，当环境温度变化较大时，也会产生裂纹。例如，在我国北方的冬季，如果把磨得很热的车刀放在冷空气中，往往会产生裂纹，最好是对车刀进行保温缓慢冷却。

(6)刃磨时，砂轮的旋转方向必须是由刃口向刀体方向转动，以免造成切削刃出现锯齿形缺陷。

(7)在平形砂轮上刃磨时，应尽量避免使用砂轮的侧面；在杯形砂轮上刃磨时，应避免使用砂轮的外圆或内圆。

(8)刃磨时，手握车刀要平稳，压力不能过大，要不断地左右移动，一方面使刀具受热均匀，防止硬质合金刀片产生裂纹或高速钢车刀退火；另一方面使砂轮不致因固定磨某一处而在表面出现凹槽。

(9)刃磨结束后，应随手关闭砂轮机电源。

(10)刃磨时，操作者应尽量避免正对着砂轮，应站在砂轮的侧面，这样可以防止磨粒飞入眼内或砂轮碎裂飞出伤人。

(11)刃磨时不能用力过猛，以免由于打滑而磨伤手指。

(12)砂轮必须装有防护罩。

(13)刃磨用的砂轮，不准用于磨其他物件。

1.4.6 车削练习

1. 装夹刀具

(1)装夹时注意车刀不宜伸出过长。

(2)刀具中心高度对工件中心位置控制在(0±0.2)mm 范围内，刀片与工件中心尽量等高。

2. 加工步骤

毛坯尺寸为 ϕ90 mm×100 mm，材质为 45 钢，零件图如图 1-48 所示。

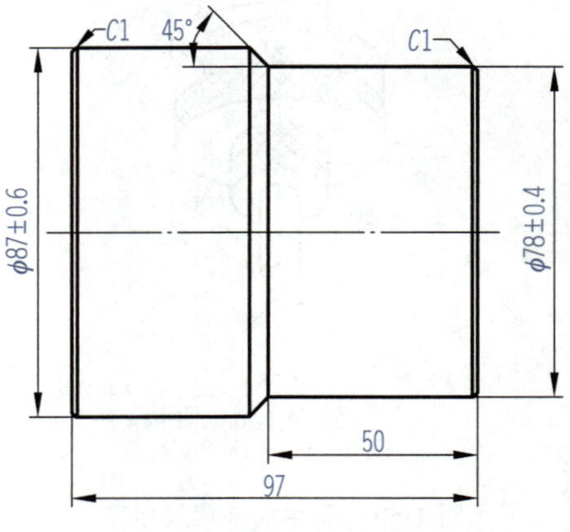

图 1-48 车削练习零件图

(1)使用卡盘将工件的外圆部分夹紧，确保伸出的长度大约为 65 mm，然后进行找正，确保工件位置准确无误后，再进行夹紧操作。

(2)首先进行粗车工序，对工件的端面和外圆进行加工，将毛坯外圆加工至直径为 88 mm，长度为 47 mm，并且在加工过程中预留出 1 mm 的余量以便进行后续的精车工序。在移动机床进行加工对刀时，需要参照图 1-49 所示的步骤进行操作。在移动过程中，通过摇手柄消除机床的间隙，具体操作方法可以参考图 1-50。

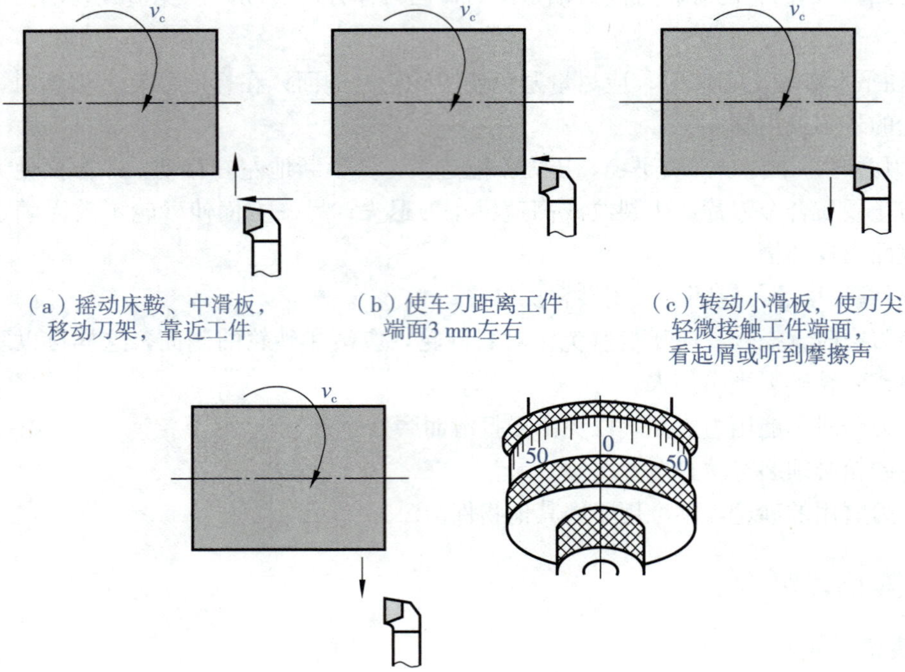

（a）摇动床鞍、中滑板，移动刀架，靠近工件
（b）使车刀距离工件端面3 mm左右
（c）转动小滑板，使刀尖轻微接触工件端面，看起屑或听到摩擦声
（d）中滑板退刀（床鞍和小滑板不动）
（e）床鞍刻度盘调零（注意消除机械间隙）

图 1-49　对刀步骤

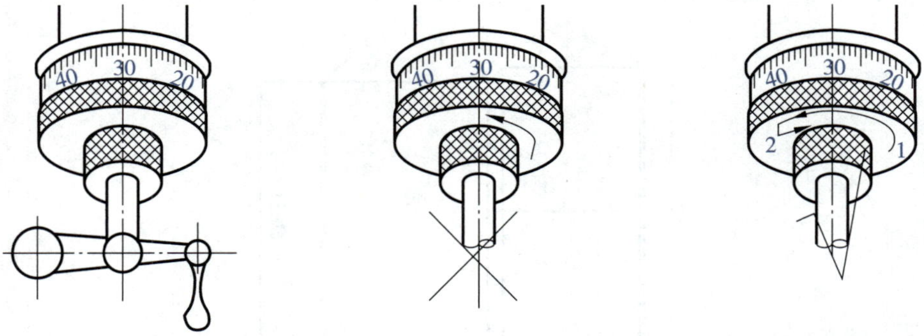

（a）手柄摇过：要求转至30 mm刻度处，但转至40 mm刻度处
（b）错误示范：直接退至30 mm刻度处
（c）正确示范：反转约一周，再转至所需位置30 mm刻度处

图 1-50　摇手柄步骤及示范

(3)在粗车工序完成后，接下来进行精车工序，对工件的平面和外圆进行精加工，将外圆加工至直径为 87 mm，长度为 47 mm，并且保证加工精度在±0.6 mm 范围内。同时，对工件的边缘进行倒角处理，倒角尺寸为 $C1$。

(4)在完成一面的加工后，需要调头对另一端进行加工。将外圆 ϕ87 mm 的一端夹紧，确保伸出长度大约为 70 mm，然后进行找正，确保工件位置准确无误后，再进行夹紧操作。在夹紧过程中，为了保护工件表面，可以在夹紧部位包裹一层铜皮。

(5)对调头后的工件进行粗车工序，对工件的端面和外圆进行加工，将外圆加工至直径为

79 mm，长度为 50 mm，并且在加工过程中预留出一定的余量，以便进行后续的精车工序。

(6)在粗车工序完成后，接下来进行精车工序，对工件的平面和外圆进行精加工，将外圆加工至直径为 78 mm，长度为 50 mm，并且保证加工精度在±0.4 mm 范围内。同时，对工件的边缘进行倒角处理，倒角尺寸为 $C1$，并且对两个台阶连接处进行圆锥形倒角处理，圆锥倒角尺寸为 $C4.5$。

(7)在完成所有车削工序后，进行最后的检查和卸车操作，确保工件的尺寸和表面质量符合要求。

＊注意事项

(1)工件平面中心留有小凸台，其产生原因是刀尖没有对准工件中心。刀尖偏高或偏低都会留下小凸台，易损伤刀具。

(2)平面不平有凹凸，其产生原因是切削深度过深、车刀磨损，或者是滑板移动、刀架和车刀紧固力不足，产生扎刀或让刀现象。

(3)车外圆产生锥度，其产生原因包括小滑板导轨与主轴轴线不平行、车速过高导致车刀磨损、摇动过程中滑板进给时未消除空行程误差、手动进给不均匀导致车削表面痕迹粗细不一。其避免措施包括变换转速前应先停车以保护主轴箱内齿轮，切削时应先开车后进刀，车削铸铁毛坯时应尽量一刀车掉以减少车刀磨损，手动进给时应将进给手柄置于空挡位置，掉头装夹工件时应垫铜皮以防夹坏，车削前检查滑板位置是否正确、工件装夹是否牢靠及卡盘扳手是否已取下，注意消除机械间隙。

1.5 车削台阶工件

项目目标

(1)正确地装夹工件，掌握车削台阶工件的方法。

(2)准确控制工件的尺寸和形状精度。

(3)培养工艺规划能力。

(4)巩固游标卡尺的使用方法。

(5)掌握如何通过精加工来保证零件尺寸。

(6)增强安全操作意识。

(7)培养责任心和敬业精神，对待工作认真负责。

项目内容及任务

(1)学习台阶工件的图纸解读和工艺分析。

(2)掌握车刀的选择和装夹方法。

(3)掌握车床的操作，包括工件的装夹、对刀等。

(4)实践车削台阶工件，保证尺寸精度和表面质量。

(5)强调规范操作和安全生产的重要性，树立安全意识。

(6)注重质量，追求精益求精。

（7）弘扬工匠精神，在实践中不断提升技能。

1.5.1 车削台阶工件的概述

1. 技术要求

车削台阶工件通常和其他零件结合使用，因此它的技术要求一般有以下几点。

（1）各挡外圆之间的同轴度。

（2）外圆和台阶平面的垂直度。

（3）台阶平面的平面度。

（4）外圆和台阶平面相交处的倾角。

2. 刀具应用

在进行车削加工时，对于台阶形状的工件，通常会选用90°的外圆车刀进行操作。车刀的装夹方式需要根据具体的加工阶段及余量的大小来决定。例如，在粗车阶段，由于工件表面的余量较多，为了能够有效地增加切削深度并减少刀尖所承受的压力，通常会选择将车刀的主偏角设置得小于90°。这样做可以提高切削效率，同时避免刀具过早磨损或损坏。而在精车阶段，为了确保加工出的台阶平面与工件的轴心线保持垂直关系，提高加工精度，通常会将车刀的主偏角设置得大于90°。这样可以更好地控制切削过程，确保加工表面的平整度和尺寸精度，从而满足更高的加工质量要求。

3. 加工方法

在车削台阶工件的过程中，通常会采用粗车和精车两个步骤来完成。在粗车阶段，除了第一挡台阶的车削长度稍微短一些，以便留出足够的精车余量，其余各个挡位的台阶长度可以车削至所需的具体尺寸。这样做是为了在后续的精车过程中能更加精确地满足设计要求。当精车台阶工件时，操作者通常会在机动进给状态下将车刀推进至接近台阶的末端，然后切换到手动进给方式。这样做是为了更好地控制车削过程，确保加工精度。当车刀接触到平面部分时，操作者会将纵向进给改为横向进给。在这一过程中，操作者需要缓慢地移动中滑板，从内向外精细地车削，以确保台阶平面与轴心线保持垂直关系。这种精细操作是为了确保最终加工出的台阶工件能够满足设计图纸上的严格要求，保证其尺寸精度和表面质量。

4. 精度控制

在进行车削加工之前，首先需要根据工件上台阶的具体长度，使用刀尖在工件的表面刻线痕。这一过程是为了在后续的车削过程中能有一个明确的参考线，以便更准确地控制台阶的长度。完成刻线痕之后，接下来进行粗车工序。粗车的主要目的是快速去除多余的材料，以达到初步的尺寸要求。在粗车过程中，操作者需要密切关注刻线痕的位置，确保车削过程中不会偏离预定的尺寸。

粗车工序完成后，台阶的长度通常已经基本符合设计要求。此时，进入精车工序，精车的主要目的是提高工件的尺寸精度和降低工件的表面粗糙度。在精车外圆的同时，操作者需要特别注意控制台阶的长度，确保其尺寸精度满足图纸要求。为了确保测量的准确性，通常会使用钢直尺进行初步的长度检查。如果工件的精度要求较高，仅仅使用钢直尺可能无法满足精度要求，此时可以采用样板、游标深度尺等更为精确的测量工具进行进一步的检测和校准。通过这些细致的测量和调整，可以确保最终加工出的工件在长度和外观尺寸上都能达到设计标准，满足使用要求。

在进行车削加工时，根据习惯的找正方法，通常先对靠近卡盘的工件外圆进行精确找正，然后对台阶部分的反平面进行仔细找正。这个过程需要反复多次进行，以确保工件在车削过程中始终保持正确的定位。只有在经过多次找正确认无误后，才能开始进行切削作业。粗车工序完成后，为了确保在整个粗车过程中工件没有发生任何移位或变形，还需要进行一次全面的复查。这样的复查步骤是非常必要的，因为可以及时发现并纠正粗车过程中可能出现的问题，从而确保工件的加工精度和质量。

1.5.2 车削台阶轴

根据图 1-51 所示的台阶轴零件图进行零件工艺分析及加工。

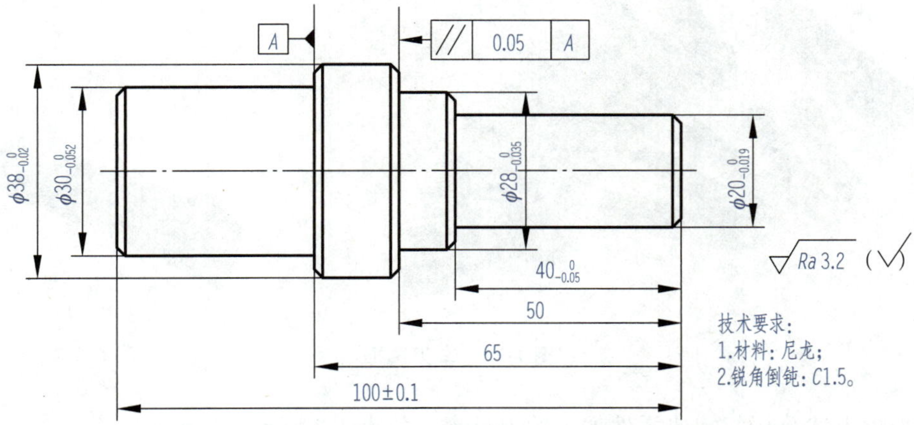

图 1-51 台阶轴零件图

1. 图样分析

(1)本任务所加工的零件应选择什么尺寸的毛坯？材料是什么？其加工切削性能怎样？有无热处理和硬度要求？

(2)零件图上是否有尺寸未标注或者标注不清楚的情况，从而影响零件的加工？若发现问题，应向设计人员或工艺制订部门请示并提出修改意见。

(3)本任务所加工的零件是台阶轴，查阅资料，了解并说明台阶轴的用途和加工要求。

(4)分析零件图样，并在表 1-1 中写出该台阶轴的主要加工尺寸、几何公差要求及表面质量要求，为零件的工艺制订做准备。

表 1-1 加工项目表

序号	项目	内容	偏差范围	得分
1	主要加工尺寸			
2				
3				

续表

序号	项目	内容	偏差范围	得分
4	主要加工尺寸			
5				
6				
7				
8	几何公差要求			
9	表面质量要求			

2. 刀具选择

(1)根据零件图样，在图 1-52 所示的刀具中选择合适的车刀，并说明选用原因。

图 1-52　车刀选择

(2)根据上述分析，完成零件加工的刀具表，如表 1-2 所示。

表 1-2　刀具表

刀具序号	刀具名称	数量	加工内容	刀尖半径/mm	刀具规格/(mm×mm)

***注意事项**

(1)在台阶平面和外圆相交处要清角，以避免凹坑和小台阶的产生。

(2)台阶表面不平可能是因为车刀横向进给不当或主偏角小于 90°，也可能是因为刀架、车刀、滑板等部件位置移动。

(3)测量多台阶工件长度应从一个基面开始，以防止误差累积。

(4)平面与外圆相交处出现较大圆弧的原因可能是刀尖圆弧较大或刀尖磨损。

(5)使用游标卡尺测量时，确保卡脚平贴测量面，避免歪斜产生误差。

(6)使用游标卡尺测量工件时，应确保适当的松紧度，特别是在操作锁紧螺钉时，应避免夹得过紧。

(7)在车床未停稳时，不应使用游标卡尺进行工件测量。

(8)取下游标卡尺读数时，应确保锁止螺母拧紧，防止游标尺移动。

3. 任务总评

加工完成后，指导教师填写任务总评表，如表 1-3 所示。

表 1-3　任务总评表

班级			学号		姓名	
课题				分值	要求	得分
一	任务描述、接受任务	口述任务内容细节	1. 表述仪态自然、吐字清晰	5 分	表述仪态不自然或吐字模糊扣 1 分	
			2. 表述思路清晰、层次分明、准确		表述思路模糊或层次不清扣 1 分	
二	任务分析、分组情况	依据图样分析工艺，分组分工	1. 分析图样关键点准确	5 分	表述思路模糊或层次不清扣 1 分	
			2. 涉及理论知识回顾完整，分组分工明确		知识不完整扣 1 分，分工不明确扣 1 分	
三	制订计划	绘图	1. 零件图绘图完整，包括标题栏、尺寸、形状、公差要求等	5 分	一处表述思路模糊或层次不清扣 1 分，扣完为止	
		制订加工工艺	2. 准确制订工艺	10 分	一处工步错误扣 1 分，扣完为止	
四	计划实施	加工前准备	1. 工具(扳手、垫刀片)、刀具、量具准备	5 分	每漏一项扣 1 分	
			2. 机床准备(电源、冷却液)		没有检查扣 1 分	
			3. 资料准备(图纸)		实操期间缺失资料扣 1 分	
			4. 以情景模拟的形式，体验到材料库领取材料，并完成领料单	2 分	领料单填写不完整扣 1 分	
		加工	1. 正确选择、装夹刀具	5 分	选择错误扣 1 分，扣完为止	
			2. 查阅资料，正确选择加工参数	5 分	选择错误扣 1 分，扣完为止	
			3. 正确实施零件加工，无失误	40 分	依据工件评分表	
		现场恢复	1. 在加工过程中保持 6S、三不落地	5 分	每漏一项扣 1 分，扣完为止	
			2. 机床、工具、量具、刀具、工位恢复整理	8 分	每违反一项扣 1 分，扣完为止	
五	检测与质量分析	正确读取和测量加工数据并正确分析测量结果		5 分	能自我正确检测工件并分析原因，错一项扣 1 分，扣完为止	
合计				100 分		

1.6 沟槽加工

项目目标

(1)认识沟槽。
(2)认识车槽刀。
(3)掌握直进法切断工件。
(4)掌握切断刀和切槽刀的刃磨方法。
(5)培养耐心和细致的操作习惯。
(6)强调安全操作的重要性，树立安全意识。

项目内容及任务

(1)了解使用砂轮的注意事项。
(2)学习沟槽加工的相关知识，包括沟槽的类型、尺寸要求等。
(3)熟悉沟槽加工所使用的刀具和量具。
(4)进行沟槽加工的实际操作练习，包括刀具装夹、工件装夹、切削参数设置等。
(5)对加工后的沟槽进行检测，确保其符合尺寸和精度要求。
(6)养成严谨的工作态度，注重细节。

1.6.1 认识外沟槽及刀具

车削外圆及轴肩部分的沟槽，称为车外沟槽，如图 1-53 所示。

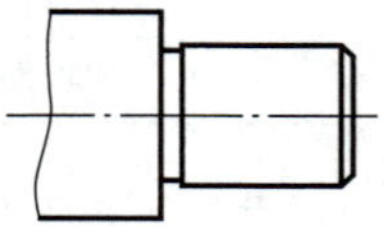

(a) 外圆沟槽

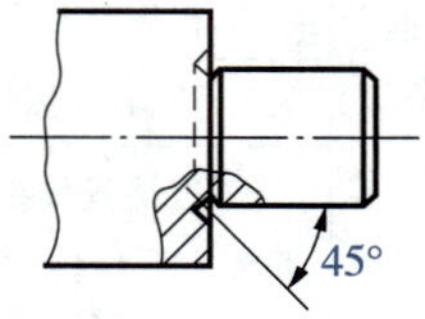

(b) 45° 沟槽

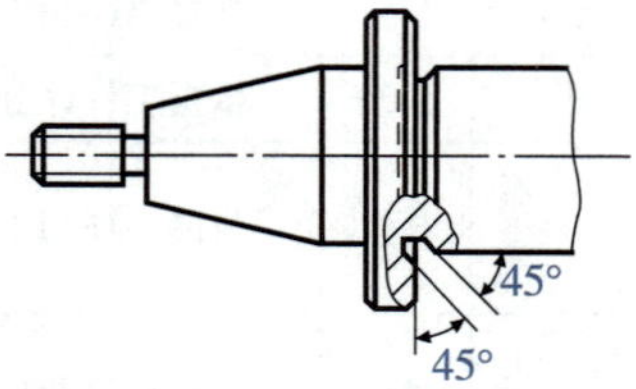

(c) 外圆端面沟槽

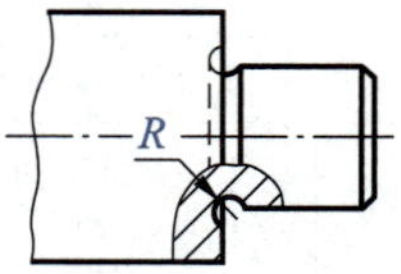

(d) 圆弧沟槽

图 1-53 外沟槽

加工沟槽一般可选择切槽刀、切断刀，这里以切断刀为例进行介绍。

切断刀以横向进给为主，前端的切削刃是主切削刃，两侧的切削刃是副切削刃。为了减少工件材料的浪费，保证切断实心工件时能切到工件的中心，一般切断刀的主切削刃较窄、刀头较长，其刀头强度相对其他车刀较低，所以，在选择几何参数和切削用量时应特别注意。

1. 切断刀的种类

(1)硬质合金切断刀，例如，图 1-54(a)所示的焊接车断刀和图 1-54(b)所示的机夹车断刀。在车削过程中，由于高速车削会产生很大的热量，为防止脱焊，在开始车削时应浇注充足的切削液。

(2)高速钢切断刀，如图 1-54(c)所示，刀头与刀杆由同一材料锻造而成，当切断刀损坏后，可以经过刃磨后再使用，比较经济，适用于低速切削。

(a) 焊接车断刀　　(b) 机夹车断刀　　(c) 高速钢切断刀

图 1-54　切断刀

2. 切断刀结构

切断刀有两个刀尖、一条刀刃、两个刀面，它的几何形状是由前角 γ_o、后角 α_o、主偏角 κ_r、刃倾角 λ_s 和副偏角 κ_r' 等决定的。切断刀的面及角如图 1-55 所示。

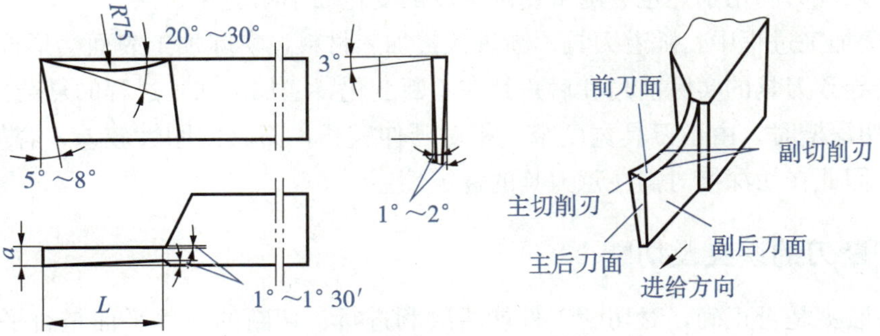

图 1-55　切断刀的面及角

切断刀的各个参数如表 1-4 所示。

表 1-4　切断刀的各个参数

参数	符号	公式
主偏角	κ_r	$\kappa_r = 90°$

续表

参数	符号	公式
副偏角	κ_r'	$\kappa_r'=1°\sim1°30'$
前角	γ_o	切断中碳钢工件时，通常 $\gamma_o=20°\sim30°$；切断铸铁工件时，$\gamma_o=0°\sim10°$。前角由 $R75$ 的弧形截面自然形成
后角	α_o	一般 $\alpha_o=5°\sim7°$
副后角	α_o'	切断刀有两个对称的副后角，$\alpha_o'=1°\sim2°$
刃倾角	λ_s	主切削刃要左高右低，$\lambda_s=3°$
主切削刃宽度	a	一般采用经验公式计算： $$a\approx(0.5\sim0.6)\sqrt{d}$$ 式中，d 表示工件直径(mm)
刀头长度	L	计算公式为 $$L=h+(2\sim3)$$ 式中，h 表示切入深度(mm)。 切断实心工件时，切入深度等于工件半径；切断空心工件时，切入深度等于工件壁厚

1.6.2 切槽加工的特点

切槽加工的特点如下：

(1)使用切槽刀进行加工时，一条主刀刃和两条副刀刃同时参与切削，被切削材料的塑性变形较为复杂，摩擦阻力较大。因此，在加工过程中需要采用小进给量、薄切削深度的方式进行，这同时会导致平均变形较大，单位切削力增大。

(2)切削速度在槽加工过程中会不断变化，尤其是在切断加工时，切削速度会从最大逐渐降至零。切削力和切削热也会随着切削速度的变化而不断变化。

(3)在槽加工过程中，随着刀具不断进入被加工材料，实际加工表面会形成阿基米德螺旋面。这会导致刀具的实际前角和后角都在不断变化，增加了加工过程的复杂性。

(4)在切深槽时，由于刀具宽度窄、相对延伸较长，刀具的刚性较差，容易发生振动，导致断刀，因此在切深槽时需注意刀具的稳定性。

1.6.3 切断刀的装夹及切断

切断刀装夹是否正确，对切断工件能否顺利进行、切断的工件平面是否平直有直接的影响，所以切断刀的装夹有严格要求。

(1)切断实心工件时，切断刀的主刀刃必须严格对准工件中心，刀头中心线与轴线垂直。

(2)为了增加切断刀的强度，刀杆不宜伸出过长，避免振动。

(3)切断刀的切断方法，有直进法、左右借刀法和反切法，如表 1-5 所示。

表 1-5　切断方法

方法	图例	说明
直进法	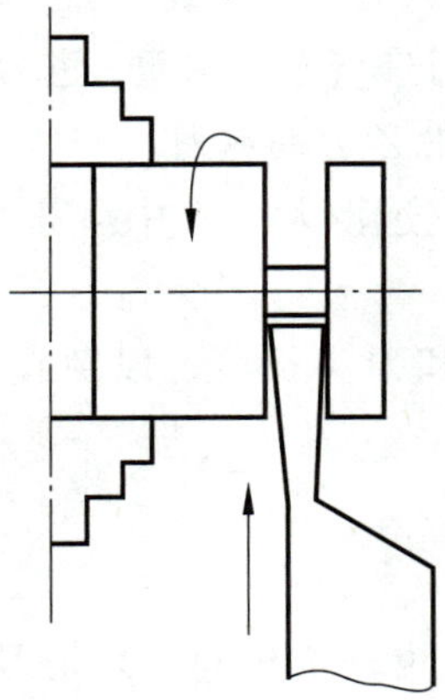	直进法是指垂直于工件轴线方向进给切断工件。直进法的切断效率高，但对车床、切断刀的刃磨和装夹都有较高的要求。否则，容易造成切断刀折断
左右借刀法	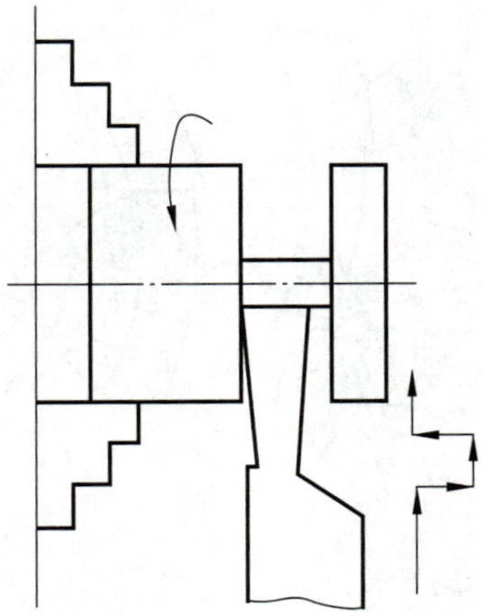	左右借刀法是指切断刀在工件轴线方向反复地往返移动，随之两侧径向进给，直至工件被切断。左右借刀法常用在切削系统（刀具、工件、车床）刚度不足的情况下
反切法	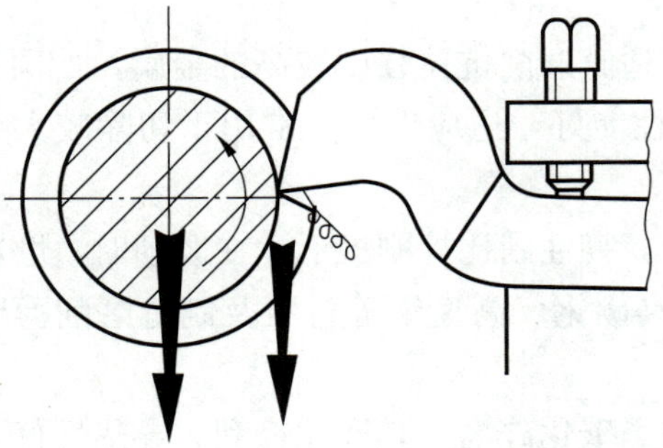	反切法是指车床主轴和工件反转，车刀前刀面反向安装。反切法适用于较大直径工件的切断

1.6.4　切槽（切断）加工注意事项

切槽（切断）加工注意事项如下：

(1)装夹刀具的刀尖一定要与工件旋转中心等高，而且两边必须对称装夹，否则在进行深槽加工时会出现槽侧壁倾斜，严重时会断刀。

(2)对于宽度值不大但深度值较大的深槽零件，在切槽过程中为了避免刀具前面压力过大导致扎刀或折断刀具的情况，可采用分次进刀的方法。刀具在切入工件达到一定深度后，停止进刀并回退一段距离，以帮助断屑和排除切削区域的废屑，确保加工顺利进行。

(3)注意合理安排切槽时进刀和退刀路线，避免刀具与零件相撞。进刀时，宜先沿 Z 方向进刀再沿 X 方向进刀，退刀时先沿 X 方向退刀再沿 Z 方向退刀。

(4)切槽时，刀刃宽度、切削速度和进给量都不宜选得太大，并且需要合理匹配，以免产生振动，影响加工质量。

(5)选用切槽刀时，要正确选择切槽刀的宽度和刀头长度，以免在加工过程中引起振动。

1.6.5 刀具刃磨

切槽刀和切断刀的几何形状基本相似，刃磨方法也基本相同，只是刀头部分的宽度和长度有区别，但有时也通用，故合并讲解。切断刀刃磨步骤如图 1-56 所示。

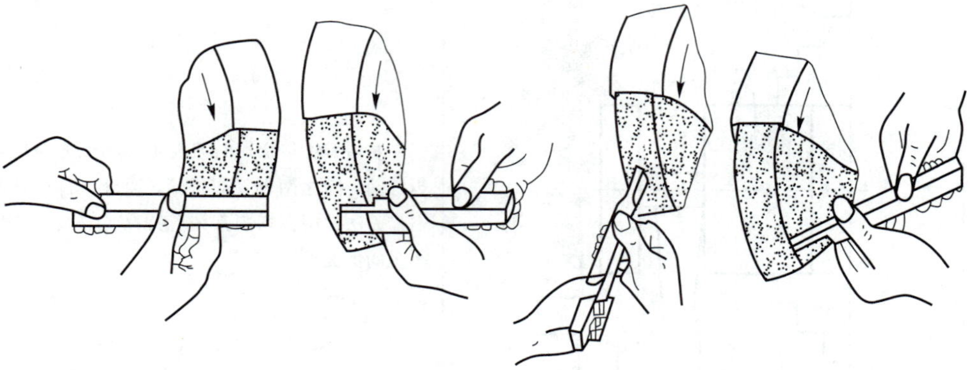

图 1-56 切断刀刃磨步骤

1. 砂轮材料

(1)棕刚玉。棕刚玉的硬度高、韧性大，适宜磨削抗拉强度较高的金属，如碳钢、合金钢、可锻铸铁、硬青铜等，这种磨料的磨削性能好，适应性广，常用于切除较大余量的刀具的粗磨，价格便宜，可以广泛使用。

(2)白刚玉。白刚玉的硬度略高于棕刚玉，韧性则比棕刚玉低，在磨削时，磨粒容易碎裂，因此，磨削热量小，适宜精磨淬火钢、高碳钢、高速钢等材料及制造磨削薄壁零件用的砂轮，成本比棕刚玉高。

(3)绿碳化硅。绿碳化硅的硬度、脆性较黑碳化硅高，其磨粒锋利，导热性好，适用于磨削硬质合金、光学玻璃、陶瓷等硬脆材料。

2. 粗磨

两手握刀，前刀面向上。首先刃磨右侧副后面使刀头靠左，呈长方形；粗磨左右副偏角和副后角，粗磨主后角。

3. 精磨

首先精磨左副后刀面，连接刀尖与圆弧相切，刀体顺时针旋转 1°～2°，刀体水平旋转

1°～3°，刀尖微翘 3°左右，同时磨出副后角和副偏角；刀侧与砂轮的接触点应放在砂轮的边缘处；精磨右侧副后角和副偏角；修磨主后刀面和后角 6°～8°；修磨前刀面和前角 5°～20°；修磨刀尖圆弧。

***注意事项**

(1)刃磨车刀时，人站在砂轮的侧面，以防止受伤。

(2)双手握刀要稳，以减少磨削时的抖动。

(3)车刀应在略高于砂轮中心的位置磨削。

(4)车刀要做直线移动，将切削刃磨平直。

(5)磨削高速钢车刀时要注意冷却；磨削硬质合金车刀时，不可将高温刀头沾水，以防止刀头温度骤变产生裂纹。

1.6.6 车槽

根据如图 1-57 所示的垫片零件图进行零件工艺分析及加工。

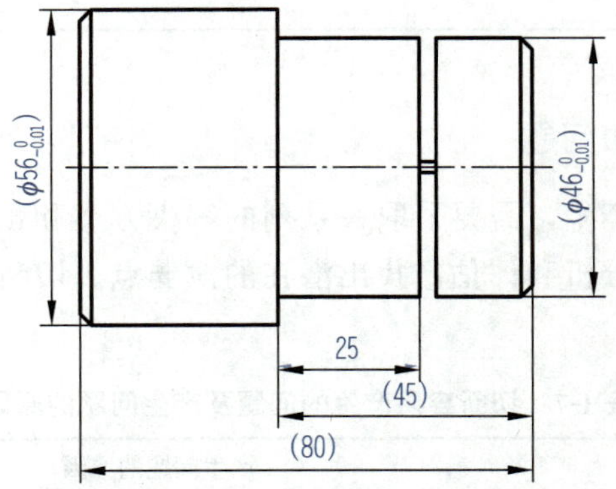

图 1-57 垫片零件图

1. 装夹刀具

(1)装夹时切断刀不宜伸出过长，同时切断刀的中心线必须与工件中心线垂直，以保证两个副偏角对称。

(2)切断实心工件时，切断刀的主切削刃必须装夹在与工件中心等高的位置，否则不能车削到工件中心，而且容易崩刃，甚至折断车刀。

(3)切断刀的底平面应保持平整，以确保车削质量。

2. 加工步骤

(1)夹住外圆，车 ϕ46 mm 至尺寸要求。

(2)移动切槽刀至端面对刀，向左移动 20 mm 切断，注意排屑。

(3)切断示意图及技术特点说明如表 1-6 所示。

表 1-6　切断示意图及技术特点说明

示意图	技术特点说明
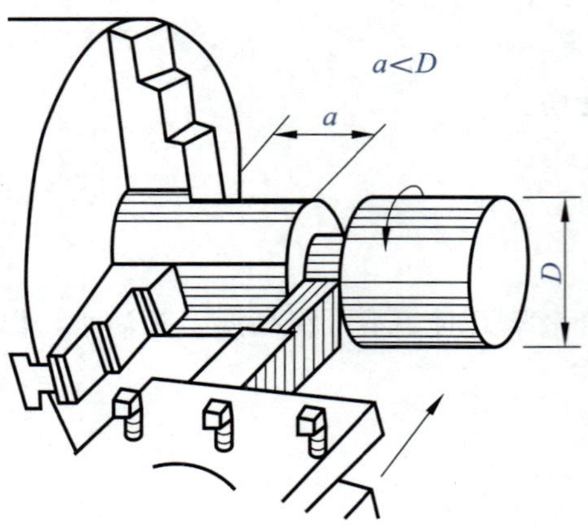 切槽	切断一般在卡盘上进行，工件的切断处应距卡盘近些，以免工件振动。切断刀刀尖必须与工件中心等高，否则切断处将剩有凸台，且刀头也易折断 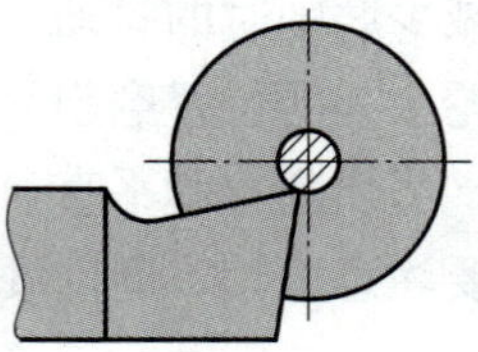 切断刀安装过低 不易切削 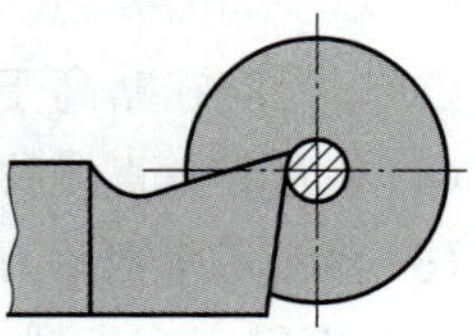 切断刀安装过高 刀具后端易顶住工件

1.6.7　切断容易产生的问题

为了防止切断问题的产生，需要采取一系列的解决方案和预防措施。对于容易产生问题的环节，应进行详细的分析和评估，找出潜在的薄弱点。切断容易产生的问题及产生问题的原因如表 1-7 所示。

表 1-7　切断容易产生的问题及产生问题的原因

切断容易产生的问题	产生问题的原因
平面凹凸不平	1. 切断刀两侧的刀尖刃磨或磨损不一致； 2. 窄切断刀的主切削刃与轴线不平行，且有较大夹角，而左侧刀尖又有磨损现象； 3. 车床主轴有轴向窜动； 4. 切断刀装夹歪斜或副刀刃没有磨直
切断时产生振动	1. 主轴与轴承之间间隙太大； 2. 切断时转速过高，进给量过小； 3. 切断的棒料太长，在离心力的作用下产生振动； 4. 切断刀远离工件支撑点或切断力伸出过长； 5. 工件细长，切断刀刃口太宽
切断刀折断	1. 工件装夹不牢靠，切割点远离卡盘，在切削力作用下，工件被抬起； 2. 切断时排屑不畅，切屑堵塞； 3. 切断刀的副偏角、副后角磨得太大，削弱了切削部分的强度； 4. 切断刀装夹与工件轴线不垂直，主刀刃与工件回转中心不等高； 5. 切断刀前角和进给量过大； 6. 床鞍、中滑板、小滑板松动，切削时产生“扎刀”

⋆注意事项

(1)卷屑槽不宜过深，一般为 0.75～1.5 mm。卷屑槽太深会导致前角过大，宜扎刀，前角过大则楔角减小，刀头散热面积减小，使刀尖强度降低，刀具寿命降低。

(2)避免磨成台阶形，否则会导致切削时切屑流出不顺利，排屑困难，使切削力增加，刀具强度相对降低，刀具易折断。

(3)两侧副偏角要对称相等，主切削刃要平直且前宽后窄。

(4)高速钢车刀要随时冷却以防退火。

(5)使用硬质合金车刀刃磨时，不能用力过猛，以防脱焊。

(6)刃磨副刀刃时，刀侧与砂轮接触点应放在砂轮的边缘处。

1.7 钻孔

项目目标

(1)认识钻头，提升专业技能。

(2)了解麻花钻的几何形状和切削部分的角度要求。

(3)掌握麻花钻切削部分的刃磨方法。

(4)培养耐心和细致操作的习惯。

(5)强调安全操作的重要性，树立安全意识。

项目内容及任务

(1)了解使用砂轮刃磨麻花钻时的注意事项。

(2)学习钻头的相关知识。

(3)掌握钻孔过程中的安全操作规程和质量要求。

(4)养成严谨的工作态度，注重细节。

1.7.1 钻孔常用工具

钻孔是机械加工中常见的一项操作，如图 1-58 所示，主要用于在工件上加工出圆柱形孔。钻孔技术在机械制造领域中扮演着至关重要的角色，广泛应用于各种机械零件的生产中。这些零件包括但不限于轴类零件、齿轮及各类箱体结构。钻孔的原理主要是通过钻头的高速旋转进行切削，从而在工件的特定位置上形成所需的孔径。这种技术不仅能满足孔径的尺寸要求，还能在不同的材料上进行高效加工，确保零件在此工艺下的精度和质量。

1. 中心钻

中心钻用于孔加工的预制精确定位，引导麻花钻进行孔加工，减少误差。常用的中心钻有两种类型：A 型不带护锥的中心钻，如图 1-59(a)所示；B 型带护锥的中心钻，如图 1-59(b)所示。加工直径 $d=2$～10 mm 的中心孔时，通常采用不带护锥的中心钻(A 型)；

加工工序较长、精度要求较高的工件时，为了避免60°定心锥被损坏，一般采用带护锥的中心钻(B型)。

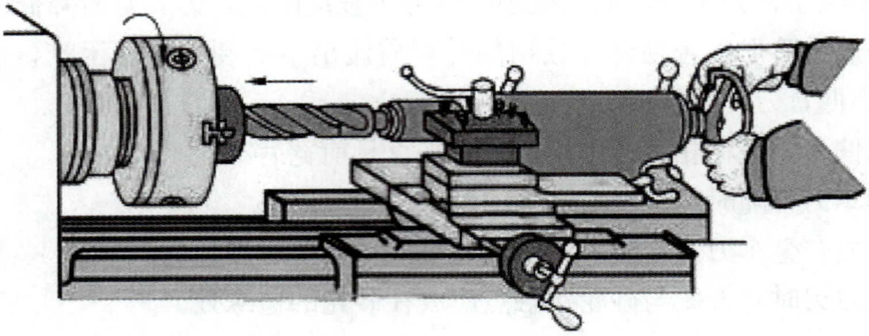

图 1-58 钻孔

2. 定心钻

定心钻的功能有点孔、孔口倒角、边框倒角、点孔和倒角一次完成。如图1-59(c)所示，定心钻外形短粗，排屑槽很短，刚性极佳，其钻尖几何形状刚好够在工件表面钻出一个浅孔。与标准钻头相比，定心钻的横刃很薄，可对工件材料起到有效的切削作用。

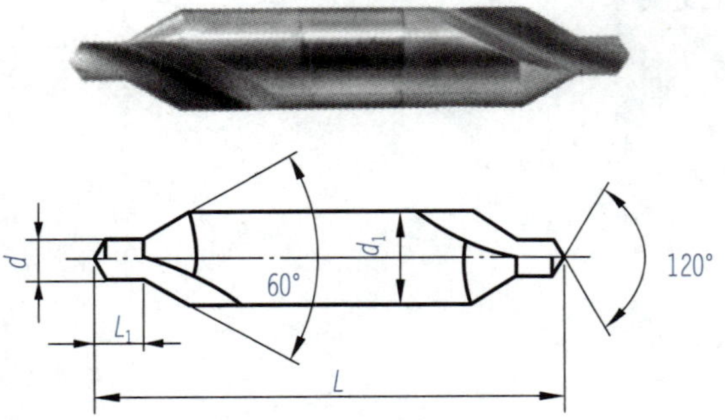

(a) A型

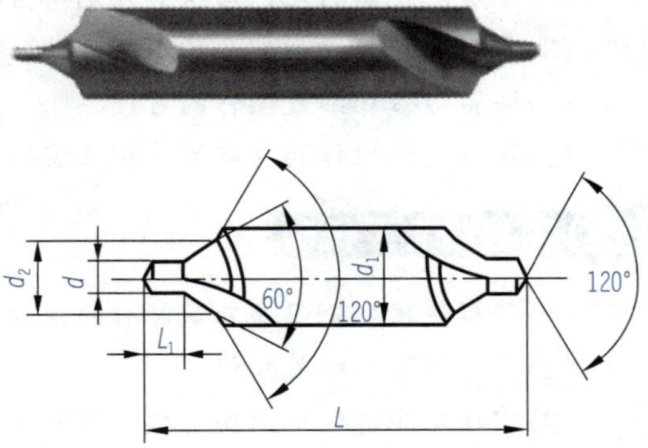

(b) B型

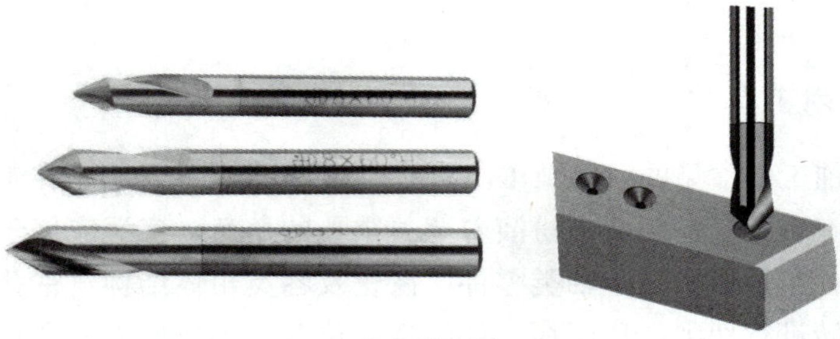

(c) 定心钻

图 1-59 中心钻类型

中心孔的钻削是一项关键的加工步骤，用以确保工件的准确定位和精密加工。以下是用中心孔钻削的详细步骤。

(1)选择合适的中心钻。根据图纸规格和要求，选择适当种类和规格的中心钻。A型中心钻一般可钻出60°锥度的1/3～2/3，而B型中心钻需要完全钻出120°的保护锥，选择合适的夹具[见图 1-60(a)]，装夹在尾座套筒内[见图 1-60(b)]。

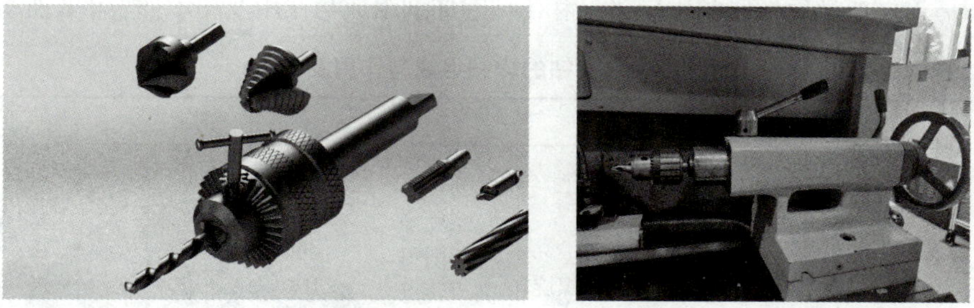

（a）钻夹头装夹　　（b）装夹在尾座

图 1-60　中心钻的装夹

(2)调整钻削参数。由于中心孔的钻削是在工件轴心线上进行的，钻削线速度较低，因此需要选择较高的转速，通常在 600～1 500 r/min 左右。此外，进给量应该较小。

(3)准备工件。确保工件端面平整，不允许出现小凸头。同时，调整尾座以校正工件，确保中心钻和轴线同轴。

(4)开始钻削。开始钻削中心孔时，进给速度应该缓慢，以确保精确加工。在钻削过程中，使用毛刷加注切削液，并及时退屑冷却，以确保切削过程顺利进行。

(5)完善中心孔。当钻削完成后，应将中心钻保持在中心孔中 2～3 s 后退出，以确保中心孔的光滑度、圆度和准确性。这一步骤对于确保工件的准确定位至关重要。

3. 麻花钻

麻花钻是通过其相对固定轴线的旋转运动来钻削工件上的圆孔的工具。因其容屑槽呈螺旋状，形似麻花而得名。

麻花钻由柄部、颈部和工作部分组成。麻花钻的柄部形式有直柄和锥柄两种，如图 1-61 所示，加工时直柄麻花钻夹在钻夹头中，锥柄麻花钻插在机床主轴或尾座的锥孔中。麻花钻一般用高速钢制造。

（a）锥柄麻花钻

（b）直柄麻花钻

图 1-61　钻头组成

(1)柄部：钻头上供装夹用的部分，用以传递钻孔所需的动力(扭矩和轴向力)。

(2)颈部：位于工作部分和柄部之间的过渡部分，通常用作砂轮退刀时的空刀槽。

(3)工作部分：由切削部分和导向部分组成。切削部分由两个主切削刃和副切削刃、两个前刀面和后刀面、两个刃带和一个横刃组成，完成全部切削工作。工作部分的导向部分起导向和备磨作用，容屑槽做成螺旋形以利于导屑。麻花钻的详细组成与作用及图示如表 1-8 所示。

表 1-8　麻花钻的详细组成与作用及图示

<table>
<tr><th>切削部分</th><th>导向部分</th><th>图示</th></tr>
<tr><td>1. 前刀面
螺旋槽靠近切削刃的那部分面。
2. 后刀面
在钻尖上与被加工表面相对的面。有两个后刀面，每个又可分为第一后刀面和第二后刀面。
3. 钻尖
又称钻锋，承担主要的切削任务。
4. 主切削刃
前刀面与后刀面相交而成的刃口。普通麻花钻有两条主切削刃。
5. 副切削刃
前面与刃带的交线，即刃带边缘刃。
6. 横刃
两个后刀面相交而成的刃口。
7. 横刃转点
主切削刃与横刃相交而成的转角交点。
8. 外缘转点
主切削刃与副切削刃的转角交点。
9. 钻芯尖
理论上是麻花钻中心轴在钻尖处的端点，实际应用中有偏差</td><td>1. 螺旋槽
又称刃沟，钻体上的螺旋形沟槽。作用：排屑，容屑，作为切削液流入的通道。
2. 刃瓣
钻体上外缘未切出刃沟的部分。
3. 刃背
刃瓣上低于刃带的外缘表面。作用：在钻体的外圆上减小直径，以与孔壁形成径向间隙，防止摩擦，提高加工精度，降低切削力。
4. 刃带
或称棱边，即钻头的副后面。
5. 后背棱
后面与刃背的相交棱线。
6. 后沟棱
后面与螺旋槽的相交棱线。
7. 尾根棱
或称沟背棱，刃瓣上刃背与螺旋槽的相交棱线。
8. 尾根转点
尾根棱、后背棱和后沟棱三棱的汇交点。
9. 钻芯
连接二刃瓣钻体的中心部分</td><td rowspan="2">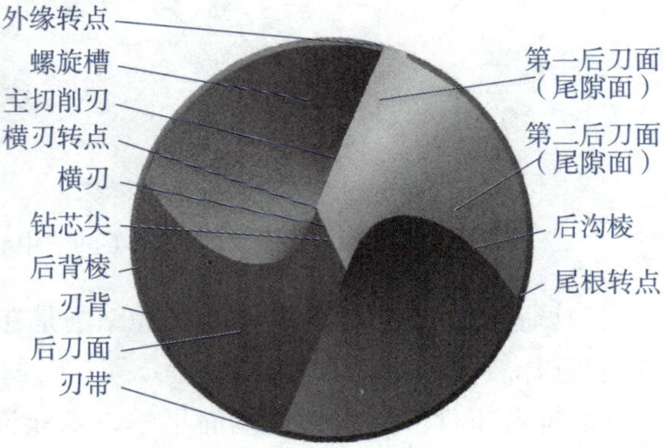
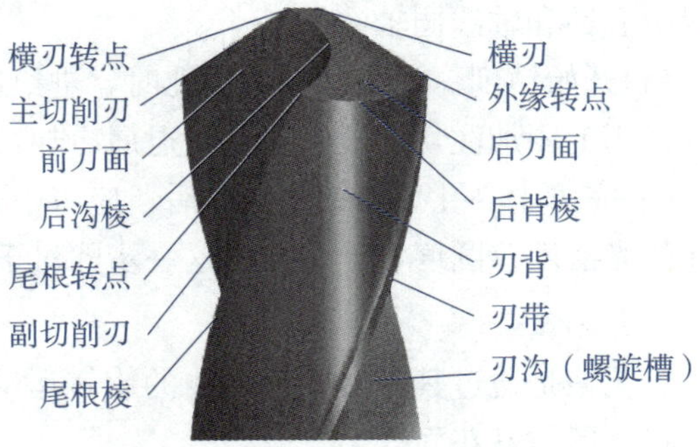
 锥柄钻
 含钻钻
 U形钻
麻花钻图示</td></tr>
<tr><td colspan="2">由以上相关术语，可以将麻花钻参加切削的主要部分归纳为“一尖、三刃”，“一尖”即钻心尖，“三刃”即两条主切削刃、一条横刃</td></tr>
</table>

标准普通麻花钻的切削部分的顶角为 118°，横刃斜角为 40°～60°，后角为 8°～20°。由

于结构上的原因，前角在外缘处较大，向中间逐渐减小，横刃处为负前角(可达－55°左右)，钻削时起挤压作用。现代机床加工中加工平底孔也常使用U形钻。

1.7.2 麻花钻的刃磨

1. 刃磨要求

麻花钻刃磨的好坏，直接影响钻孔质量和钻削效率的高低。麻花钻一般只刃磨两个主后刀面，并同时磨出顶角、后角、横刃斜角。因此麻花钻的刃磨比较困难，刃磨技术要求较高。麻花钻的两个主切削刃和钻心线之间的夹角应对称，刃长要相等。否则，钻削时会出现单刃切削或孔径变大，以及产生台阶等弊端。

2. 刃磨方法和步骤

(1)在进行刃磨操作之前，钻头的切削刃应当放置在砂轮的中心水平面上，或者稍微高于这个平面，确保钻头的中心线与砂轮外圆柱面的母线在水平面内的夹角恰好等于钻头顶角的1/2。同时，钻尾部分需要向下倾斜，以确保刃磨过程中的正确角度和位置。

(2)在刃磨钻头的过程中，应该用右手握住钻头的前端部分作为支点，左手则握住钻尾部分。以钻头前端的支点为圆心，左手控制钻尾部分进行上下摆动，并且略微带有旋转的动作。在操作过程中需要注意，不能过度旋转或上下摆动幅度过大，以免磨出负后角，或者不小心磨掉另一侧的主切削刃。特别是在刃磨小麻花钻时，更应该特别小心，以确保刃磨的精确性和保证钻头完好。

(3)当完成一个主切削刃的刃磨工作后，需要将钻头旋转180°，以便刃磨另一个主切削刃。在这个过程中，操作者的人体位置和手部姿势应保持不变，这样可以更容易地实现两个主切削刃的对称性，确保钻头的整体性能和使用寿命，如图1-62所示。

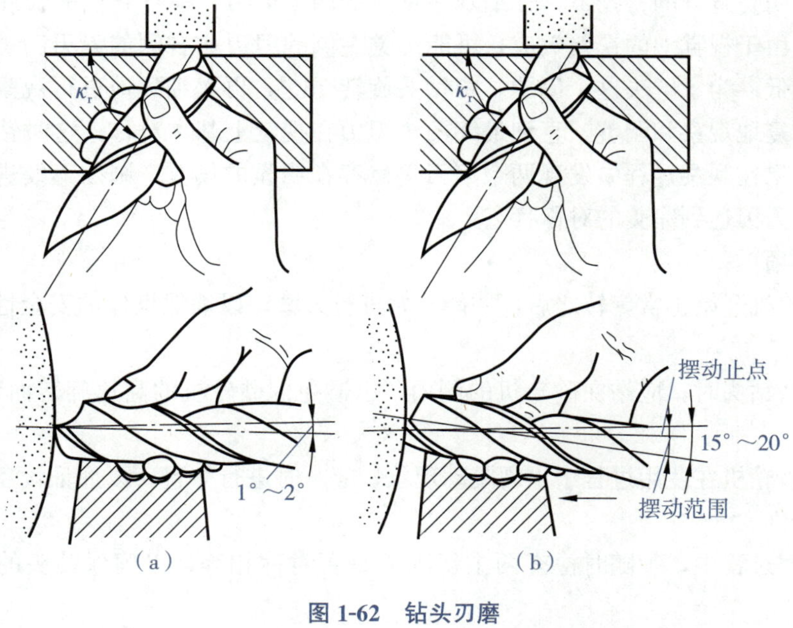

图1-62 钻头刃磨

3. 刃磨检查

1)样板检查法

样板检查法示意如图 1-63 所示。

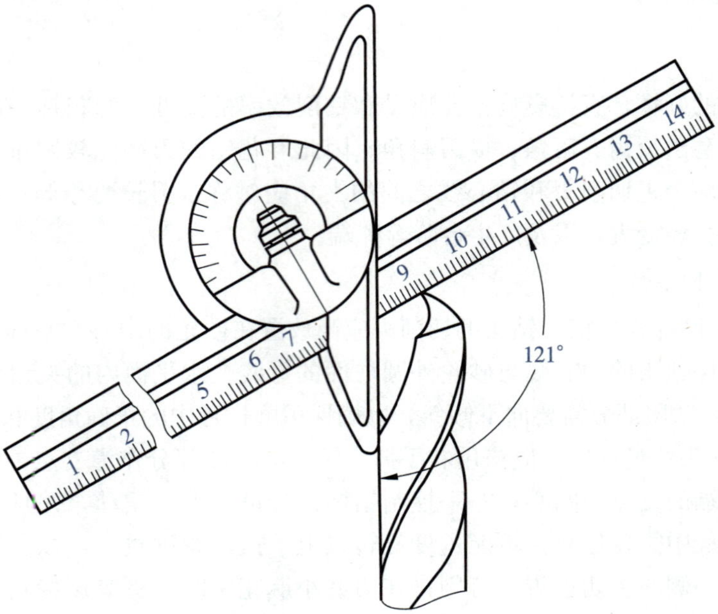

图 1-63 样板检查法示意

2)目测检查法

麻花钻磨制好后，将钻头垂直地竖立起来，确保其高度与眼睛保持在同一水平线上。然后，在一个明亮背景的衬托下，仔细观察钻头的两个刀刃，检查它们的长度和高度是否一致。然而，由于视觉上的视差效应，可能感觉左侧的刀刃比右侧的刀刃高一些，而右侧的刀刃显得较低。为了解决这个问题，将钻头旋转 180°，再次细致地进行观察和对比。通过这种方式反复地观察和调整，直到最终两个刀刃在视觉上基本对称，这时钻头就可以投入使用了。如果在观察过程中发现两个刀刃仍然存在明显的偏差，则须继续进行修磨，直到钻头的两条刀刃达到完美的对称状态。

***注意事项**

(1)在砂轮机开始正常旋转之后，才能开始进行刃磨，以确保操作的安全性和设备的正常运行。

(2)在刃磨钻头时，应站在砂轮机的侧面，以避免因砂轮机的高速旋转而带来的危险，确保安全。

(3)如果砂轮机在使用过程中出现跳动现象，应及时进行修整，以保证设备的正常运行和操作的安全性。

(4)在刃磨过程中，须随时检查两主切削刃是否对称相等，以确保钻头的精度和刃磨质量。

(5)在刃磨过程中，应随时进行冷却，以防止钻头刃口发热退火而导致硬度降低，保证钻头的加工质量。

(6)在初次刃磨时，应特别注意外缘边出现负后角的问题，以确保钻头的切削性能和延长其使用寿命。

1.8 车床加工及保养

项目目标

(1)高质量地完成各类工件的加工。
(2)保障操作安全，避免发生事故。
(3)延长车床的使用寿命，降低维修成本。
(4)确保操作者的安全。
(5)掌握车床维护、保养及文明生产和安全技术的知识。
(6)培养创新精神，鼓励在加工过程中寻求改进方法。

项目内容及任务

(1)明确加工要求，包括尺寸、形状、精度等。
(2)选择合适的刀具、夹具和量具。
(3)进行设备调试，确保车床正常运行。
(4)按照工艺流程进行加工操作。
(5)实时监测加工过程，确保质量稳定。
(6)对加工后的工件进行检验。
(7)做好设备的日常保养，如清洁、润滑等。
(8)及时处理设备故障，保证生产连续性。
(9)严格遵守安全操作规程。
(10)建立保养记录，便于跟踪和分析车床的运行状况。
(11)强调敬业精神，认真对待车削加工工作。

1.8.1 手柄加工

手柄零件图如图1-64所示，用直径为18 mm，长为158 mm的45钢棒料进行加工，加工前需要进行零件工艺分析并制订加工工艺。

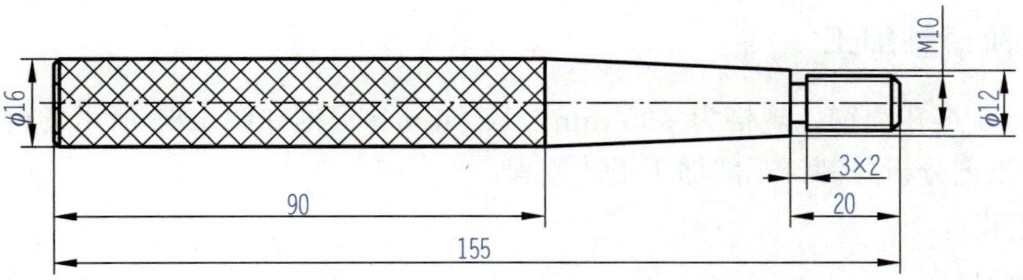

图1-64 手柄零件图

1. 准备工作

确定装夹方式，采用自定心卡盘夹持一端，另一端打中心孔用活顶尖定位，即采用一夹一顶方式；选择加工用刀具，有加工中心孔的中心钻，加工端面的45°端面车刀，加工外圆的90°外圆车刀，加工手柄的滚花刀，加工螺纹退刀槽的3 mm切槽刀，加工螺纹的M10板牙；选择量具，有游标卡尺和外径千分尺。

2. 加工工艺

手柄零件加工工艺如表1-9所示。

表1-9　手柄零件加工工艺

工步	工步名称	工步内容	使用刀具	工艺装备
1	车端面、钻中心孔	将两个端面先后外露20 mm装夹后钻孔、车端面	90°外圆车刀、中心钻	钻夹头、尾座
2	车外圆 ϕ16 mm×90 mm	零件伸出长度为110 mm，用活顶尖顶好，对刀后试车ϕ16 mm外圆，停车测量尺寸无误后，自动走刀车削至长100 mm	90°外圆车刀	活顶尖、尾座
3	ϕ16 mm外圆段滚花	将滚花刀紧靠工件，加润滑油后进刀，调整切前深度滚出花纹，自动走刀到100 mm处停止，退刀，停车	滚花刀	活顶尖、尾座
4	倒角	在端面90°角处车C1倒角	45°端面车刀	活顶尖、尾座
5	工件调头	用自定心卡盘卡住滚花处(包铜皮)，用活顶尖顶好尾部，对刀后试车ϕ17 mm，停车测量尺寸无误后，对刀后自动走刀，车去外皮	90°外圆车刀	活顶尖、尾座
6	车外螺纹段	将ϕ17 mm圆分别划出20 mm、65 mm线，将20 mm段外圆车到ϕ9.8 mm	90°外圆车刀	活顶尖、尾座
7	车槽3 mm×2 mm	用切刀在20 mm线靠端面一侧，在ϕ9.8 mm外圆处切出深度为2 mm的退刀槽	3 mm切槽刀	活顶尖、尾座
8	车圆锥面	旋转小刀架，调整至相应角度，手柄进刀，车削长度到另一端划的65 mm线	90°外圆车刀	活顶尖、尾座 小刀架倾斜2.3°
9	板牙M10	去掉尾座，使用M10板牙进行板牙加工，对端面车C1倒角	M10板牙、45°端面车刀	—

1.8.2 台阶短轴加工

材料为45热轧圆钢，规格为ϕ35 mm×125 mm。根据如图1-65所示的台阶短轴零件图进行零件工艺分析并制订车削加工工艺流程。

1. 工艺准备

1)分析图样

一般轴类工件的加工以保证尺寸精度和表面粗糙度要求为主，对各表面之间的相互位置有一定的要求，几何公差主要包括同轴度和跳动度。

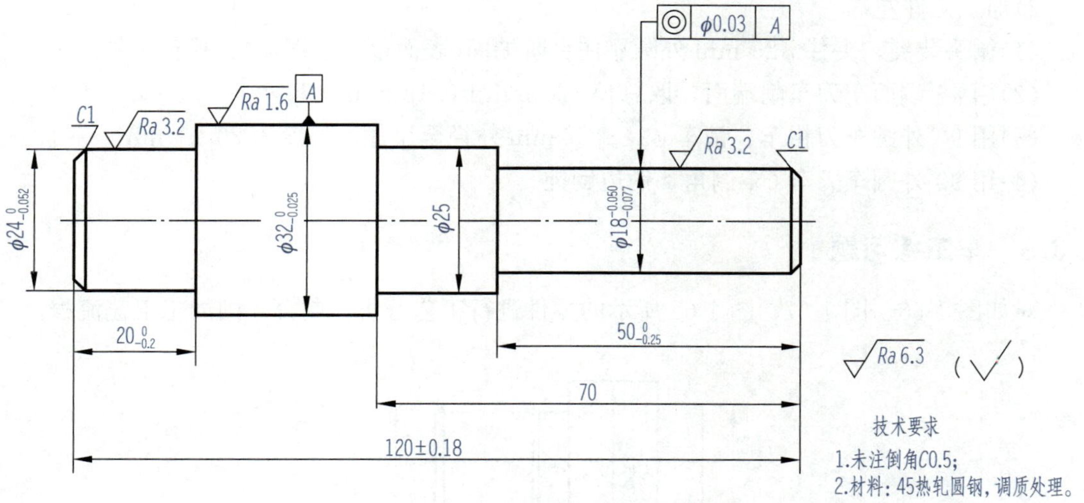

图 1-65　台阶短轴零件图

(1)以 $\phi32_{-0.025}^{\ 0}$ mm 轴线为基准 A。

(2)主要尺寸 $\phi18$ mm、$\phi24$ mm 外圆的表面粗糙度均为 Ra 3.2 μm，$\phi32$ mm 外圆的表面粗糙度为 Ra 1.6 μm。

(3)$\phi18$ mm 外圆轴线对基准外圆轴线的同轴度公差为 $\phi0.03$ mm。

2)制订加工工艺

(1)材料为 45 热轧圆钢，规格为 $\phi35$ mm×125 mm。

(2)材料经调质处理。

(3)台阶的加工顺序如下：车端面、粗车外圆、精车外圆、倒角，调头，粗车外圆、精车外圆、倒角。

3)工件装夹

工件的定位与夹紧选用自定心卡盘。

4)刀具选用

刀具选用 90°外圆车刀和 45°端面车刀。

5)设备选型

设备选用 CE6136 型车床。

2. 加工工艺流程

1)加工工件右端

(1)在自定心卡盘上夹持 $\phi35$ mm 毛坯外圆，伸出工件长度为 75 mm 左右。

(2)用 45°端面车刀车削端面。

(3)用 90°外圆车刀粗车 $\phi32$ mm 外圆、$\phi18$ mm 外圆及 $\phi25$ mm 外圆，留精车余量 0.5～1 mm。

(4)用 90°外圆车刀精车 $\phi32_{-0.025}^{\ 0}$ mm 外圆至尺寸，精车 $\phi18_{-0.077}^{-0.050}$ mm 外圆及 $\phi25$ mm 外圆至尺寸。

(5)用 90°外圆车刀车 $C1$ 倒角，锁边倒钝。

2)加工工件左端

(1)调头装夹，夹住 $\phi25$ mm 外圆靠住台阶端面(表面包一层铜皮)，找正工件。

(2)用 45°端面车刀车削端面，取总长 120 mm±0.18 mm。

(3)用 90°外圆车刀粗车、精车 $\phi24_{-0.025}^{\ 0}$ mm 外径至尺寸，长度为 $20_{-0.2}^{\ 0}$ mm。

(4)用 90°外圆车刀车 $C1$ 倒角，锐边倒钝。

1.8.3 车工练习题

对如图 1-66、图 1-67、图 1-68 所示的零件进行工艺分析，制订车削加工工艺流程。

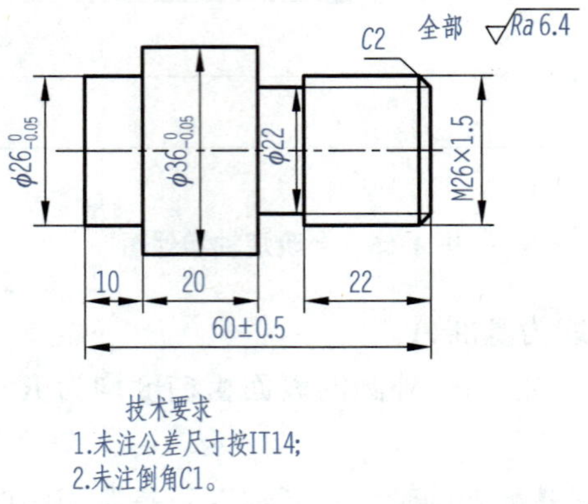

图 1-66 练习题 1——阶梯轴

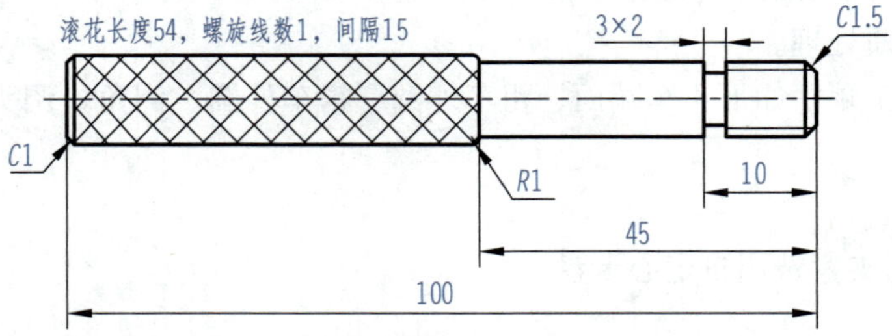

图 1-67 练习题 2——小锤手柄

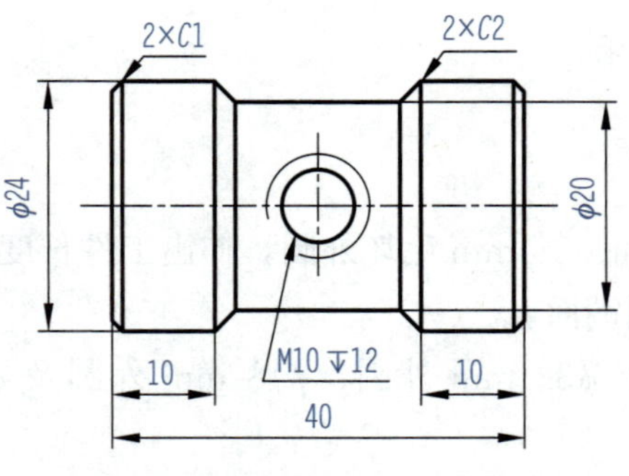

图 1-68 练习题 3——小锤头

1.8.4 车床的日常保养知识

车床的日常保养知识如下：

(1)在进行车床保养工作之前，首先确保切断电源，以避免因电源未断开而导致发生触电事故，确保操作者的安全。

(2)在清理车床上的切屑及杂物时，切勿使用压缩空气，因为这样做可能导致切屑和杂物嵌入车床的传动部件中，从而引发设备事故，影响车床的正常运行和降低车床的使用寿命。

(3)在擦洗长丝杠的过程中，首先需要将进给箱上的操纵手柄调整到光杠位置，然后用手一边缓慢转动丝杠，一边使用棉纱仔细擦洗螺纹部分，确保清洁到位且不损伤丝杠。

(4)完成车床保养工作后，务必要对所有润滑部位加注适量的润滑油，以防止车床因长时间的干摩擦而造成损坏，从而延长车床的使用寿命和保持其良好的运行状态。

(5)车床的日常保养作业标准详见设备日常点检标准作业指导书，如表 1-10 所示。

(6)车床润滑作业任务的具体内容和要求请参见车床润滑作业任务，如表 1-11 所示。

表 1-10　设备日常点检标准作业指导书

设备名称：卧式车床　型号：　所属单位：						点检状态标记符号：○运行中　■开机前			编制：设备动力部	
编号：						点检周期：S 型　D 天　W 周　M 月　Y 年				
点检部位简图	点检位置	部件	图号	点检内容	点检方法	点检基准(标准值)	点检周期		点检状态	
							操作工	维修工	操作工	维修工
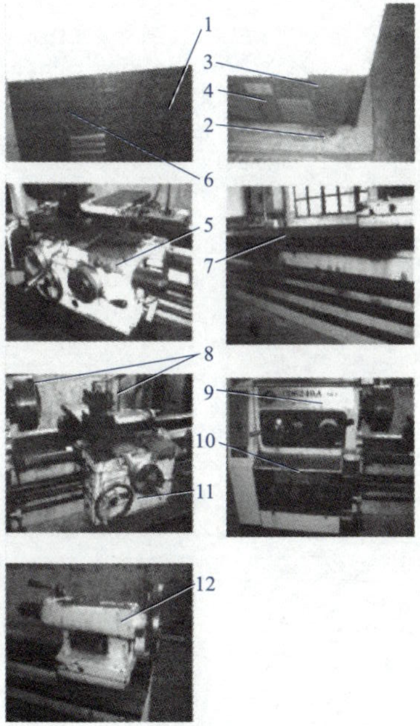	润滑系统	油位镜	1	油位	目视	油位达到镜面 1/2 位置	1S		■	
	电气系统	接地装置	2	外观	目视	接地牢固、无松动	1W		■	
		传动电动机	3	异响	耳听	无异常响声	1S		○	
				异味	闻	无异臭味	1S		○	
				振动	目视	无异常抖动	1S		○	
				温度	手拭	40 ℃左右(不烫手)	1S		○	
				外观	目视	无破损、固定螺栓松动	1S		■	
				配线	目视	无松动、无裸线	1S		■	
		元件、器件、导线	4	外观	目视	元器件外观无损伤、导线无损伤、无松动	1D		■	
		操纵面板	5	外观	目视	开关、指示灯无破损	1S		■	
				动作	操控	无松动、反应灵敏	1S		○	
		安全防护门、板、罩	6	外观	目视	齐全、牢固	1D		■	
		导轨、丝杠	7	外观	目视	润滑良好，无磨损、无变形、无锈斑	1S		■	
	负载系统	卡盘、刀架	8	外观	目视	无磨损、无松动	1S		■	
		主轴箱	9	外观	目视	无漏油、无损坏、无零件缺失	1S		■	
				动作	操控	各操控杆灵敏有效，转动无晃动、无卡阻、无异响	1S		○	
		进给箱	10	外观	目视	无漏油、无损坏、无零件缺失	1S		■	
				动作	操控	各操控杆灵敏有效，进给均匀、无卡阻	1S		○	
		溜板箱	11	外观	目视	无损坏、无零件缺失	1S		■	
				动作	操控	各操控杆灵敏有效，整件滑动灵敏、无卡阻	1S		○	
		尾座	12	外观	目视	无损坏、无零件缺失	1S		■	
				动作	操控	各操控杆灵敏有效，整件滑动灵敏、无卡阻	1S		○	

表 1-11 车床润滑作业任务

任务	实施方法与要求
1. 组织教学	(1)点名，记考勤。 (2)检查工作服，强调安全问题。
2. 课程引入	从日常生活中常见的问题入手，让学生谈谈汽车需要保养的原因。
3. 任务分析	(1)为了保证车床的正常运转，减少零部件接触面的磨损，延长车床使用寿命，应对车床的摩擦部位进行润滑，并注意车床的日常维护保养。 (2)掌握车床的润滑方式及在什么位置添加润滑油。
4. 相关知识讲解	1)车床的润滑方式 (1)浇油润滑：车床外露的滑动表面，如床身导轨面，中、小滑板导轨面等，擦干净后用油壶浇油润滑，每班至少一次。 (2)溅油润滑：车床齿轮箱内的零件一般利用齿轮的转动把润滑油飞溅到各处进行润滑。 (3)油绳润滑：将毛线浸在油槽内，利用毛细作用把油引到需要润滑的部位。 (4)弹子油杯润滑：尾座和中、小滑板手柄转动轴承处，一般用弹子油杯润滑。 (5)黄油(油脂)杯润滑：交换齿轮架的中间齿轮一般用黄油杯润滑。 (6)油泵循环润滑：依靠车床内的油泵供应充足的润滑油进行润滑。 2)车床的润滑要求 (1)在进行换润滑油作业时，首先确保将旧的废润滑油完全排放干净，接着使用煤油对箱体内部进行彻底冲洗，以确保所有的残留物都被清除。在冲洗干净后，再向箱体内注入新的润滑油。在注油过程中，必须使用过滤网进行过滤，以防止任何杂质进入润滑油中。此外，新注入的润滑油量必须确保油面不低于油标中心线，以保证设备的正常运行和润滑效果。 (2)通常情况下，箱内的润滑油需要每三个月更换一次，以确保设备的润滑效果和延长使用寿命。在主轴箱上会有一个油标，用于监测润滑油的油位。如果发现油标内没有油液输出，表明油泵输油系统可能出现了故障。在这种情况下，应立即停止设备运行并对油泵输油系统进行彻底检查，找出断油的原因。只有在问题得到修复并确认无误后，才能重新启动车床，以免因润滑不足而对设备造成损害。 (3)进给箱内的齿轮和轴承除了依靠齿轮飞溅润滑，在进给箱的上部还设计有一个储油槽，用于油绳导油润滑。为了保证润滑效果，每班工作结束后，都应向该储油槽内补充一次润滑油。这样可以确保齿轮和轴承在运行过程中得到充分润滑，从而提高设备的稳定性和延长其使用寿命。 (4)交换齿轮箱的中间齿轮轴的轴承采用黄油杯润滑方式，每班工作结束后都需要进行一次润滑。此外，为了确保润滑效果更加持久，建议每 7 天向轴承中添加一次钙基脂润滑脂。通过定期的润滑保养，可以有效减少设备的磨损，延长轴承的使用寿命。 (5)尾座，中、小滑板手柄，光杠、丝杠、刀架转动部位的润滑主要依靠弹子油杯。为了保证这些部位的润滑效果，每班工作结束后都需要进行一次润滑。通过定期的润滑保养，可以有效减少摩擦，延长设备的使用寿命，确保设备运行得平稳和精确。
5. 任务实施	对润滑保养车床这一部分，给学生做示范并讲解注油的位置、标准及方法，详细说明。
6. 任务评价	(1)指出学生在车床润滑练习中存在的问题，并提出改正方法。 (2)在练习中发现操作比较好的学生并给予表扬。 (3)对学生今后在练习中需要提高的地方提出具体要求。

第2章 数控车床实习

2.1 数控车床安全操作规程

项目目标

(1)确保操作者在使用数控车床过程中的安全，避免人身伤害和发生事故。

(2)通过规范操作，减少设备故障，提高数控车床的运行稳定性。

(3)养成安全操作习惯，能够高效、安全地完成加工任务，提高整体生产率。

(4)提高操作者的安全责任感，使其能够主动识别和防范潜在的安全隐患。

(5)掌握应急处理技能，能够在遇到紧急情况时快速、有效地采取措施，减少损失。

(6)通过共同学习和遵守安全规程，增强团队的协作能力和安全意识。

项目内容及任务

(1)学习安全操作规程，做好安全防护措施。

(2)检查设备运行状态，包括电源、润滑系统、紧固件等。

(3)严格遵守操作流程，不随意调整数控车床参数。

(4)注意观察数控车床的运转情况，及时发现异常并处理。

(5)了解紧急停机方法。

(6)培养自我保护意识，时刻关注安全风险。

(7)积极参与安全培训和演练，提高应对突发事件的能力。

数控车床安全操作规程如下：

(1)详细了解所用数控车床的组成、结构和使用环境，并严格按照数控机床操作手册的要求正确操作，以避免因操作不当而引起故障。

(2)操作数控车床时，应穿着正确的工作服。

(3)在启动数控车床之前，清除导轨、滑动面上的障碍物，并移除装夹工具。

(4)检查机械、液压、气动操作手柄及阀门、开关等是否处于非工作位置，确保润滑油在规定范围内，并按照润滑图表或说明书的规定进行加油。

(5)按照正确的顺序开机和关机，先启动机床再启动数控系统，关闭数控系统后再关闭机床。

(6)确保正确对刀，确定工件坐标系并核对数据。

(7)在输入程序后，仔细核对代码、指令、地址、数值、正负号、小数点及语法，以确保准确无误。

(8)在程序调试完成后，进行正式切削加工前，再次检查程序、刀具、夹具、工件、参数等是否正确。

(9)输入刀具补偿值后，认真核对刀补号、补偿值、正负号和小数点。

(10)按照工艺规程和程序要求装夹和使用刀具。在正式加工前，仔细核对输入的程序和参数，并启动程序试运行，以防止加工过程中刀具与工件碰撞而损坏机床和刀具。

(11)严格按照工艺规程和程序要求进行加工，严禁随意增加进给量、切削速度和切削深度，严禁超负荷和超性能范围使用数控车床，严禁违章操作，不得将精密数控车床用于粗加工。保持刀具锋利，不允许吃刀停车，不得私自调整液压系统(除节流阀外)。

(12)在磨刀或更换刀具后，重新测量刀长并修改刀补值和刀补号。

(13)修改程序后，仔细计算和认真核对所修改部分。

(14)手动连续进给操作前，必须检查各种开关的位置是否正确，确定正负方向。

(15)在启动数控车床后，让数控车床空运转 15 min 以上，使数控车床达到热平衡状态。

(16)如果在数控车床运行过程中发现异常情况，立即按下红色急停按钮，终止数控车床所有运动和操作。排除故障后，方可重新操作数控车床和执行程序。

(17)出现数控车床报警时，根据报警号查明原因并及时排除。

(18)定期清理冷却液箱中的杂物，并按规定补充切削液。

(19)未经许可，不得将 U 盘、光盘插入与数控车床联网的计算机，不得随意修改或删除计算机内的程序。

(20)加工完成后，清理现场，清扫数控车床上的铁屑，擦拭导轨面并进行防锈处理。

2.2 GSK980TD 数控车床

项目目标

(1)熟练掌握数控车床面板的各项功能。

(2)能够准确操作面板，完成加工任务。

(3)理解各参数的含义及设置方法。

(4)提高操作效率和加工质量。

(5)培养责任感，对自己的操作和设备负责。

项目内容及任务

(1)熟悉面板的布局和各个按钮的功能。

(2)学习如何设置加工参数，如进给速度、主轴转速等。

(3)掌握程序的输入、编辑和保存方法。

(4)了解刀具补偿和坐标系的设定方法。

(5)学习如何进行手动操作，如手动移动坐标轴、换刀等。

(6)掌握自动加工的启动和停止方法。

(7)学习如何监控加工过程，包括查看坐标、切削状态等。

(8)进行实际操作练习，巩固所学知识。

(9)解决在学习过程中遇到的问题。

(10)通过学习数控技术，增强民族自豪感，为我国制造业的发展贡献力量。

2.2.1 GSK980TD 数控车床面板

本节以 GSK980TD 数控车床为例，介绍数控车床的编程与操作。为了确保安全和操作的直观性，前期可利用仿真软件学习。GSK980TD 仿真软件界面如图 2-1 所示。

图 2-1 GSK980TD 仿真软件界面

1. MDI 面板

MDI 面板是数控车床中用于手动输入和执行程序指令的重要部分。它允许操作者直接在面板上输入程序代码，而不需要通过外部设备(如计算机)输入。通过熟练掌握 MDI 面板的操作，操作者可以更加灵活地控制数控车床，提高加工效率和加工质量。同时，了解 MDI 面板的功能和操作方法也是数控车床操作者必备的技能之一。

MDI 面板通常包括一个显示屏、一个键盘以及一些功能键，如图 2-2 所示。显示屏用于显示输入的程序代码和机床状态信息。键盘用于输入字符和数字。

操作者可以通过键盘输入程序代码。在输入过程中，显示屏会实时显示所输入的代码。输入完成后，操作者可以按功能键将代码存储到机床的内存中。

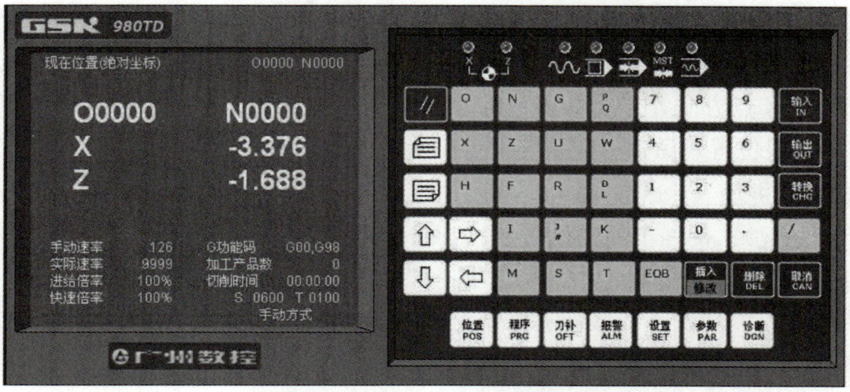

图 2-2 GSK980TD 数控车床的 MDI 面板

2. 操作面板

普通车床的操作通过车床上的各个操作手柄完成，数控车床需要通过按键进行操作。

GSK980TD 数控车床的操作面板如图 2-3 所示，其中包含编辑功能——用于直接通过操作面板输入数控程序、编辑程序、调用程序；自动功能——进入自动加工模式；录入功能——用于手动输入数据，输入简短程序，按“运行”键后程序清空；机械零点功能——用于返回机械零点，建立机床坐标系；手轮功能——手摇脉冲方式，采用手轮方式移动刀架；手动功能——手动方式，手动连续移动刀架；单程序段功能；机床锁住功能；辅助功能锁定功能；空运行功能；程序回零功能；主轴正反转停功能；换刀功能；冷却功能；润滑功能；进给及调速功能；等等。

GSK980TD 数控车床基本操作

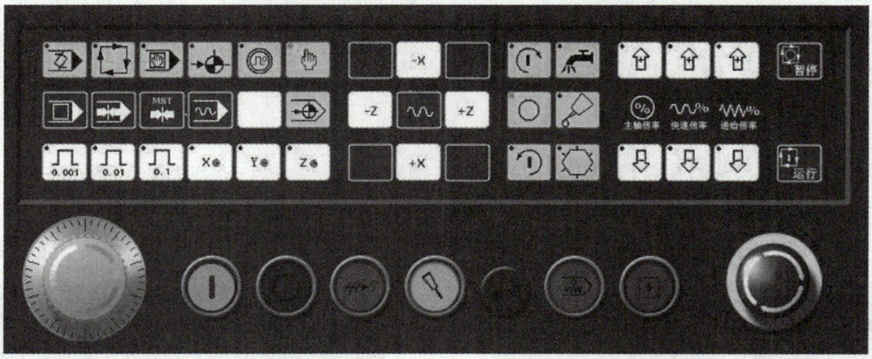

图 2-3 GSK980TD 数控车床的操作面板

2.2.2 手动操作数控车床

1. 手动返回数控车床零点

(1)按机械零点键选择回参考点操作方式，这时显示屏右下角显示“机械回零”。

(2)按手动轴向运动开关“+X”/“+Z”，返回机械零点。

(3)返回机械零点后，坐标变为“X0.000/Z0.000”同时回零指示灯亮。

注：在仿真软件界面按“＋X”/“＋Z”键，系统就可以自动回零，而实际数控车床需要一直按住按键直至坐标变为零或者回零指示灯亮。

数控车床的零点方向，主要参照数控车床厂家的说明书了解。GSK980TD 系统零点在 *XZ* 正方向的极限位置，FANUC 系统零点在卡盘末端和主轴回转中心交点处。

2. 手动连续进给

(1)按“手动”键，选择手动操作方式，这时显示屏右下角显示“手动方式”。

(2)选择移动轴“＋X”/“＋Z”/“－X”/“－Z”，数控车床沿着选择轴方向移动。

注：手动模式下可以单轴移动也可两轴同时移动，手动方式为连续进给，进给速度由“进给倍率”控制，如果需要高速移动点，此时的速度由“快速倍率”控制。

3. 手轮进给

转动“手轮”，可以使数控车床微量进给。

(1)按“手轮”键，选择手轮操作方式，这时显示屏右下角显示“手轮方式”。

(2)在手轮方式下，按相应的键选择手轮运动轴。

(3)按增量键选择移动量，可选择移动增量“0.001”/“0.01”/“0.1”。

(4)旋转手轮，刀架移动。顺时针旋转则刀架向正方向移动，逆时针旋转则刀架向负方向移动。

4. 在录入方式下设置主轴正转

(1)按“录入”键，选择录入方式。

(2)按“程序”键。

(3)按“翻页”键后，在左上方显示“程序段值”画面。

(4)输入“M03”，按“输入”键，则显示出来输入的“M03”。如果按“输入”键之前发现输入错误，可按 CAN 键，然后再次输入正确的数值；如果按“输入”键后发现错误，应再次输入正确的数值。输入“S500”，按“输入”键，如图 2-4 所示。

(5)按“循环启动”键，主轴开始正转，转速为 500 r/min。

5. 运行程序

(1)按“编辑”键，选择编辑方式。

(2)按“程序”键。

(3)把程序存入数控车床存储器中，检查程序无误后，将光标移至程序开头，如图 2-5 所示。

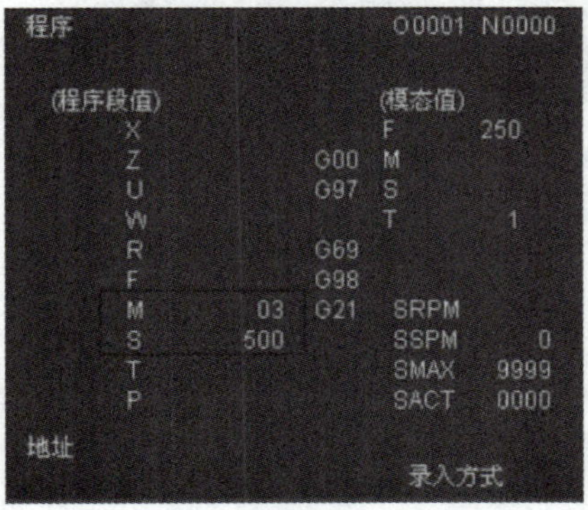

图 2-4 录入方式界面

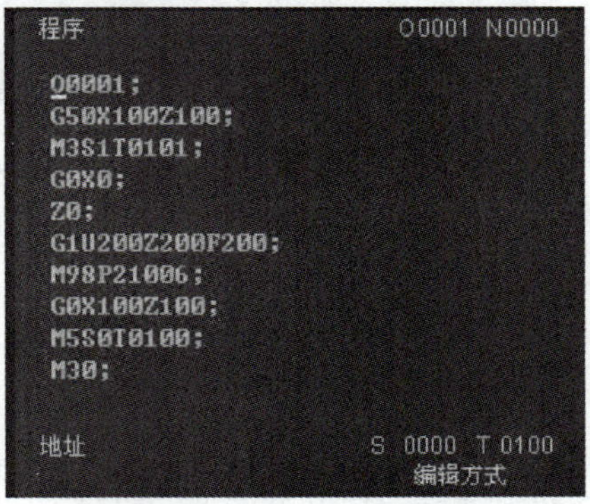

图 2-5 编辑方式界面

(4)按“自动”键，选择自动方式。

(5)按“循环启动”键。

注：输入程序时要先输入程序名，如 O0000～O7999(O8000～O9999 为宏程序名)，按 EOB 键输入系统。

6. 仿真导入程序

(1)在计算机的“我的文档”或“桌面”等位置创建文本文档。

(2)在文本文档中输入程序，如图 2-6 所示。

(3)在仿真软件界面，在操作面板中选择编辑方式。

(4)按“程序”键。

(5)单击“打开”按钮，找到程序文档的存放位置，将程序输入数控机床的仿真系统中，如图 2-7 所示。

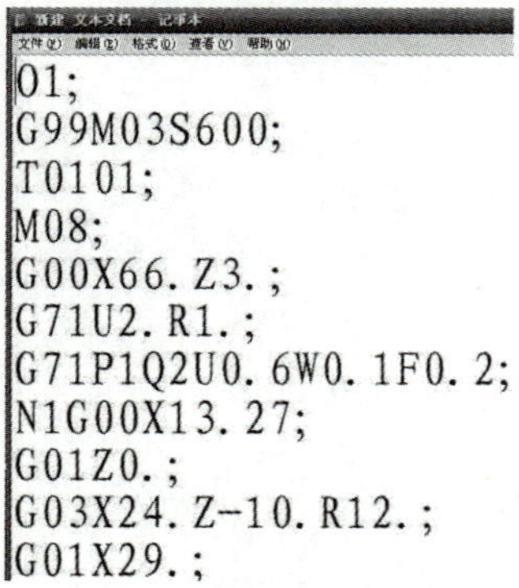

图 2-6 编写程序

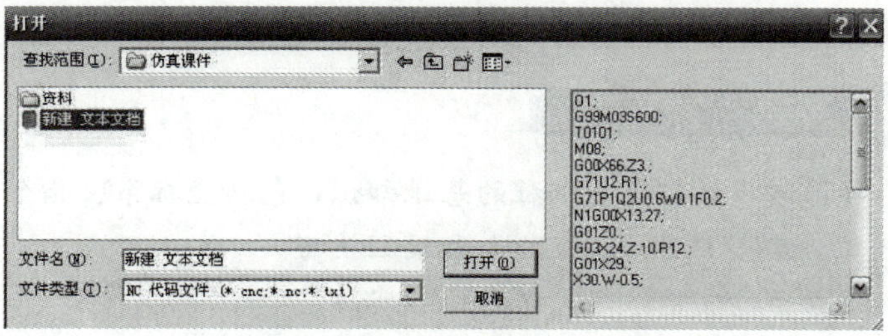

图 2-7 导入程序

2.2.3 编辑操作前的准备

1. 输入新程序

(1)按“编辑”键，选择编辑方式。

(2)按“程序”键，进入程序内容界面。

(3)输入程序名，按 EOB 键，将程序名输入系统内。

(4)输入程序内容至结束。

注：输入程序时灵活运用“删除”键、“取消”键、“插入/修改”键。

2. 调用已有的程序

(1)按“编辑”键，选择编辑方式。

(2)按“程序”键，进入程序内容界面。

(3)输入程序名，按 EOB 键或按向下移动光标键，对程序进行编辑。

3. 删除一个数控程序

(1)按“编辑”键，选择编辑方式。

(2)按“程序”键，进入程序内容界面。

(3)输入程序名，按“删除”键。

4. 删除全部程序

(1)按“编辑”键，选择编辑方式。

(2)按“程序”键，进入程序内容界面。

(3)输入 0～999，按“删除”键。

2.3 GSK980TD 数控系统车削编程与操作

项目目标

(1)掌握数控车削编程的基本原理和方法。

(2)熟悉数控车床的操作流程，具备独立操作能力。

(3)能够根据加工要求编写正确的数控程序。

(4)提高加工效率和质量，满足生产要求。

(5)培养严谨的工作态度和安全意识。

项目内容及任务

(1)学习数控车削编程的基础知识，包括坐标系、指令系统等。

(2)掌握常用的编程指令和编程技巧。

(3)通过实例练习，进行编程实践。

(4)进行数控车床的基本操作，如开机、回零、对刀等。

(5)模拟加工过程，验证程序的正确性。

(6)实际加工练习，掌握不同零件的加工方法。

(7)分析加工过程中出现的问题，并提出解决方案。

(8)培养责任感和敬业精神，认真对待每一个编程和操作环节。

2.3.1 数控编程概述

数控编程不仅仅指编写数控加工指令的过程，还包括从零件分析到编写加工指令，再到制成控制介质，以及进行程序校核的全过程。

1. 数控编程的分类

1)手工编程

在进行编程任务时，手工编程具有快速和及时的优势，程序员可以根据具体需求直接编写程序，从而迅速响应生产需求。手工编程的一个显著缺点是在处理复杂曲面的编程方面存在局限。由于手工编程依赖于程序员的直接输入，当面对复杂的几何形状和曲面时，编程过程会变得异常烦琐且容易出错。

尽管如此，手工编程在某些特定情况下仍然具有独特的应用价值。特别是当零件批量较大、形状相对简单、计算过程较为简便时，手工编程显得尤为合适。

2)自动编程

自动编程是指用计算机或编程器编制数控加工程序的过程。自动编程的优点是效率高，程序正确性高。

自动编程技术在现代制造业中发挥着至关重要的作用，特别是在那些需要编制复杂零件加工程序的场合。例如，在模具加工和多轴联动加工等应用中，自动编程显示出独特的优势。模具加工通常涉及复杂的几何形状和精细的表面处理，这些任务如果依靠人工编程来完成，不仅非常耗时而且容易出错。利用自动编程系统，可以快速生成精确的加工路径，从而显著提高生产率和加工质量。

2. 程序的组成

一个完整的程序由程序号段、程序内容段和程序结束段三部分组成，如图 2-8 所示。

程序	组成部分
O0001;	程序号段
N10 G98 G40 G21; N20 T0101; N30 G00 X100.0 Z100.0; N40 M03 S800; …… N200 G00 X100.0 Z100.0;	程序内容段
N210 M30;	程序结束段

图 2-8 程序的组成

3. 程序段的组成

1)程序段的基本格式

程序段的基本格式如下，其中 N 代表程序号段，G 代表准备功能，X、Y、Z 代表尺寸字，F 代表进给功能，S 代表主轴功能，T 代表刀具功能，M 代表辅助功能，分号代表程序结束段。

```
N__G__X__Y__Z__F__S__T__M__;
```

例如：

```
N50 G01 X30.0 Z30.0 F0.2 S800 T0101 M03;
```

2)程序段的组成

(1)程序号段。程序段在存储器内以输入的先后顺序排列，而程序是严格按信息在存储器内的先后顺序一段一段地执行的，也就是说，程序在系统内执行的先后次序与程序段的序号无关。

(2)程序内容段。其中包括 6 个基本要素，即准备功能字、尺寸字、进给功能字、主轴功能字、刀具功能字、辅助功能字。

(3)程序结束段。程序段以结束标记“CR”(或“LF”)结束，实际使用时，常用符号“;”或“ * ”表示“CR”(或“LF”)。

3)模态指令与非模态指令

模态指令，又称续效指令，表示该指令已经在一个程序段中指定，在接下来的程序段中持续有效，直到出现同组的另一个指令时，该指令才失效。

对于模态指令与非模态指令的具体规定，通常情况下，绝大部分的 G 指令与所有的 F 指令、S 指令、T 指令均为模态指令，M 指令的情况比较复杂，需查阅相关系统的出厂说明书。

非模态指令是指该指令只在当前程序段有效，如果下一程序段还需要使用此功能，则需要重新书写。

4. 相对坐标编程和绝对坐标编程

当运动轨迹的终点坐标相对于轨迹的起点计量时，称此数控编程过程为相对坐标编程。

当所有点的坐标值均从某一固定的坐标原点计量时，称此数控编程过程为绝对坐标编程。

在进行数控编程时，相同的加工轨迹既可以采用绝对坐标编程方式，也可以采用相对坐标编程方式。虽然两种编程方式都可以实现相同的加工轨迹，但在实际应用中，选择合适的编程方式可以大大简化程序的编写过程。在进行实际编程时，应根据具体的使用状况和加工需求，灵活选择最合适的编程方式，以便提高编程效率和加工精度。编程方式如表 2-1 所示。

表 2-1　编程方式

运动轨迹	从 *A* 点走到 *B* 点
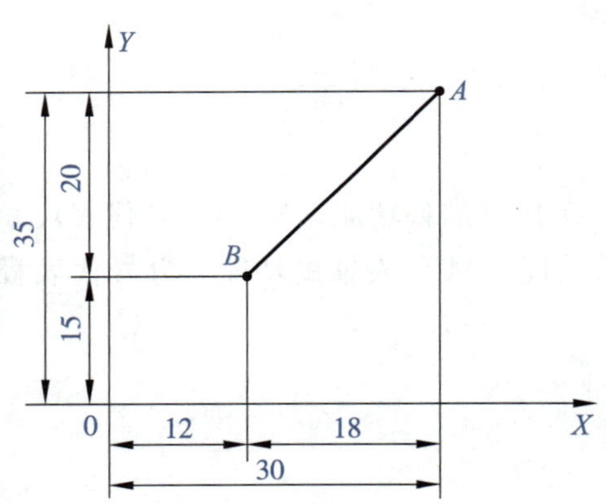	用绝对坐标编程为：X12.0 Y15.0； 采用绝对坐标编程时，程序指令中的坐标值随着程序原点的不同而不同
	用相对坐标编程为：U−18.0 V−20.0； 采用相对坐标编程时，程序指令中的坐标值与程序原点的位置无关

编程时坐标数值采用直径编程且整数与小数部分用小数点分开，单位为 0.001 mm。例如，X15.0 表示机床移动至回转直径 15.0 mm 的位置，而 X15 表示机床移动至回转直径 0.015 mm 的位置。

2.3.2　数控编程常用指令

1. MSTF 指令

MSTF 指令

1)M 辅助功能指令

(1)M00：程序暂停指令。执行 M00 指令后，程序暂停，主轴停转、切削液关闭，按循环启动键后，程序继续向下运行。

(2)M01：选择性程序暂停指令。机床操作面板有 M01 键，按键执行 M01 指令后，程序暂停，主轴停转、切削液关闭，按循环启动键后，程序继续向下运行。

(3)M02/M30：程序结束指令。M02/M30 指令的功能是程序全部结束。此时主轴停转、切削液关闭，数控装置和机床复位。M02 和 M03 指令的区别在于，执行 M30 指令后光标返回起始点，执行 M02 指令后光标不返回。M02/M03 指令写在程序的最后一段。

(4)M03/M04/M05：主轴正转/反转/停止指令。M03 指令表示主轴正转，M04 指令表示主轴反转。主轴正转是指从主轴向 Z 轴正向看，主轴顺时针转动；反之，则为反转。M05 指令表示主轴停止转动。

(5)M06：自动换刀指令。当执行 M06 指令时，进给停止，但主轴、切削液不停。

(6)M07/M08/M09：冷却液开关指令。M07 指令表示开启 2 号切削液或雾状切削液开关。M08 指令表示开启 1 号切削液或液状切削液开关。M09 指令表示关闭切削液开关。

(7)M98/M99：子程序调用与返回指令。M98 指令表示调用子程序，M99 指令表示子程序结束并返回主程序。

2)S 功能指令

S 功能指令用于控制主轴转速。S 后面的数字表示主轴转速，单位为 r/min。在具有恒线速功能的数控车床上，S 功能指令还有如下作用。

(1)最高转速限制。

指令格式：

```
G50 S__
```

注： S 后面的数字表示最高转速，单位为 r/min。

例如，G50 S3000 表示最高转速为 3 000 r/min。

(2)恒线速度控制。

指令格式：

```
G96 S__
```

注： S 后面的数字表示恒定的线速度，单位为 m/min。

例如，G96 S150 表示切削线速度控制在 150 m/min。

(3)恒线速度取消。

指令格式：

```
G97 S__
```

注： S 后面的数字表示恒线速度控制取消后的主轴转速。如果未用 S 指令指定转速，则保留 G96 指令设置的最终值。

例如，G97 S3000 表示恒线速度控制取消后，主轴转速为 3 000 r/min。

3)T 功能指令

T 功能指令用于指定加工所用刀具。

指令格式：

```
T0X0X
```

注：T 后面通常有两位数，表示所选择刀具的号码。但有些系统在 T 后面为四位数，前两位表示刀具号，后两位表示刀具补偿号。

例如，T0303 表示选用 3 号刀具及 3 号刀具长度补偿值和刀尖圆弧半径补偿值。T0300 表示取消刀具补偿。

4)F 功能指令

F 功能指令用于控制切削进给量。在程序中，F 功能指令有两种使用方法。

(1)G99：每转进给量。

指令格式：

```
G99 F__
```

注：F 后面的数字表示主轴的每转进给量，单位为 mm/r。

例如，G99 F0.2 表示进给量为 0.2 mm/r。

(2)G98：每分钟进给量。

指令格式：

```
G98 F__
```

注：F 后面的数字表示主轴的每分钟进给量，单位为 mm/min。

例如，G98 F100 表示进给量为 100 mm/min。

2. G 指令

G 指令表示使数控车床做好某些准备动作。它由地址 G 和后面的两位数字组成，指令从 G00 到 G99，共 100 种，但并不是每种指令都有实际意义。常见 G 指令如表 2-2 所示。

表 2-2 常见 G 指令

指令	组别	功能	备注
G00	01	快速移动	初态 G 指令
G01		直线插补	
G02		圆弧插补(顺时针)	
G03		圆弧插补(逆时针)	
G32		螺纹切削	
G33		Z 轴攻螺纹循环	
G34		变螺距螺纹切削	
G90	01	轴向切削循环	模态 G 指令
G92		螺纹切削循环	
G94		径向切削循环	

续表

指令	组别	功能	备注
G04	00	暂停、准停	非模态 G 指令
G10		数据输入方式有效	
G11		取消数据输入方式	
G28		返回数控车床第一参考点	
G30	00	返回机床第二、第三、第四参考点	非模态 G 指令
G50		坐标系设定	
G65		宏代码	
G70		精加工循环	
G71		轴向粗车循环	
G72		径向粗车循环	
G73		封闭切削循环	
G74		轴向切槽多重循环	
G75		径向切槽多重循环	
G76		多重螺纹切削循环	
G20	06	英制单位选择	模态 G 指令
G21		米制单位选择	初态 G 指令
G96	02	恒线速度开	模态 G 指令
G97		恒线速度关	初态 G 指令
G98	03	每分钟进给量	初态 G 指令
G99		每转进给量	模态 G 指令
G40	07	取消刀尖半径补偿	初态 G 指令
G41		刀尖半径左补偿	模态 G 指令
G42		刀尖半径右补偿	

注： 表内 00 组为非模态指令，只在本程序段内有效。其他组为模态指令，一次指定后指令持续有效，直到其被本组其他代码取代。

基本功能指令

2.3.3 基本功能指令

1. G00 快速点定位指令

指令格式：

```
G00 X(U)__ Z(W)__;
```

注： X、Z 为绝对值编程时的目标位置值，单位为 mm；U、W 为增量值编程方式时在 X、Z 方向的增量值，单位为 mm。G00 指令指定刀架以数控车床系统参数设定的最快速度，按点位控制方式，从刀架当前点快速移动至目标点，其运动轨迹一般为折线。

2. G01 直线插补指令

指令格式：

```
G01 X(U)__ Z(W)__ F__;
```

注： X、Z 为目标点的坐标值，单位为 mm；F 为进给速度，单位为 mm/r 或 mm/min。其运动轨迹为直线。G01 指令指定刀具或工件以给定的进给速度，按直线插补方式，移动至目标位置，刀具在进给过程中进行切削。

3. G02/G03 圆弧插补指令

指令格式：

```
G02 X(U)__ Z(W)__ R__ F__;              //顺时针圆弧插补
G03 X(U)__ Z(W)__ R__ F__;              // 逆时针圆弧插补
```

注： X、Z 为圆弧终点绝对坐标；U、W 为圆弧终点相对圆弧起点的坐标增量；R 为圆弧半径；F 为进给速度，单位为 mm/r 或 mm/min。

*** 注意事项**

(1)执行 G02 或 G03 指令时，刀具相对工件以 F 指令的进给速度，从当前点向终点进行插补加工，G02 指令为按顺时针方向进行圆弧插补，G03 指令为按逆时针方向进行圆弧插补。

(2)顺时针或逆时针的判断是从垂直于圆弧所在平面的第三坐标轴的正方向看过去时，所看到的回转方向，如图 2-9 所示。

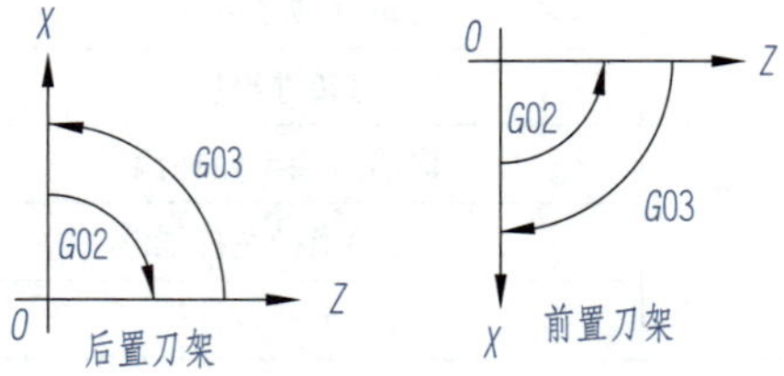

图 2-9 圆弧走刀方向与刀架位置的关系

(3)按圆弧半径编程时，当加工圆弧段所对的圆心角为 0～180°时，R 取正值；当圆心角为 180～360°时，R 取负值。

(4)当同一程序段中 I、K、R 在指令中同时存在时，R 优先，I、K 无效。

4. G04 暂停指令

指令格式：

```
G04 P__ ；或 G04 X__ ；或 G04 U__ ；
```

例如，G04 X(U)2.5，单位为 s，表示刀具暂停 2.5 s。

G04 P2500，单位为 0.001 s，表示刀具暂停 2.5 s。

注： G04 指令是非模态指令，只在本程序段中有效。在 G98 进给模式下，在 G04 指令中输入的时间为停止进给的时间；在 G99 进给模式下，在 G04 指令中输入的时间为暂停进

刀的主轴回转数。

在车削加工中，G04 指令可用于车削环槽、不通孔以及加工螺纹等场合；在进行槽、阶梯轴的加工时，要求刀具在短时间内实现无进给光整加工。G04 指令的应用场景如图 2-10 所示。

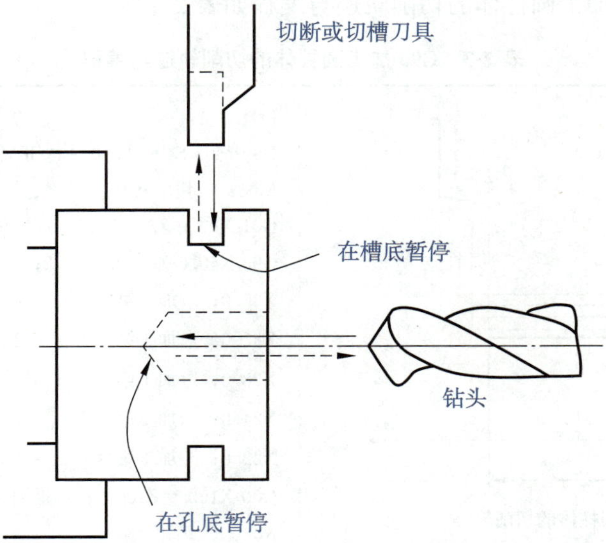

图 2-10 G04 指令的应用场景

2.3.4 单一循环指令

1. G90 轴向切削单一循环指令

G90 轴向切削单一循环指令

G90 指令主要用于圆柱面和圆锥面的循环切削，循环过程中 X、Z 后的数值指定圆柱面切削终点坐标值，U、W 后的数值指定圆柱面切削终点相对循环起点的坐标增量。

1)外圆切削循环指令

指令格式：

```
G90 X(U)__ Z(W)__ F__;
```

注： X 表示切削终点 X 轴绝对坐标，单位为 mm；Z 表示切削终点 Z 轴绝对坐标，单位为 mm；F 表示进给速度，单位为 mm/r 或 mm/min。执行该指令后，刀具从循环起点(刀具所在位置)开始按矩形循环，最后回到循环起点。

2)锥面切削循环指令

指令格式：

```
G90 X(U)__ Z(W)__ R__ F__;
```

注： R 表示圆锥面切削始点与切削终点的半径差，其取值是起点半径值减去终点半径值。当圆锥面切削起点坐标小于切削终点坐标时，R 的数值为负，一般用于外锥加工；当

圆锥面切削起点坐标大于切削终点坐标时，R 的数值为正，一般用于内锥加工。切削带锥度轮廓前，必须有 X 向进刀指令(G00 或 G01 指令)，用来确定切削完毕的退刀方向，即退刀方向应与进刀方向相反，否则程序会出错。

3)G90 指令切削轨迹与编程

(1)用 G90 指令加工圆柱体的切削轨迹与编程如表 2-3 所示。

表 2-3　G90 加工圆柱体的切削轨迹与编程

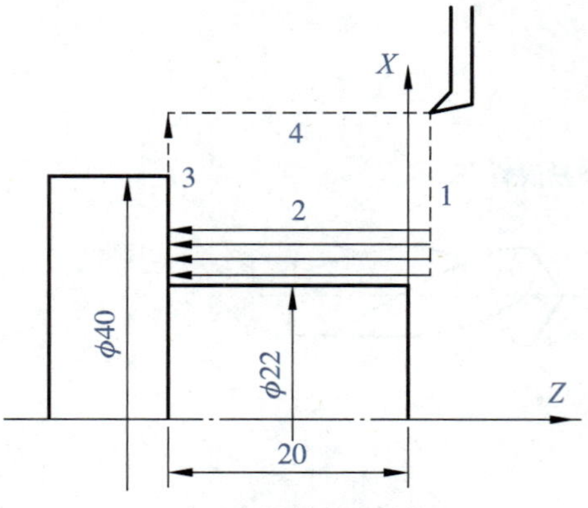 G90 加工圆柱体的切削轨迹	O012； G99 M03 S400 T0101；//正转、选刀 M08；//切削液开 G01 X42.0 Z3.0 F5.0；//定位 G90 X40.0 Z−20.0 F0.2；//加工第一刀 X36.0；//加工第二刀 $a_p=2$ X32.0；//加工第三刀 $a_p=2$ X28.0；//加工第四刀 $a_p=2$ X24.0；//加工第五刀 $a_p=2$ X22.0；//加工第六刀 $a_p=1$ G00 X100.0 Z100.0；//退刀 M30；//结束

(2)用 G90 指令加工圆锥体的切削轨迹与编程如表 2-4 所示。

表 2-4　G90 加工圆锥体的切削轨迹与编程

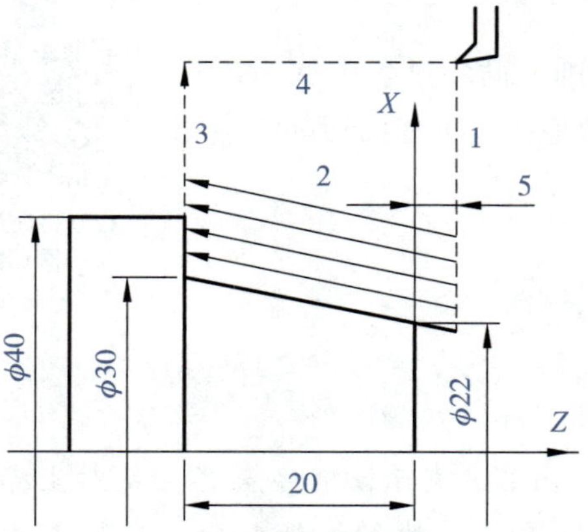 G90 加工圆锥切削轨迹	O111； G99 M03 S500；//主轴正转 T0101；//选择刀具刀补 M08；//切削液开 G00 X50.0 Z5.0；//定位 G90 X46.0 Z−20.0 R−5.0 F0.2；//循环 X42.0；//$a_p=2$ X38.0； X34.0； X30.0； G00 X100.0 Z100.0；//退刀 M30；//结束

2. G94 径向切削单一循环指令

G94 指令主要用于加工长径较小的盘类零件，既可用于加工平直的端面，也可用于加工带有一点锥度的端面。

指令格式：

```
G94 X(U)__ Z(W)__ F__;
G94 X(U)__ Z(W)__ R__ F__;
```

注：X 表示切削终点 X 轴绝对坐标，单位为 mm；Z 表示切削终点 Z 轴绝对坐标，单位为 mm；R 表示切削起点与切削终点 Z 轴绝对坐标的差值；F 表示进给速度，单位为 mm/r 或 mm/min。

G94 径向切削单一循环

1)G94 指令的切削轨迹

用 G94 指令加工圆柱端面，其切削轨迹如图 2-11 所示；用 G94 指令加工圆锥端面，其切削轨迹如图 2-12 所示。

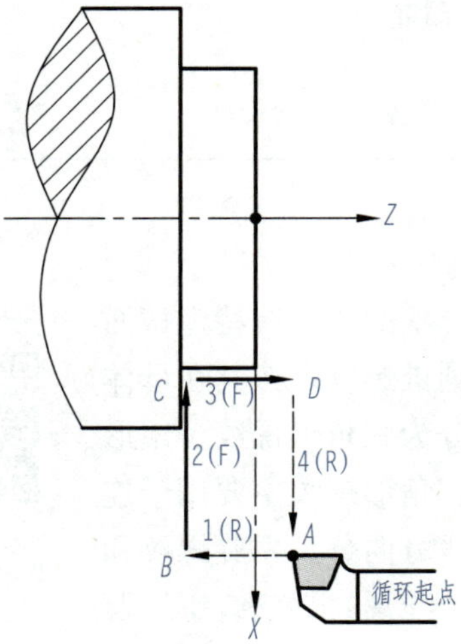

图 2-11 用 G94 指令加工圆柱端面的切削轨迹

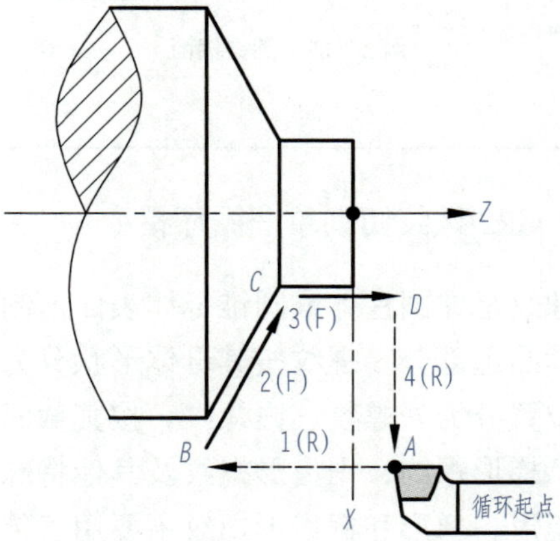

图 2-12 用 G94 指令加工圆锥端面的切削轨迹

2)G94 指令的编程案例

G94 指令的编程案例如表 2-5 所示，例 1 为用 G94 指令加工圆柱端面，例 2 为用 G94 指令加工圆锥端面。

表 2-5 用 G94 指令编程

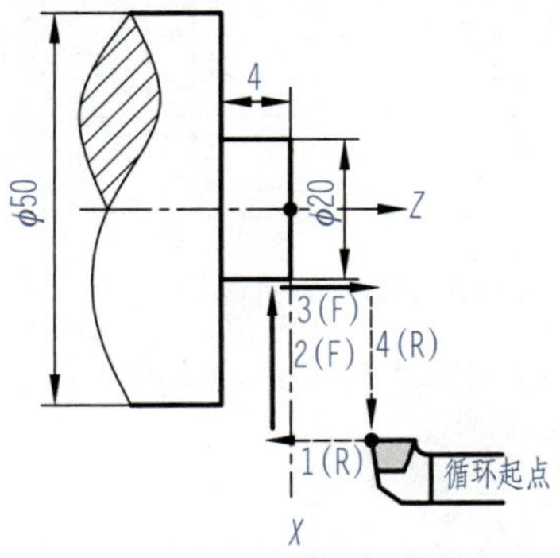
 	
例 1 加工圆柱端面
	O0001;
	G99 M03 S400; //正转
	T0101; //选刀
	M08; //切削液开
	G00 X52.0 Z3.0; //定位循环起点
	G94 X20.0 Z−1.0 F0.2; //切削
	Z−2.0; //a_p=1 mm
	Z−3.0;
	Z−4.0;
	G00 X100.0 Z100.0; //退刀
	M30; //结束

续表

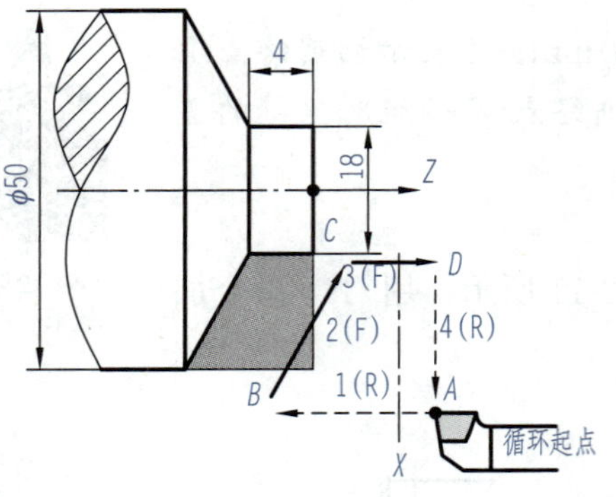 例 2　加工圆锥端面	O0002； G99 M03 S400 T0101；//正转，选刀 G00 X58.0 Z3.0；//定位循环起点 G94 X18.0 Z2.0 R−5.0 F0.2；//切削 Z0.0；//a_p=1 mm Z−2.0； Z−4.0； G00 X100.0 Z100.0；//退刀 M30；//结束

3. G92 螺纹切削单一循环指令

G92 螺纹
切削单一循环

螺纹是在圆柱体或圆锥母体表面上制出的螺旋线形状的、具有特定截面的连续凸起部分。螺纹按其母体形状分为圆柱螺纹和圆锥螺纹；按其在母体所处位置分为外螺纹、内螺纹；按其截面形状(牙型)分为三角形螺纹、矩形螺纹、梯形螺纹、锯齿形螺纹及其他特殊形状螺纹，三角形螺纹主要用于连接，矩形、梯形和锯齿形螺纹主要用于传动；按螺旋线方向分为左旋螺纹和右旋螺纹，一般使用右旋螺纹；按螺旋线的数量分为单线螺纹、双线螺纹及多线螺纹，连接多用单线螺纹，传动多采用双线或多线螺纹；按牙的大小分为粗牙螺纹和细牙螺纹等；按螺纹的使用场合和功能不同，可分为紧固螺纹、管螺纹、传动螺纹、专用螺纹等。常见螺纹外观和普通螺纹一般标准如图 2-13 所示。

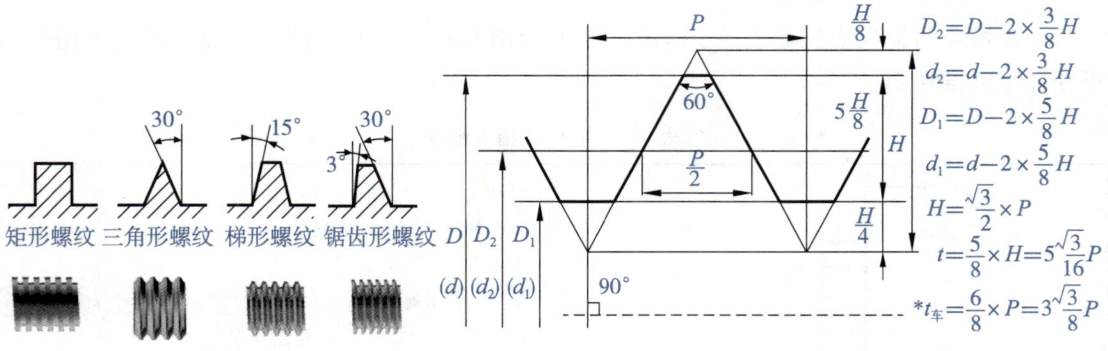

图 2-13　常见螺纹外观和普通螺纹一般标准

普通螺纹一般由以下几部分组成。

(1)外径(大径)：是与外螺纹牙顶或内螺纹牙底相重合的假想圆柱体直径。名义上螺纹的公称直径即为大径。

(2)内径(小径)：是与外螺纹牙底或内螺纹牙顶相重合的假想圆柱体直径。

(3)中径：是母线通过牙型上沟槽和凸起宽度相等的假想圆柱体直径。

(4)螺距：是相邻两牙在中径线上对应两点间的轴向距离。

(5)导程：是同一螺旋线上相邻两牙在中径线上两对应点间的轴向距离。

(6)牙型角：是螺纹牙型上相邻两牙侧间的夹角。

指令格式：

```
G92 X(U)__ Z(W)__ F__;
G92 X(U)__ Z(W)__ R__ F__;
```

注：X表示切削终点的 X 轴绝对坐标，单位为 mm；Z 表示切削终点的 Z 轴绝对坐标，单位为 mm；R 表示切削起点与切削终点的 X 轴绝对坐标的差值(半径值)，单位为 mm；F 表示米制螺纹导程，取值范围为 0～500 mm，设置 F 值后，该值持续有效，在后值代码中可省略。

1)G92 指令的切削轨迹

用 G92 指令加工米制圆柱螺纹，其切削轨迹如图 2-14 所示；用 G92 指令加工米制圆锥螺纹，其切削轨迹如图 2-15 所示。

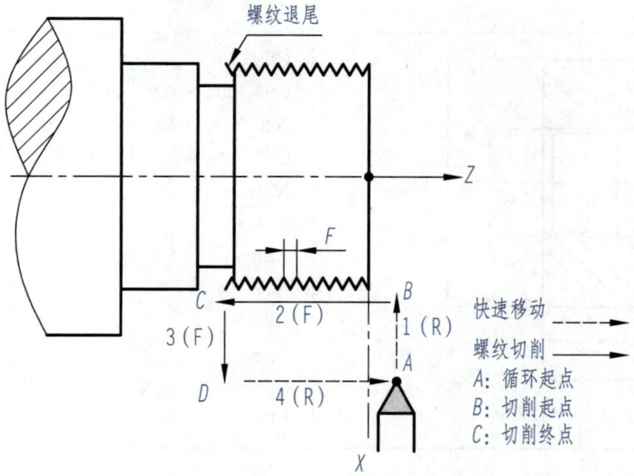

图 2-14　用 G92 指令加工米制圆柱螺纹的切削轨迹

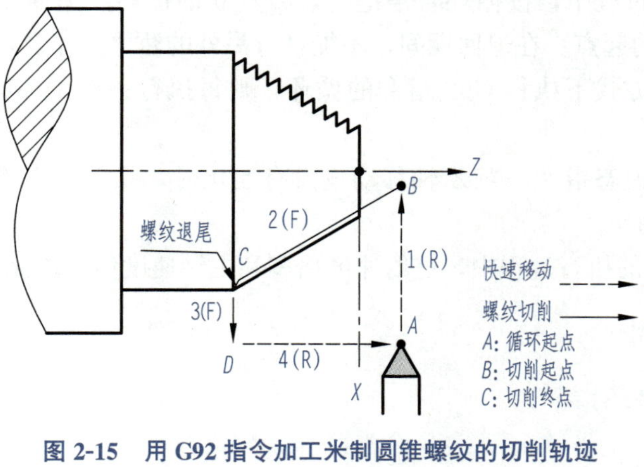

图 2-15　用 G92 指令加工米制圆锥螺纹的切削轨迹

2)G92 指令的编程案例

用 G92 指令编写加工外螺纹的程序，编程案例如表 2-6 中例 1 所示；用 G92 指令编写加工内螺纹的程序，编程案例如表 2-6 中例 2 所示。

表 2-6　G92 指令的编程案例

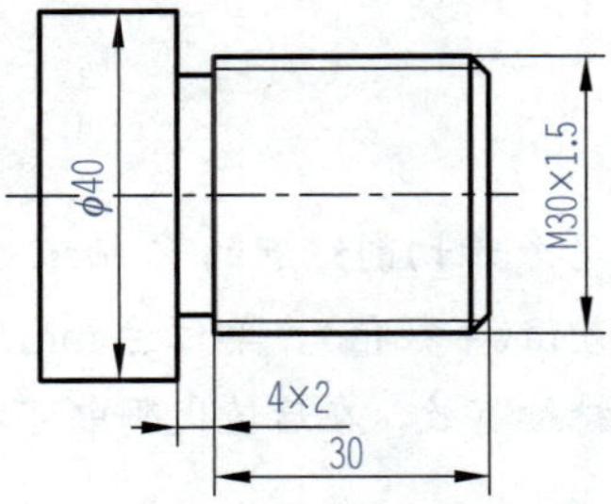 例 1　加工外螺纹	O0001； G99 M03 S400；//正转 M08；//切削液开 T0101；//选刀 G00 X32.0 Z5.0；//定位 G92 X29.2 Z−32.0 F1.5；//加工 X28.8； X28.5；//切削深度逐层递减 X28.3； X28.1； X28.05； X28.05；//光整加工 G00 X100.0 Z100.0；//退刀 M09；//切削液关 M30；//结束
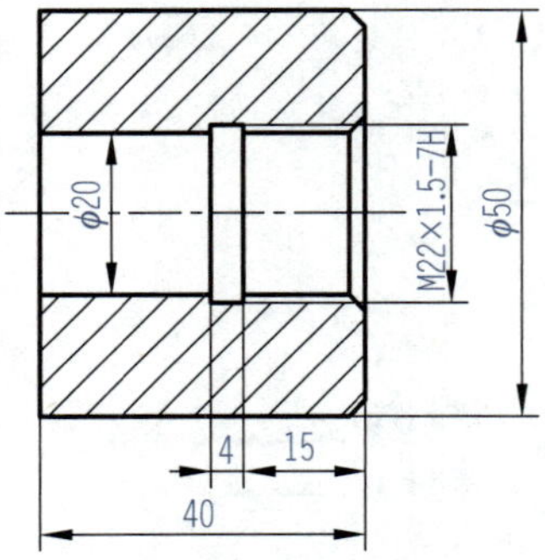 例 2　加工内螺纹	O0002； G99 M03 S400 T0202； G00 X18.0 Z5.0；//定位，比内孔小 G92 X20.6 Z−17.0 F1.5；//加工 X21.0； X21.4； X21.7； X21.9； X22.0； X22.0； G00 X100.0 Z100.0；//退刀 M30；

＊注意事项

(1)在螺纹切削过程中，按循环暂停键时，刀具立即按斜线退回，然后先回到 X 轴的起点，再回到 Z 轴的起点。在退回期间，不能进行另外的暂停操作。

(2)如果在单段方式下执行 G92 指令的循环，则每执行一次循环必须按 4 次循环启动按钮。

(3)G92 指令是模态指令，当 Z 轴移动量没有变化时，只需对 X 轴指定其移动值即可重复执行固定循环动作。

(4)在 G92 指令的执行过程中，进给速度倍率和主轴速度倍率均无效。

2.3.5　复合循环指令

1. G70 精加工循环指令

指令格式：

```
G70 P(ns)__ Q(nf)__ S__ F__;
```

注：(1)ns 为精车轨迹的第一个程序段的号码；nf 为精车轨迹的最后一个程序段的号码。

(2)执行 G70 精加工循环指令时，ns～nf 程序段中的 F、S、T 代码有效。

(3)G96/G97/G98/G99/G40/G41/G42 指令在执行 G70 精加工循环指令时有效。

(4)在 G70 指令的执行过程中，可以停止自动运行并手动移动，但要再次执行 G70 指令时，必须手动返回移动前的位置。如果不返回就继续执行 G70 指令，后面的运行轨迹将错位。

(5)执行进给保持、单程序段的操作，在运行至当前轨迹的终点后程序暂停。

(6)在录入方式中不能执行 G70 指令，否则会报警。

刀具从起点位置沿着 ns～nf 程序段给出的工件精加工轨迹进行精加工。在执行 G71/G72 指令或 G73 指令进行粗加工后，用 G70 指令进行精车，单次完成精加工余量的切削。G70 指令结束时，刀具返回起点并执行 G70 程序段后的下一个程序段。

2. G71 轴向粗车复合循环指令

指令格式：

```
G00  X__  Z__;                  //循环起点
G71  UΔd  Re;                   //定义吃刀量、退刀量
G71  Pns  Qnf  UΔu WΔw Ff;      //定义精车起始结束行，精车余量
Nns  G00/G01  X__;              //精车起始行，只能用 G00/G01 指令，只含 X 坐标
……
Nnf  G01  X__;                  //精车结束行
G70  Pns  Qnf  S__ Ff;          //精车指令
```

注：(1)Δd 为粗车时 X 轴的切削量，取值范围为 0.001～99.999(单位为 mm，半径值)，无符号，进刀方向由 ns 程序段的移动方向决定。

(2)e 为粗车时 X 轴的退刀量，取值范围为 0～99.999(单位为 mm，半径值)，无符号，退刀方向与进刀方向相反。

(3)ns 为精车轨迹的第一个程序段的号码。

(4)nf 为精车轨迹的最后一个程序段的号码。

(5)Δu 为 X 轴的精加工余量，取值范围−9 999.999～9 999.999(单位为 mm，直径值)，有符号，表示粗车轮廓相对于精车轨迹的 X 轴坐标偏移。

G71 指令

(6)Δw 为 Z 轴的精加工余量，取值范围−9 999.999～9 999.999(单位为 mm，直径值)，有符号，表示粗车轮廓相对于精车轨迹的 Z 轴坐标偏移。

1)G71 指令的加工轨迹及编程步骤

首先从分析图纸计算基点开始，然后根据工艺流程编写程序。G71 指令的编程步骤如表 2-7 所示。

表 2-7 G71 指令的编程步骤

编程步骤： 第 1 步，基点计算。 第 2 步，指令串联(编写精加工轨迹)。 第 3 步，加头补尾(补全程序)	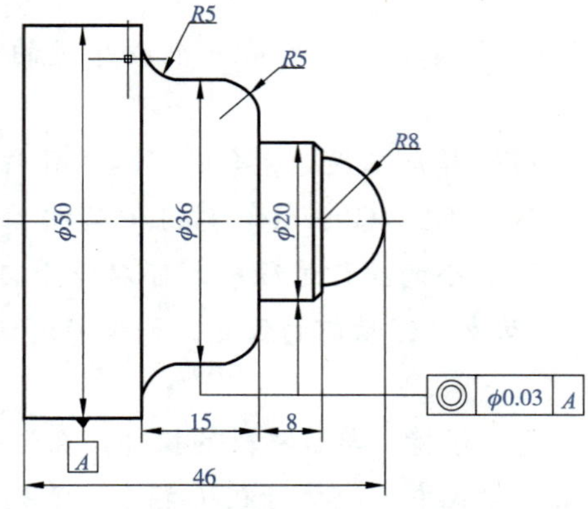 毛坯 $\phi55$　　未注倒角 $C1$
第 1 步，基点计算 建立工件坐标系，找出基点并写出点坐标 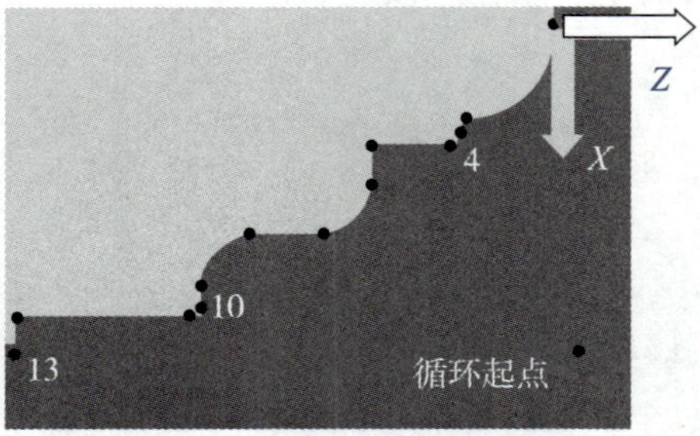	基点　X　Z 起点　56.0　2.0 1.　0.0　0.0 2.　16.0　−8.0 3.　18.0　−8.0 4.　20.0　−9.0 5.　20.0　−16.0 6.　26.0　−16.0 7.　36.0　W−5.0 8.　36.0　W−5.0 9.　46.0　W−5.0 10.　49.0　−36.0 11.　50.0　W−0.5. 12.　50.0　−47.0 13.　56.0
第 2 步，指令串联 利用基本插补指令(G00/G01/G02/G03)将基点串联起来，即为精加工轨迹	串联程序 G00 X56.0 Z2.0；//移动至起点 G01 X0. Z0. 0 F0.2；//移动至点 1 G03 X16. Z−8.0 R8.；//移动至点 2 G01 X18.0；//移动至点 3 X20.0 Z−9.0；//移动至点 4 Z−16.0；//移动至点 5 X26.0；//移动至点 6 G03 X36.0 W−5.0 R5.0；//移动至点 7 G01 W−5.0；//移动至点 8 G02 X46.0 W−5.0 R5.0；//移动至点 9 G01 X49.0；//移动至点 10 X50. W−0.5；//移动至点 11 Z−47.0；//移动至点 12 G01 X56.0；//退出

续表

第 3 步，加头补尾 ①补全程序开头(设置轴转速、刀具、切削液)和结尾(退刀、程序结束) 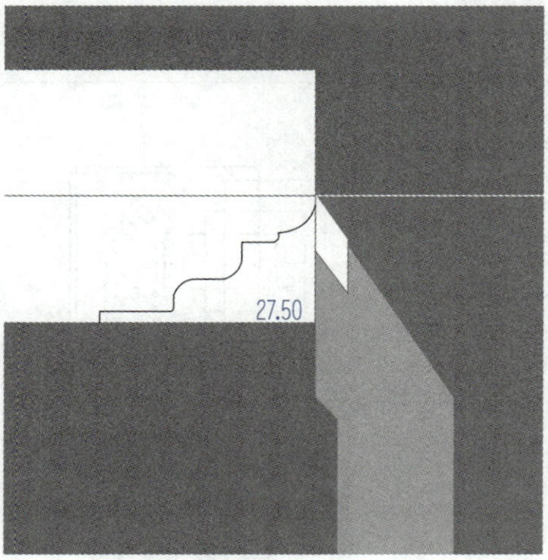 	O1; G99 M03 S600 T0101; M08; G00 X56. Z2.; G01 X0. Z0. F0.2 ; G03 X16. Z−8. R8.; G01 X18.; X20. Z−9.; Z−16.; X26.; G03 X36. W−5. R5.; G01 W−5.; G02 X46. W−5. R5.; G01 X49.; X50. W−0.5; Z−47.; G01 X56.; G00 X100. Z100.; M30;
②完成 G71 编程 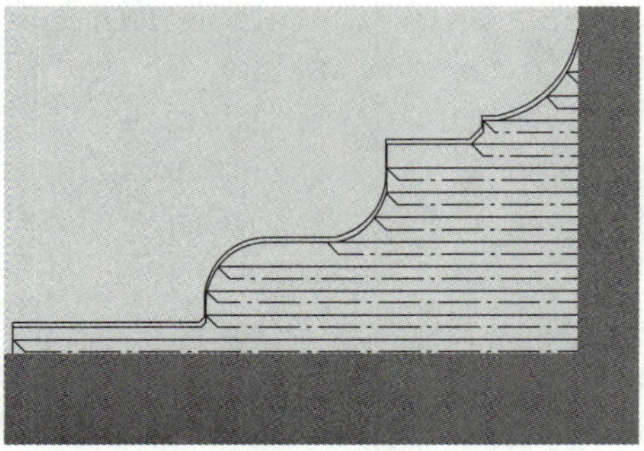	//G71 循环指令程序 O2; G99 M03 S600 T0101; M08; G00 X56. Z2.; G71 U2. R1.; G71 P1 Q2 U0.8 W0.1 F0.2; N1 G01 X0.; Z0.; G03 X16. Z−8. R8.; G01 X18.; X20. Z−9.; Z−16.; X26.; G03 X36. W−5. R5.; G01 W−5.; G02 X46. W−5. R5.; G01 X49.; X50. W−0.5; Z−47.; N2 G01 X56.; G70 P1 Q2 S1500 F0.1; G00 X100. Z100.; M30;

2)G71 指令的编程案例

以子弹和四方工艺品为例，进行图纸分析、计算基点、编程。G71 指令的编程案例如表 2-8 所示。

表 2-8　G71 指令的编程案例

<table>
<tr><td colspan="2">用 G71 指令加工外轮廓</td><td colspan="2">用 G71 指令加工内轮廓</td></tr>
<tr><td colspan="2">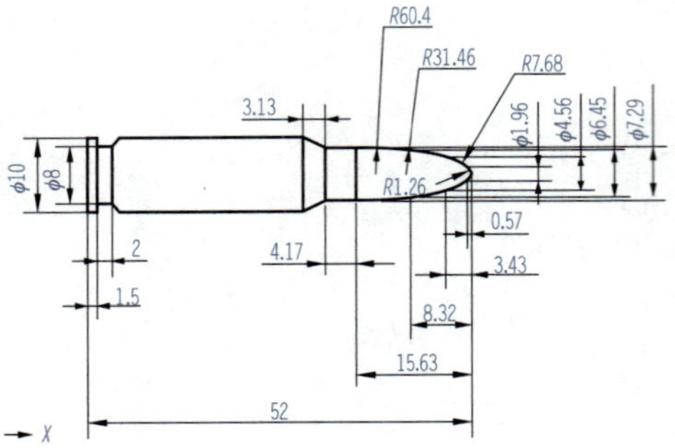

子弹零件图</td><td colspan="2">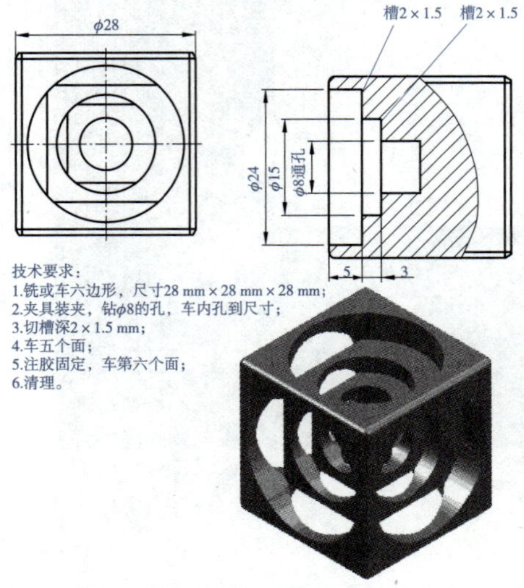

四方工艺品立体图及零件图</td></tr>
<tr><td>O0001；//子弹程序
G99 G97 G40；
T0101；//93°外圆车刀
M03 S500；
G00 Z2.0；
X12.0；
G71 U2.0 R0.5；
G71 P1 Q2 U0.5
W0.0 F0.2；
N1 G01 X0.0；
Z0.0；
G03 X1.96 Z−0.57 R1.26；
X4.56 Z−3.43 R7.68；
X6.45 Z−8.32 R31.46；
X7.29 Z−15.63 R60.4；
G01 W−4.17；
G01 X10.0 Z−53.0；
N2 X12.0；
G70 P1 Q2 S1200 F0.08；
G00 X100.0 Z100.0；</td><td>M05；
M00；
G99 M03 S400；
T0202；//2 mm 切断刀
M08；
G00 X12. Z3.；
G01 Z−50.5 F0.5；
X8.0 F0.05；
X11.0；
W1.0；
X8.；
U−2. W−1.0；
X12.0；
G01 Z−54.0 F0.5；//切断
X7.0 F0.05；
X11.0；
W0.5；
X10.0；
U−1.0 W−0.5；
X2.0；
G00 X100.；
Z100.；
M30；</td><td>O0002；//四方工艺品程序
G99 G97 G40；
T0303；//φ6 mm 内孔刀
M03 S500；
G00 Z2.0；
X8.0；
G71 U1.0 R0.5；
G71 P1 Q2 U−0.5
W0.0 F0.2；
N1 G01 X25.0；
Z0.0；
G01 X24.0 Z−0.5；
G01 Z−5.0；
X16.0；
G01 X15.0 Z−5.5；
Z−8.；
N2 X8.0；
G70 P1 Q2 S1200 F0.1；
G00 X100.0；
Z100.0；</td><td>T0404；//内切槽刀
M03 S400；
G00 X23.5 Z2.0；
G01 Z−5.0 F0.2；
X27.0 F0.06；
X14.5 F0.2；
Z−8.0；
X18.0 F0.06；
X14.5；
G00 Z100.0；
X100.0；
M30；
注：加工完一面之后，对刀加工第二、第三个面；将热熔胶充满面上的三个孔，冷却后加工第四个面，对其进行注胶，再加工第五、第六个面。加工完成后取出热熔胶，清理并倒角。</td></tr>
</table>

***注意事项**

(1)使用带有 P、Q 代码的 G71 指令，才能进行该循环加工。

(2)粗加工循环时，处于 ns 到 nf 程序段之间的 F、S、T 代码均无效，G71 指令中含有的 F、S、T 代码有效。

(3)在序号为 ns 的程序段中，必须使用 G00 或 G01 指令，处于 ns～nf 程序段之间的精加工程序不应包含子程序。

(4)在 G71 指令中的 ns 程序段只能是不含 Z(W)代码的 G00、G01 指令，否则系统会报警。

3. G72 径向粗车复合循环指令

指令格式：

```
G72 W(Δd)__ R(e__;
G72 P(ns)__ Q(nf)__ U(Δu)__ W(Δw)__ F(f)__ S(s)__ T(t)__;
```

注：(1)ns、nf、Δu、Δw、f、s、t 参数的意义和 G71 指令的相同。但在 ns 程序段中，只能含有 G00 或 G01 指令，不能含有 *X* 轴的指令；在 nf 程序段中，只能含有 G00 或 G01 指令；在 ns～nf 程序段之间，*X* 轴、*Z* 轴方向必须都是单调增大或减小的图形。

(2)Δd 为粗车时 *Z* 轴的切削量，取值范围为 0.001～99.999(单位为 mm)，无符号，进刀方向由 ns 程序段的移动方向决定。

(3)e 为粗车时 *Z* 轴的退刀量，取值范围为 0～99.999(单位为 mm)，无符号，退刀方向与进刀方向相反。

G72 指令的使用方法

1)G72 指令的切削轨迹

用 G72 指令编程为倒序编程，即从左向右编程，其切削轨迹如图 2-16 所示。

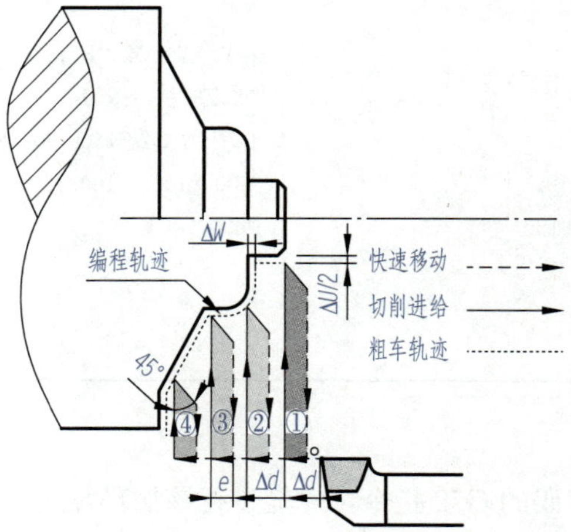

图 2-16 G72 指令的切削轨迹

2)G72 指令的编程案例

分析内外轮廓图纸，计算基点，用 G72 指令编程，图纸及程序参考表 2-9。

表 2-9　G72 指令的编程案例

<table>
<tr><th>用 G72 指令加工外轮廓</th><th>用 G72 指令加工内轮廓</th></tr>
<tr><td>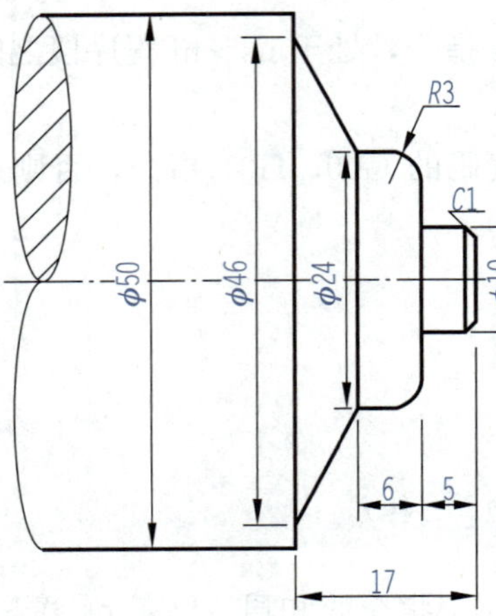
</td><td>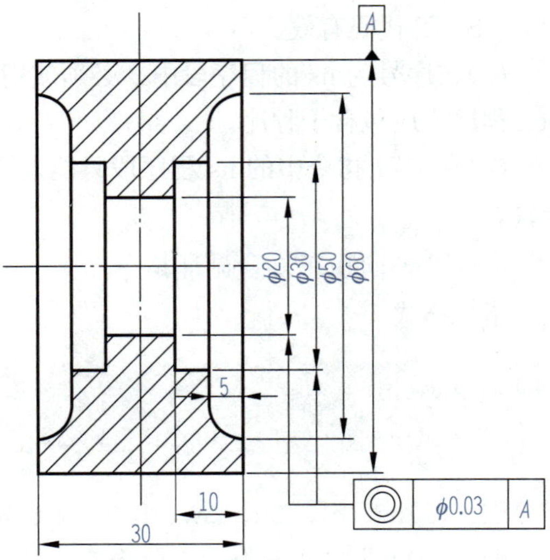
</td></tr>
<tr><td>O1；
G99 M03 S600 T0101；//93°反偏刀横装
G00 X52. Z3.；//定位
G72 W1.5 R1.；//定义吃刀量、退刀量
G72 P1 Q2 U0.6 W0.1 F0.2；//留余量
N1 G00 Z−17.；//只能有 Z 值
G01 X46.；//倒序编程
X24. Z−11.；
Z−8.；
G02　X18. Z−5. R3.；
G01 X10.；
Z−1.；
X8. Z0.；
N2 Z3.；//退刀
G70 P1 Q2 S1500 F0.12；//精加工
G00 X100. Z100.；
M30；</td><td>O2；
G99 M03 S600 T0202；//16 mm 内孔刀
G00 X19. Z3.；//定位
G72 W1. R1.；//定义吃刀量、退刀量
G72 P1 Q2 U−0.6 W0.1 F0.12；
//注意 X 方向余量为负值
N1 G00 Z−10.；//只能有 Z 值
G01 X30.；//倒序编程
Z−5.；
X40.；
G02 X50. Z0. R5.；
N2 Z3.；//退刀
G70 P1 Q2 S1500 F0.12；//精加工
G00 X100. Z100.；
M30；</td></tr>
</table>

⋆注意事项

(1)使用带有 P、Q 代码的 G72 指令，才能进行该循环加工。

(2)粗加工循环时，处于 ns～nf 程序段之间的 F、S、T 代码均无效，G72 指令中含有的 F、S、T 代码有效。

(3)在 ns 程序段中，必须使用 G00 或 G01 指令。处于 ns～nf 程序段之间的精加工程序中不应包含子程序。

(4)在 G72 指令的 ns 程序段中，只能使用不含 X(U)代码的 G00、G01 指令，否则系统报警。

4. G73 封闭切削复合循环指令

封闭切削循环是一种复合固定循环，适用于对铸造或锻造毛坯的切削，对零件轮廓的单调性则没有要求。

指令格式：

```
G73 U(i)__ W(k)__ R(d)__;
G73 P(ns)__ Q(nf)__ U(Δu)__ W(Δw)__ F(f)__ S(s)__ T(t)__;
```

注：(1)i 为 X 轴方向退刀的距离及方向(用半径值指定)。这个指令是模态指令，一直到下次指令前均有效。

(2)k 为 *Z* 轴方向的退刀距离及方向。这个指令是模态的，一直到下次指令之前均有效。

(3)d 为切削次数，等于粗车次数。该指令是模态的，直到下次指令前均有效。

(4)ns、nf、Δu、Δw、f、s、t 参数的意义和 G71 指令的相同。

G73 仿形粗车指令

1)G73 指令的切削轨迹

G73 指令用于仿形加工，其切削轨迹如图 2-17 所示。

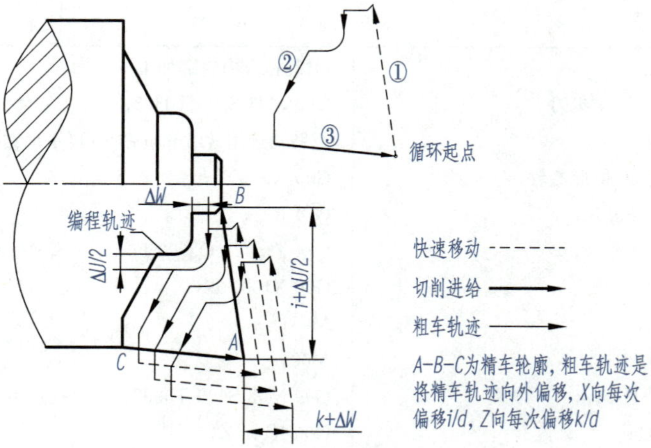

图 2-17　G73 指令的切削轨迹

2)G73 指令的编程案例

以酒杯为例，通过 CAD 绘图得出基点，用 G73 指令编程，图纸及程序如表 2-10 所示。

表 2-10 G73 指令的编程案例

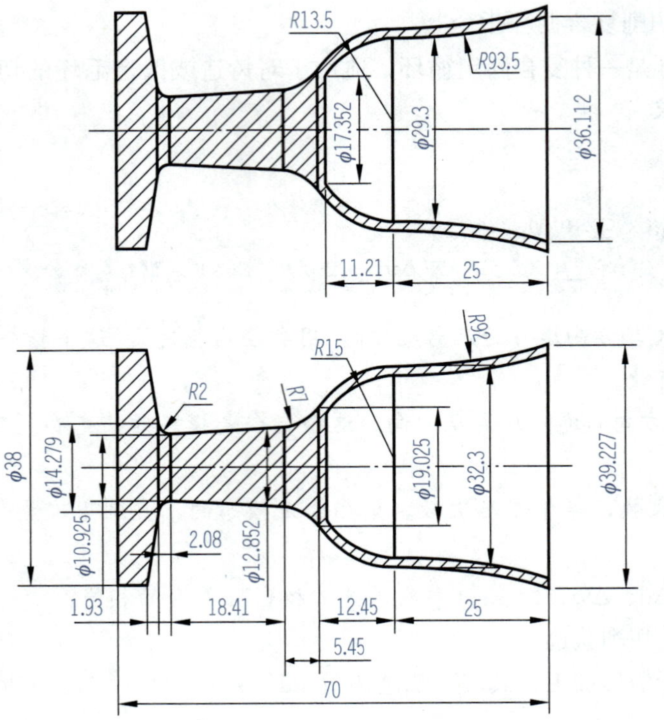

O546；//外轮廓仿形加工 G99 M03 S600 T0101；//35°尖刀 G00 X43. Z3.；//定位 G73 U15. W0.0 R11.；//仿形参数 G73 P1 Q2 U0.8 W0.0 F0.13； N1 G00 X39.227； G01 Z0.； G02 X32.3 Z−25. R92.； G03 X19.025 W−12.45 R15.； G02 X12.852 W−5.45 R7.； G01 X10.925 W−18.41； G02 X14.279 W−2.08 R2.； G01 X38. W−1.93； G01 Z−70.； N2 X43.； G70 P1 Q2 S1000 F0.1；//精加工 G00 X100. Z100.； M30；	O123；//内轮廓加工 G99 M03 S500 T0303； //钻孔选用 ϕ16 mm 钻头(可手动钻孔) G00 X0. Z5.； G74 R2.； G74 Z−42. Q3000 F0.1；//钻头刀尖深度 G00 X100. Z100.； M05； M00； G99 M03 S600 T0202；//车孔选用 ϕ8 mm 内孔刀 G00 X14. Z3.； G71 U1. R0.5； G71 P1 Q2 U−0.8 W0.1 F0.15； N1 G00 X36.112； G01 Z0.； G02 X29.3 Z−25. R93.5； G03 X17.352 W−11.21 R13.5； N2 G01 X14.； G70 P1 Q2 S1000 F0.1； G00 X100. Z100.； M30；

3)练习题

三组分工合作，任选宝塔基座、中柱、顶尖之一的 3 个零件图，进行加工，装配为一个整体，如图 2-18～图 2-23 所示。

注： 第 1 组同学从宝塔基座 1 和宝塔基座 2 中任选一件作为宝塔基座加工；第 2 组同学从宝塔中柱 1 和宝塔中柱 2 中任选一件作为宝塔中柱加工；宝塔顶尖第 3 组同学必选。

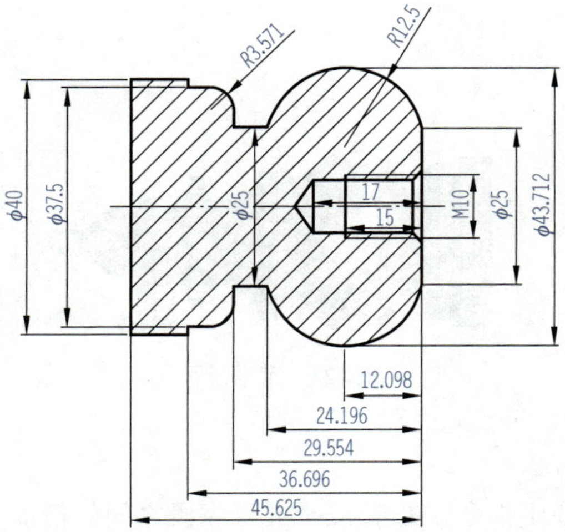

图 2-18　宝塔基座 1

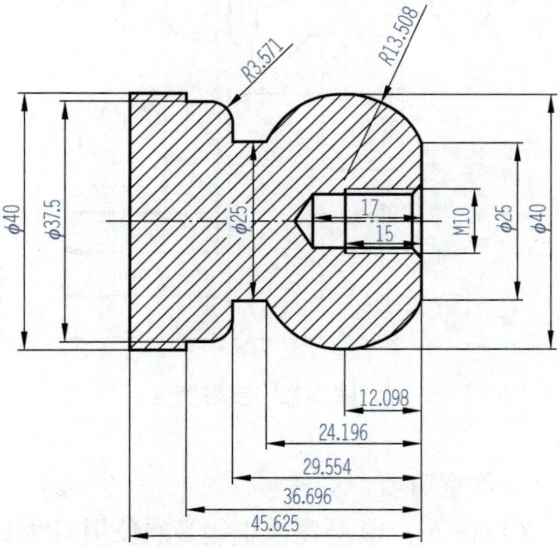

图 2-19　宝塔基座 2

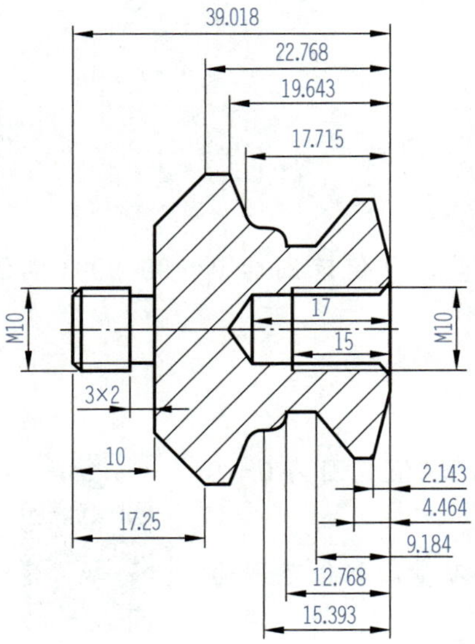

图 2-20　宝塔中柱 1

注：直径尺寸不全的部分参考宝塔中柱 2

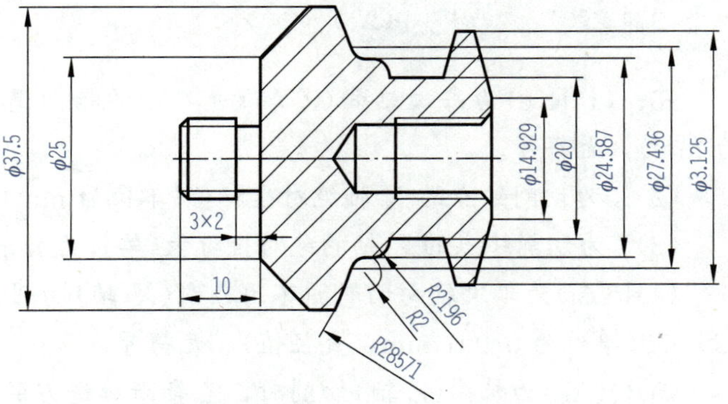

图 2-21　宝塔中柱 2

注：长度尺寸不全的部分参考宝塔中柱 1

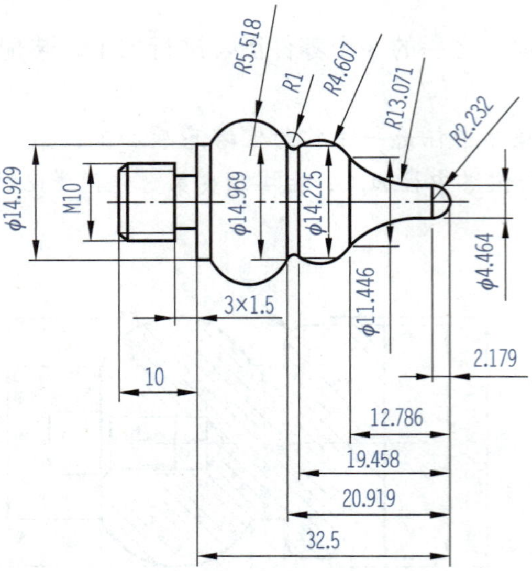

图 2-22 宝塔顶尖

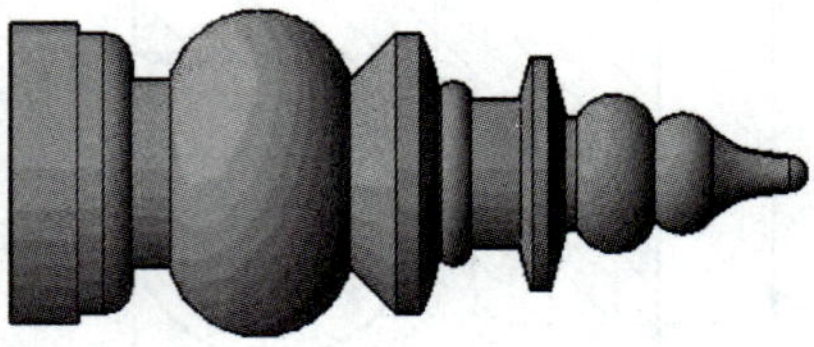

图 2-23 宝塔装配图

***注意事项**

(1)在 ns、nf 顺序段中，必须使用 G00 或 G01 指令，处于 ns～nf 程序段之间的精加工程序不应包含子程序。

(2)在 G73 指令的 ns 、nf 程序段中，可以使用含有 X(U)、Z(W)代码的 G00、G01 指令。

5. G74 轴向切槽循环指令

指令格式：

```
G74 R(e)__;
G74 X(U)__ Z(W)__ P(Δi)__ Q(Δk)__ F__;
```

注：(1)R(e)为每次轴向(Z 轴)进刀后的轴向退刀量，取值范围为 0～99.999(单位为 mm)，无符号。

(2)X 为切削终点的 X 轴绝对坐标值(单位为 mm)。

(3)Z 为切削终点的 Z 轴的绝对坐标值(单位为 mm)。

(4)P(Δi)为单次轴向切削循环的径向(X 轴)切削量，取值范围为 0～9 999 999(单位为 0.001 mm，直径值)，无符号。

(5)Q(Δk)为轴向(Z 轴)切削时，Z 轴断续进刀的进刀量，取值范围为 0～ 9 999 999(单位为 0.001 mm)，无符号。

G74 指令格式及编程

1)加工轨迹

用 G74 指令进行端面切槽加工的切削轨迹如图 2-24 所示。

2)编程案例

以 5 mm 宽端面槽为例，选用刀宽 3 mm 的端面切槽刀 T01，用 G74 指令编程，图纸及程序如表 2-11 所示。

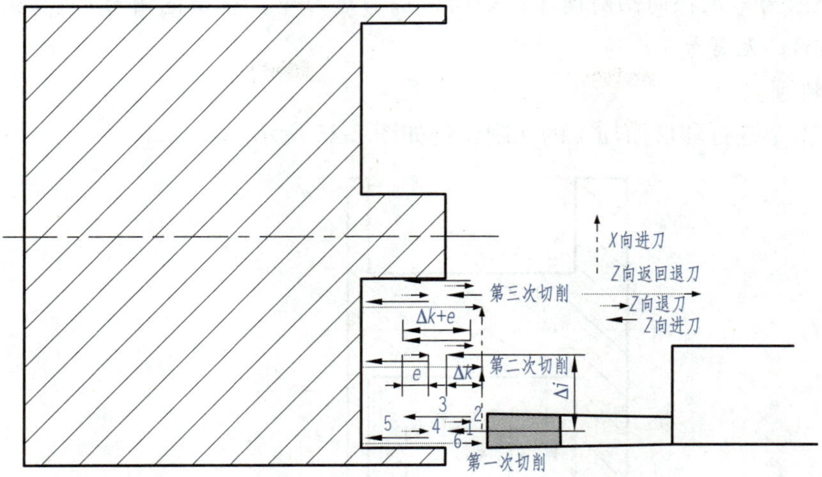

图 2-24 用 G74 指令进行端面切槽加工的切削轨迹

表 2-11 G74 指令的编程案例

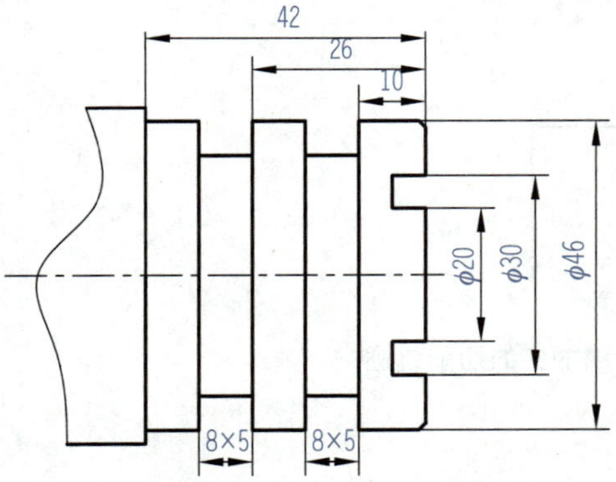 G74 加工端面槽 注：对刀点为刀具的外刀尖	O123； G99 M03 S400； T0101；//3 mm 端面槽刀 G00 X30.0 Z5.0； G74 R1.0；//设置退刀量 G74 X26.0 Z−5.0 P2500 Q2000 F0.05； G00 X100.0 Z100.0； M30；

6. G75 径向切槽循环指令

指令格式：

```
G75 R(e)__；
G75 X(U)__ Z(W)__ P(Δi)__ Q(Δk)__ F__；
```

注：(1)R(e)为每次径向(*X* 轴)进刀后的径向退刀量，取值范围为 0～99.999(单位为 mm)，无符号。

(2)X 为切削终点的 *X* 轴绝对坐标值(单位为 mm)。

(3)Z 为切削终点的 *Z* 轴绝对坐标值(单位为 mm)。

(4)P(Δi)为径向(*X* 轴)进刀时，*X* 轴断续进刀的进刀量，取值范围为 0～9 999 999(单位为 0.001 mm，直径值)，无符号。

G75 指令格式及编程

(5)Q(Δk)为单次径向切削循环的轴向(*Z* 轴)进刀量，取值范围为 0～9 999 999(单位为 0.001 mm)，无符号。

1)加工轨迹

用 G75 指令进行环形槽加工的切削轨迹如图 2-25 所示。

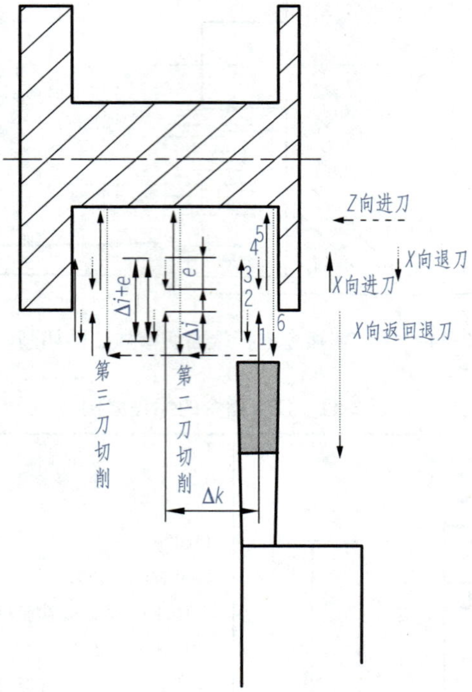

图 2-25 用 G75 指令进行环形槽加工的切削轨迹

2)编程案例

以 8 mm×5 mm 槽为例，选用刀宽 3 mm 的外圆切槽刀 T02，用 G75 指令编程，图纸及程序如表 2-12 所示。

表 2-12 G75 指令的编程案例

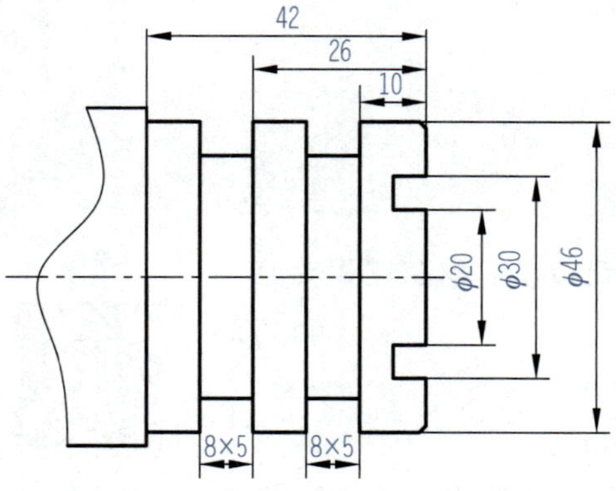 G75 加工径向槽 注：以刀具左刀尖为对刀点。	O123； G99 M03 S400 ； T0202；//3 mm 切槽刀 G00 X50.0 Z−13.0；//定位切右边第一个槽 G75 R1.0； G75 X36.0 Z−18.0 P2000 Q25000 F0.05； G00 X50.0 Z−26.0；//定位切左边第一个槽 G75 R1.0； G75 X36.0 Z−18.0 P2000 Q25000 F0.05； G00 X100.0 Z100.0； M30；

2.3.6 刀具补偿功能

1. 刀尖半径补偿的原因

数控车床通过刀尖进行对刀。在加工过程中，由于刀尖并非绝对尖锐，而是有一个小圆弧，因此，编程时是基于一个假想的刀尖 A 进行的，工件轮廓与这个假想刀尖轨迹重合，如图 2-26 所示。实际车削时，起作用的是圆弧切点，这导致加工表面出现形状误差。

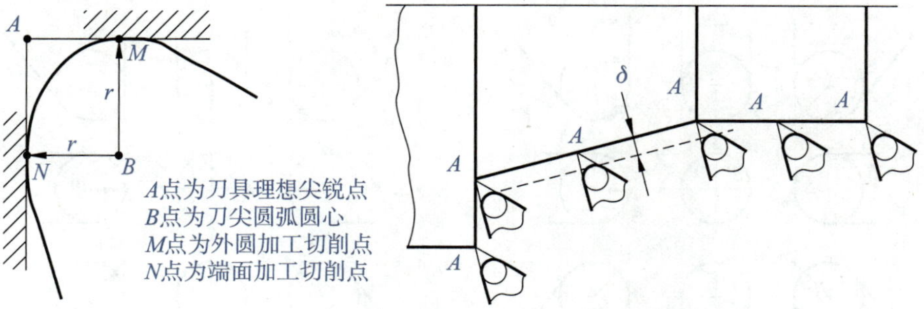

图 2-26 刀尖补偿

车削内外圆柱和端面时无误差，切削轨迹与工件轮廓一致。但车削锥面和外圆弧面时，编程轨迹与实际形状存在误差。如果工件精度要求不高或有余量，可忽略误差；否则需考虑刀尖圆弧半径对工件形状的影响。车削圆弧面产生的误差及半径补偿后的刀具轨迹如图 2-27 所示。

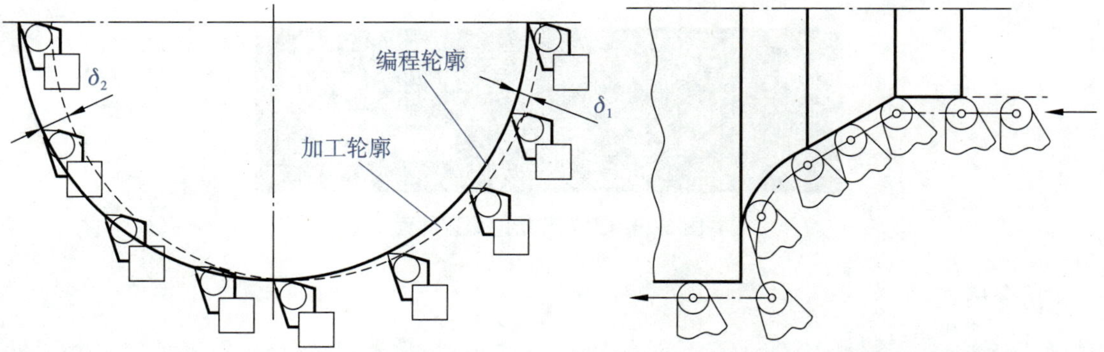

（a）车削圆弧面产生的误差　　（b）半径补偿后的刀具轨迹

图 2-27 车削圆弧面产生的误差及半径补偿后的刀具轨迹

为保持工件轮廓形状，加工时不允许刀具中心轨迹与被加工工件轮廓重合，而应与工件轮廓偏移一个半径值 R，这种偏移称为刀尖半径补偿。采用刀尖半径补偿功能后，编程者仍按工件轮廓编程，数控系统计算刀尖轨迹，并按刀尖轨迹运动，从而消除了刀尖圆弧半径对工件形状的影响。

2. 刀尖半径补偿的应用

零件加工程序一般是以刀具的某一点(通常情况下以假想刀尖)按零件图纸进行编制的。但实际加工中的车刀，由于工艺或其他要求，刀尖往往不是一假想点，而是一段圆弧。切削加工时，实际切削点与理想状态下的切削点之间的位置有偏差，会造成过切或少切，影响零件的精度。因此，在加工中进行刀尖半径补偿以提高零件精度。

在编程中，刀具通常被视为一个点，但实际上由于工艺要求，切削刃是一个圆弧而非理想点，这会导致加工误差。刀尖圆弧半径补偿功能可以消除这种误差。在加工时，需要正确设定假想刀尖的方向，即确定对刀点的位置。假想刀尖有 10 种设置(T0 至 T9)，代表 9 个方向的位置关系，如图 2-28 所示。需要注意的是，即使刀尖方向的编号相同，在不同的坐标系(后刀座和前刀座坐标系)中，刀尖方向也可能不同。

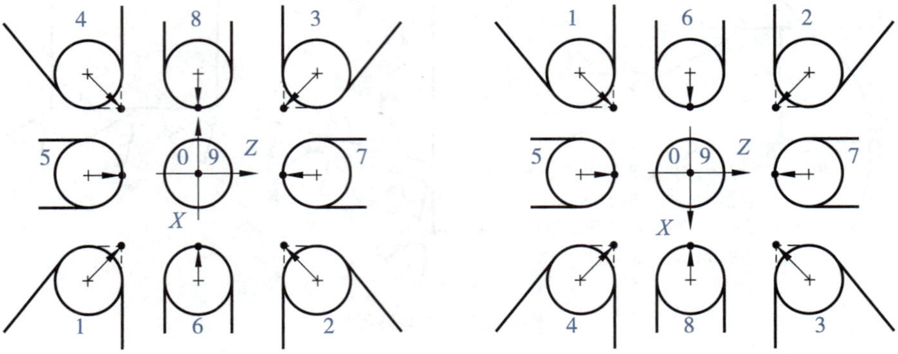

(a) (b)

图 2-28 刀尖方位

每把刀的假想刀尖号与刀尖半径值必须在应用刀尖补偿前预先设置。刀尖半径补偿值在偏置界面设置，R 为刀尖半径补偿值，T 为假想刀尖号，如图 2-29 所示。

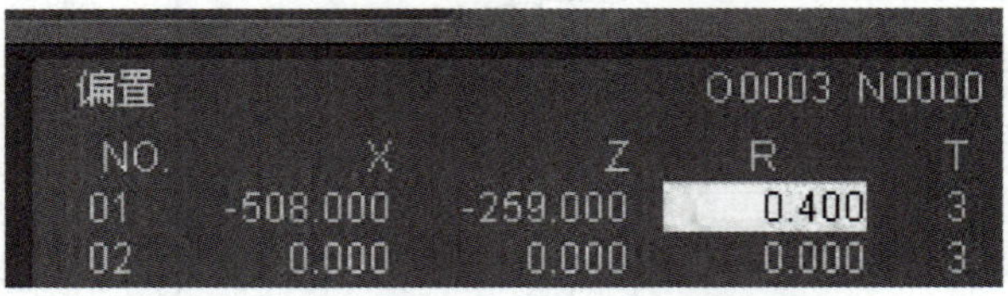

图 2-29 刀尖补偿的偏置界面

指令格式：

```
G40 G00(G01) X__ Z__;            //取消刀尖圆弧半径补偿
G41 G00(G01) X__ Z__;            //建立刀具圆弧半径左补偿
G42 G00(G01) X__ Z__;            //建立刀具圆弧半径右补偿
```

编程时应由第三坐标轴正方向沿刀具进给方向看，以判断使用的半径补偿种类，刀具位于工件左侧用左补偿，反之用右补偿，如图 2-30 所示。

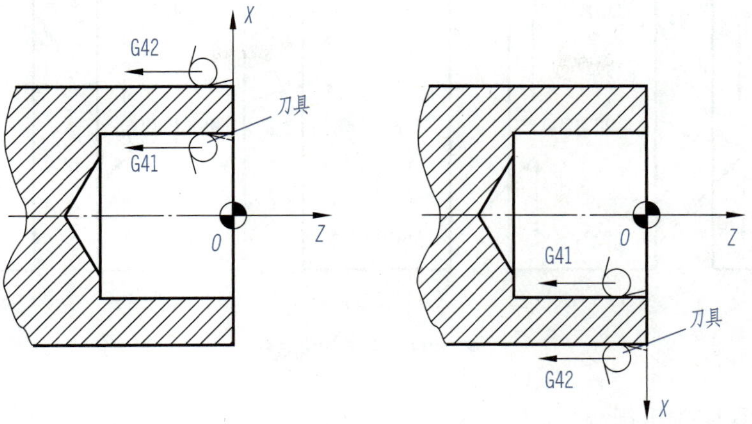

图 2-30 半径补偿种类的判断

＊注意事项

(1)初始状态时，数控车床处于刀尖半径补偿取消方式 G40，在执行 G41 或 G42 指令时，数控车床开始建立刀尖半径补偿偏置方式。在补偿开始时，数控车床预读两个程序段，执行一个程序段时，下一程序段存入刀尖半径补偿缓冲存储器中。

(2)在刀尖半径补偿中，处理两个或两个以上无移动代码的程序段(如辅助功能指令，暂停指令等)时，刀尖中心会移到前一程序段的终点并垂直于前一程序段的程序路径的位置。

(3)在录入方式(MDI)下不能建立刀尖半径补偿。

(4)刀尖半径 R 值不能输入负值。

(5)刀尖半径补偿的建立与撤销只能用 G00 或 G01 指令，不能用圆弧指令(G02 或 G03)，否则会导致报警。

(6)按 RESET(复位)键或执行 M30 指令后，将取消刀尖半径补偿。

(7)在程序结束前必须执行 G40 指令取消偏置模式。否则，再次执行时刀具轨迹偏离一个刀尖半径值。

(8)在主程序和子程序中使用刀尖半径补偿，在调用子程序前(执行 M98 前)，数控车床必须处于补偿取消模式中，并在子程序中再次建立刀尖半径补偿。

(9)G71、G72、G73、G74、G75、G76 指令不执行刀尖半径补偿，执行时应暂时撤销补偿模式。

2.3.7 子程序编程

1. 子程序的定义

主程序是一个完整的零件加工程序，或是零件加工程序的主体部分。

在编程中，重复使用的程序段可定义为子程序，由主程序调用以执行特定任务。子程序不能独立执行，必须通过主程序调用后才能执行。

2. 子程序的嵌套

为了进一步简化加工程序，可以允许子程序再调用另一个子程序，这一功能称为子程序的嵌套，如图 2-31 所示。

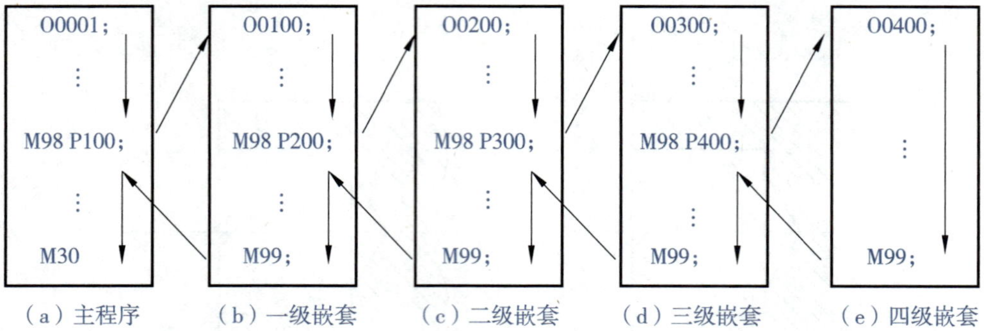

图 2-31　子程序嵌套

3. M98 子程序调用指令

指令格式：

```
M98 P○○○○ □□□□
```

注：(1)前四位为调用次数(1～9999)，调用 1 次时，可不输入。

(2)后四位为被调用的子程序号(0000～9999)。当调用次数未输入时，子程序号的前导 0 可省略；当输入调用次数时，子程序号必须为 4 位数。

(3)在自动方式下，执行 M98 指令时，当前程序段的其他指令执行完成后，数控系统调用执行由 P 代码指定的子程序，子程序最多可执行 9 999 次。M98 指令在 MDI 下运行无效。

例如，M98 P51002；　M98 P120；　M98 P12222；　M98 P2222。

4. M99 从子程序返回指令

指令格式：

```
M99 P○○○○
```

注：(1)四位数字为返回主程序时将被执行的程序段号(0000～9999)，前导 0 可以省略。

(2)子程序中当前程序段的其他指令执行完成后，返回主程序中由 P 代码指定的程序段继续执行，当未输入 P 代码时，返回主程序中调用当前子程序的 M98 指令的后一程序段继续执行。如果 M99 用于主程序结束(即当前程序不是由其他程序调用执行)，那么当前程序将反复执行。M99 指令在 MDI 下运行时无效。

1)编程案例

以多线螺纹为例，进行子程序调用编程，图纸及程序参考表 2-13，O66 为主程序，O77 为子程序。

2)编程练习

试运用子程序调用指令，对工件进行下料。此下料要求一次装夹、加工 4 个工件。

注：单个零件的长度不超过 20 mm。

表 2-13 子程序调用编程案例

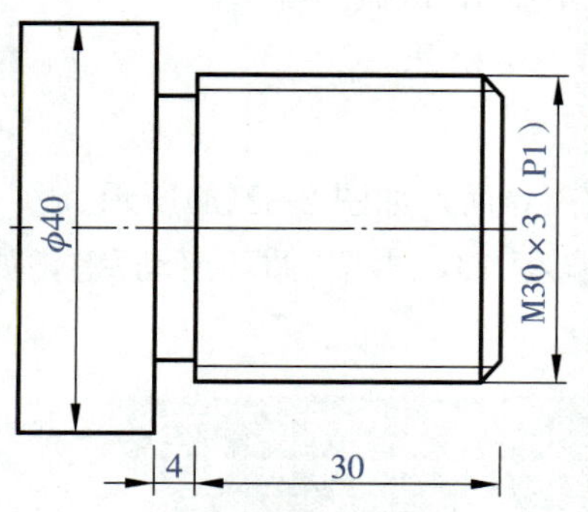	O66；//主程序 G99 M03 S400 T0101；//螺纹刀 G00 X40. Z5.；//定位 M98 P0077；//调用，加工第一头 G00 Z6.；//向前移动一个螺距 M98 P0077；//调用，加工第二头 G00 Z7.；//向前移动一个螺距 M98 P0077；//调用，加工第三头 G00 Z100.； M30；	O77；//子程序 G92 X29.4 Z−32. F3.； X29.1； X28.9； X28.8； X28.7； X28.7； M99； //子程序结束，返回主程序

*注意事项

(1)在编写子程序的过程中，最好采用增量坐标方式进行编程，以避免失误。

(2)在刀尖半径补偿模式中的程序，不能被分割指令。

2.4 数控车削仿真加工练习

项目目标

(1)掌握数控车削编程的基本知识和技能。

(2)熟悉数控车削加工的工艺流程和操作规范。

(3)提高对数控系统的操作和控制能力。

(4)培养严谨的工作态度和安全意识。

项目内容及任务

(1)学习数控车削编程语言和指令，掌握编程方法。

(2)进行数控车削仿真软件的安装和设置。

(3)通过仿真软件进行零件建模和编程。

(4)模拟数控车削加工过程，包括刀具选择、切削参数设置等。

(5)进行加工路径模拟和干涉检查。

(6)分析加工结果，优化编程和加工参数。

(7)学习数控车削加工中常见问题的解决方法。

2.4.1 GSK980TD 数控车床操作

1. 开机回零

开机回零时，先回 X 轴再回 Z 轴。回零之后按“手动”键，将刀架移动至数控车床中间。

手动返回参考点：

(1)按“回零”键，选择回零操作方式，这时显示屏右下角显示“机械回零”。

(2)按下手动轴向运动开关“＋X”“＋Z”，到达参考点后方可松开。

2. 主轴正转

(1)按“录入”＋“程序”键，按“翻页”键，找到“录入状态”界面，如图 2-32(a)所示。

(2)输入“M03”，按“输入”键，然后输入“S400”，按“输入”键，再按“循环启动”键，如图 2-32(b)所示。

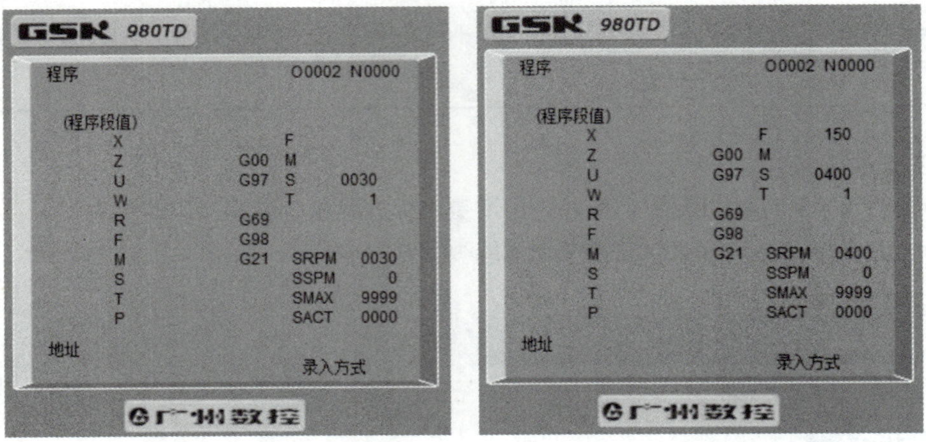

(a) 录入状态　　(b) MDI运行

图 2-32　主轴正转

3. 输入程序

(1)按“编辑”＋“程序”键，输入程序名“O159”，按 EOB 键。

(2)输入程序名“O159”，按“光标移动”键，调用程序。

4. 试切法对刀

(1)车削端面，平完端面、输入完刀具参数后才能移动坐标轴，如图 2-33(b)所示。按“刀补”键，找到相对应的刀补号，如图 2-33(a)所示，输入“Z0.”，按“输入”键。

(2)车削外圆，调整切削深度，沿 Z 轴切入，如图 2-33(c)所示，沿 Z 轴退出，注意在没有输入参数前不能移动 X 轴。再停止主轴转动，测量圆柱直径，输入“X39.86”(39.86为切外圆柱的直径)，按“输入”键。

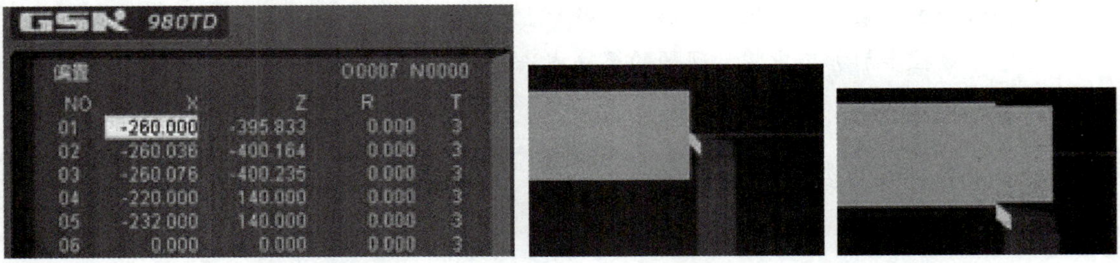

(a) 刀补界面　　(b) 平端面　　(c) 切外圆

图 2-33　对刀

2.4.2 凹轴 1 加工

以凹轴 1 的铝合金零件为例，进行零件的工艺分析与编程练习，如图 2-34 所示。

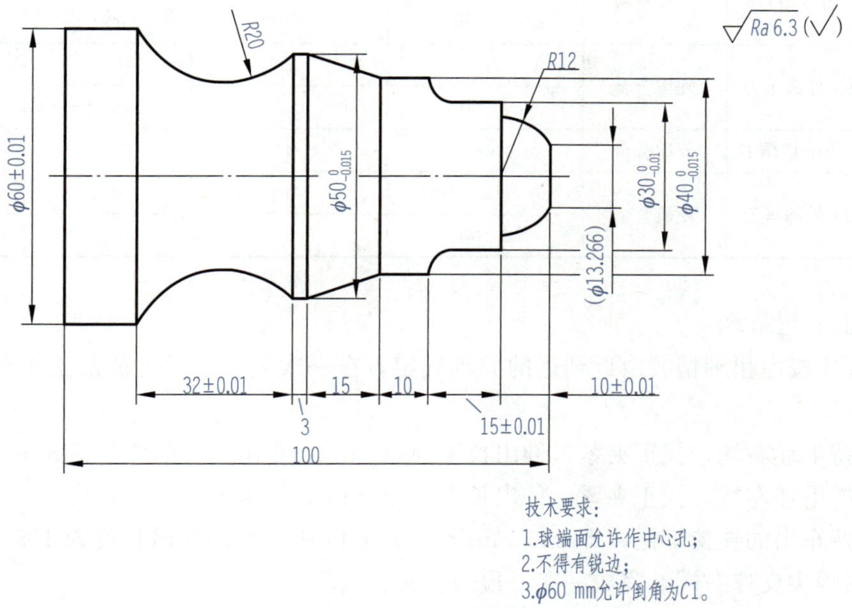

图 2-34 凹轴 1 零件图

1. 基点计算

在零件图上标出基点，并填写表 2-14。

表 2-14 基点计算

基点	1	2	3	4	5	6	7	8	9	10	11	12	13	14	15	16	17	18	19
X																			
Z																			

2. 零件图纸工艺分析

该零件加工表面由圆柱、圆锥、顺圆弧、逆圆弧等表面组成。其中，多个直径尺寸与轴向尺寸有较高的尺寸精度和表面粗糙度要求；尺寸标注完整，轮廓描述清楚；零件材料为铝，使用以冷却为主的切削液；无热处理和硬度要求，切削加工性能较好。

3. 装夹方案

以毛坯右端面与回转中心的交点作为坐标原点，建立工件坐标系。

为便于装夹，毛坯的左端预先车出夹持部分，右端面先车削好并钻好中心孔。装夹时以零件的轴线和左端大端面(设计基准)为定位基准。用自定心卡盘定心夹紧工件左端，工件右端采用活动顶尖作为辅助支撑(一夹一顶)。加工工件完成切断后，用铜皮包夹 ϕ60 mm 圆柱找正夹紧，加工至长度要求。

4. 刀具及切削用量的选择

对于数控车床，加工刀具首选机夹硬质合金刀具，加工中注意冷却。刀具选择及切削用量如表 2-15 所示。

表 2-15 刀具选择及切削用量

刀号	刀具型号	刀片材料	主轴转速 $n/(r\cdot min^{-1})$	切削深度 a_p/mm	进给量 $f/(mm\cdot r^{-1})$	备注
T0101	93°外圆车刀	硬质合金	600	2	0.3	粗车
			1 500	0.3	0.08	精车
T0202	4 mm 切槽刀	硬质合金	500	4	0.05	切断
T0303	35°外圆车刀	硬质合金	600	1	0.2	粗车凹弧
			1 500	0.4	0.08	精车凹弧

5. 加工工艺路线

加工顺序按由粗到精、由近到远的原则确定，在一次装夹中尽可能加工出较多的工件表面。

(1)夹持毛坯右端，找正夹紧，伸出长度为 40 mm，车出夹持部位 ϕ45 mm×20 mm。

(2)夹持毛坯左端，找正夹紧，伸出长度为 30 mm，平端面，钻中心孔。

(3)夹持车出的夹持部位，即 ϕ45 mm×20 mm 圆柱，毛坯伸出长度为 105 mm，找正夹紧，用活顶尖支撑右端，完成一夹一顶的装夹方式。

(4)用 93°外圆车刀，采用 G71 指令，粗车工件右端外轮廓(R20 凹弧避开不加工)，留 0.3 mm 精加工余量。

(5)用 93°外圆车刀，采用 G70 指令，精车工件右端外轮廓至尺寸要求。

(6)用 35°外圆车刀，采用 G73 指令，粗加工 R20 凹圆弧，留 0.4 mm 精加工余量。

(7)用 35°外圆车刀，采用 G70 指令，粗加工 R20 凹圆弧至尺寸要求。

(8)用 4 mm 切槽刀切断工件，工件长 100.5 mm。

(9)工件调头，用铜皮包夹 ϕ60 mm 圆柱面，找正夹紧，平端面至尺寸要求。

6. 编写程序

根据以上工艺分析，编写凹轴 1 加工程序，如表 2-16 所示。

表 2-16 凹轴 1 加工程序

右端	左端
O1；//93°外圆车刀车右端外轮廓	O2；//93°外圆车刀车左端外轮廓
G99 G40 M03 S600；	G99 G40 M03 S600；
T0101；	T0101；
M08；	M08；
G00 X66. Z3.；	G00 X62. Z−50.；
G71 U2. R1.；//粗车	G73 U11. W0. R11.；//仿形粗加工
G71 P1 Q2 U0.6 W0.1 F0.2；	G73 P5 Q6 U0.6 W0.1 F0.2；
N1 G42 G00 X13.27.；	N5 G42 G00 X50.；
G01 Z0.；	G01 Z−53.；
G03 X24. Z−10. R12.；	G02 X60. W−32. R20.；
G01 X29.；	G01 X60. W−0.3；

续表

右端	左端

X30. W−0.5;
Z−20.;
G02 X40. Z−25. R5.;
G01 W−10.;
X50. W−15.;
W−3.;
X60.;
Z−101.;
N2 X66.;
G70 P1 Q2 S1500 F0.08; //精车
G40 G00 X100. Z50.;
M05;
M09;
M00;
M03 S600 T0202; //4 mm 切槽刀切断加长刀具
M08;
G00 X66. Z3.;
G01 X60. Z−104.5. F0.5;
X5. F0.05;
G00 X100.;
Z50.;
M05;
M09;
M30;
	N6 G01X62.;
	G70 P5 Q6 S1500 F0.08; //仿形精加工
	G40 G00 X100. Z50.;
	M05;
	M09;
	M30;

2.5 FANUC-0iT 数控系统机床操作

项目目标

(1)深入理解 FANUC-0iT 数控系统的功能和特点。

(2)熟练掌握 FANUC-0iT 数控系统的操作界面和参数设置。

(3)能够进行 FANUC-0iT 数控系统加工程序的编制、编辑和调试。

(4)提高对机床的控制和操作能力。

(5)培养解决常见故障和问题的能力。

项目内容及任务

(1)学习 FANUC-0iT 数控系统的硬件结构和软件功能。

(2)掌握 FANUC-0iT 数控系统操作面板的使用方法,包括按键功能和指示灯的含义。

(3)学习 FANUC-0iT 数控系统参数的设置和调整,以满足不同的加工需求。

(4)进行 FANUC-0iT 数控系统加工程序的编写、输入和保存。

(5)掌握 FANUC-0iT 数控系统程序的编辑、修改和删除操作。

(6)进行 FANUC-0iT 数控系统工件坐标系的设定和对刀操作。

(7)掌握 FANUC-0iT 数控系统机床运动轴的控制方法，如进给速度、主轴转速等。

(8)通过实际操作练习，提高对 FANUC-0iT 数控系统的熟悉程度。

(9)培养创新思维，在编程和操作中寻求优化方案。

2.5.1 机床面板

本节以 FANUC-0iT 数控系统为例，讲解机床操作，该型号在企业中应用得非常广泛。FANUC-0iT 数控系统机床的加工界面如图 2-35 所示。

图 2-35 FANUC-0iT 数控系统机床的加工界面

1. MDI 面板

FANUC-0iT 数控系统机床的 MDI 面板如图 2-36 所示。

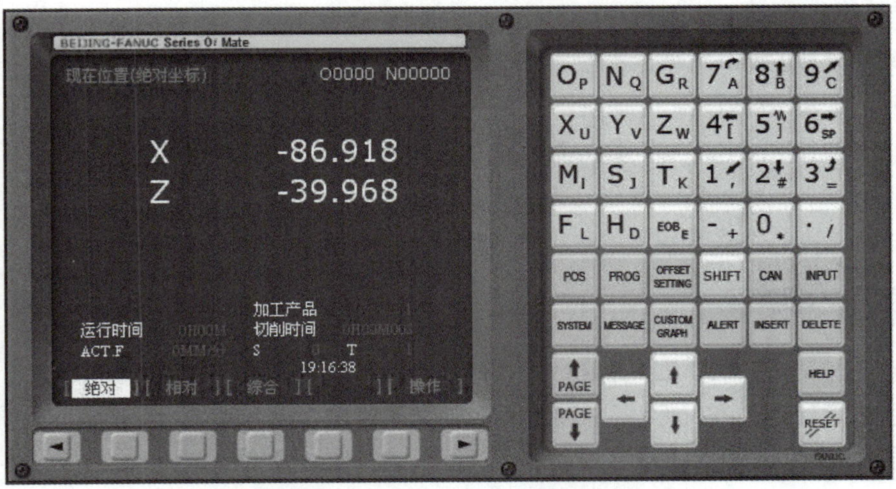

图 2-36 FANUC-0iT 数控系统机床的 MDI 面板

1)编辑键

ALERT 键：替换键，用输入的数据替代光标所在的数据。

CAN 键：消除输入域内的数据。

DELETE 键：删除光标所在位置的数据。可以删除一个数控程序，也可以删除全部数控程序。

INPUT 键：输入系统参数。

INSERT 键：把输入域之中的数据插入当前光标之后的位置。

2)页面切换键

POS 键：按此键，显示屏显示刀具当前位置，共有 4 页，即“相对坐标”“绝对坐标”“综合坐标”“坐标/程序”，按 PAGE↑/↓键切换。

PROG 键：程序的显示、编辑等，共有 3 页，即“程序”“MDI”“程序目录”，按 PAGE↑/↓键切换。

OFFSET SETTING 键：按第一次进入坐标系设置界面，按第二次进入刀具补偿参数界面。进入不同的界面以后，按 PAGE↑/↓键切换。

3)翻页按钮

按 PAGE↑/↓键切换显示屏界面。

4)光标移动

按上、下、左、右键移动光标。

5)RESET 键

按 RESET 键后，解除报警使数控系统复位。按 LCD/MDI 界面的复位键，使自动运转结束，变成复位状态。在运动中如果进行复位，则机械减速后停止。

2. 操作面板

不同生产厂家的机床操作面板差别较大，本节以 FANUC-0iT 数控系统机床的操作面板为例讲解，如图 2-37 所示。

图 2-37 FANUC-0iT 数控系统机床的操作面板

操作面板中各功能键的名称及作用如下。

在第一行中，各键功能如下：自动键——进入自动加工模式；编辑键——输入数控程序、编辑程序、调用程序；MDI——手动进行数据输入，输入简短程序，按“运行”键后程序清空；DNC——文件传输；回参考点——建立机床坐标系；手动进给方式；手动脉冲方式；手轮进给方式；冷却液开启；换刀方式。在第二行中，各键功能如下：单步；程序段跳过；可选择暂停；手动示教；手动进给倍率 1；手动进给倍率 10；手动进给倍率 100；手动进给倍率 1 000；手轮进给 *X* 轴；手动进给 *Z* 轴；红色急停——I/O 程序保护开关。在第三行中，各键功能如下：程序重启动；机床锁住；空运行；手动进给第 4 轴；手动进给第 5 轴；手动进给第 6 轴；正方向进给；快速进给；负方向进给；循环停止；循环启动；M00 程序停止；主轴正转；主轴停止；主轴反转；进给倍率；主轴倍率。

2.5.2 手动操作机床

1. 手动返回机床零点

(1)按“回参考点”键，选择返回参考点操作方式。

(2)按手动轴向运动开关，返回参考点。

(3)返回参考点后，坐标变为“X220.000 Z1000.000”，不同厂家的返回参考点数值不同。

注：(1)仿真时单击坐标键，系统就可以自动回零，而实际操作机床则需要一直按着坐标键，直至坐标变为 X220.000 Z1000.000。

(2)零点方向，主要参照机床厂家的说明书。GSK980TD 数控系统的零点在 *XZ* 正方向的极限位置，FANUC 数控系统的零点在卡盘末端和主轴回转中心交点处。

2. 手动连续进给

(1)按“手动”键，选择手动操作方式。

(2)选择移动轴“X”/“Z”，选择方向“＋”/“－”，机床沿着选择轴方向移动。

注：手动方式为连续进给，速度由“进给倍率”控制，如果需要高速移动点，可由“快速倍率”控制速度。

3. 手轮进给

转动手轮，可以使机床微量进给。

(1)按“手轮”键，选择手轮操作方式。

(2)在手轮方式下，按相应的键“X”/“Z”，选择手轮运动轴。

(3)按“增量”键，选择移动增量“0.1”/“0.01”/“0.001”，设置移动量。

(4)旋转手轮，刀架移动。手轮顺时针旋转时，刀架向正方向移动；手轮逆时针旋转时，刀架向负方向移动。

4. MDI 方式主轴正传

(1)选择 MDI 方式。

(2)按“程序”键。

(3)按“翻页”键后，在左上方显示有“程序(MDI)”的画面，如图 2-38 所示。

(4)输入“M03S500;”时发现输入错误，可以按 CAN 键，然后再次输入正确的数值。

(5)按“INSERT”键，将光标移动至程序开头。

(6)按“循环启动”键，主轴开始正转，转速为 500 r/min。

5. 运行程序

(1)按“编辑”键，选择编辑方式。

(2)按“程序”键。

(3)把程序存入存储器中并检查程序无误后，将光标移至程序开头。

(4)按“自动”键，选择自动方式。

(5)按“循环启动”键，程序运行界面如图 2-39 所示。

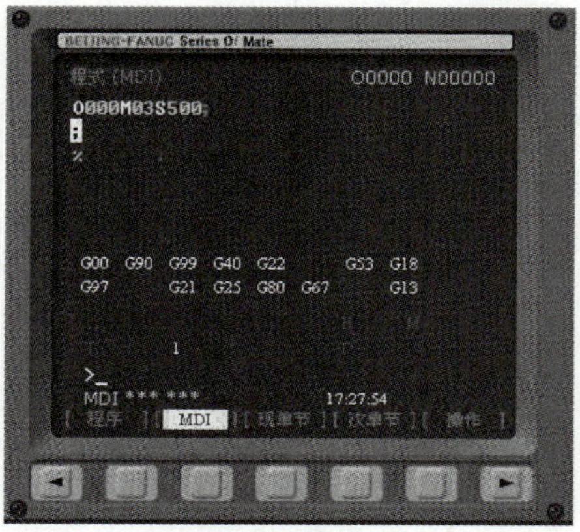

图 2-38 MDI 界面

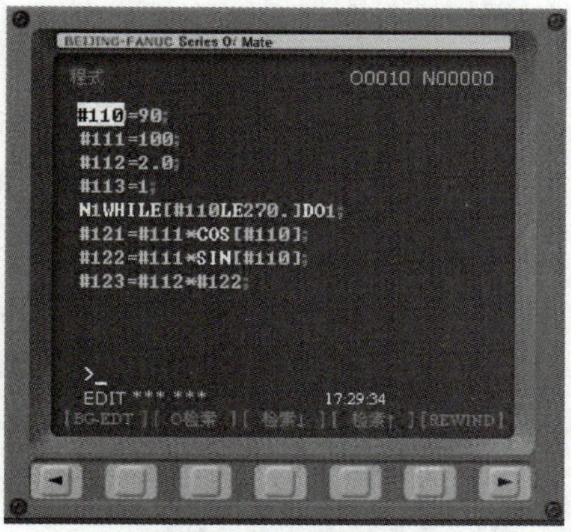

图 2-39 程序运行界面

6. 仿真导入程序

(1)在计算机的“我的文档”或“桌面”创建文本文档。

(2)在文本文档内输入程序，如图 2-40 所示。

(3)在仿真界面选择编辑方式。

(4)按“程序”键。

(5)单击按钮，找到文档的存放位置，打开文件，并将程序导入仿真系统中，如图 2-41 所示。

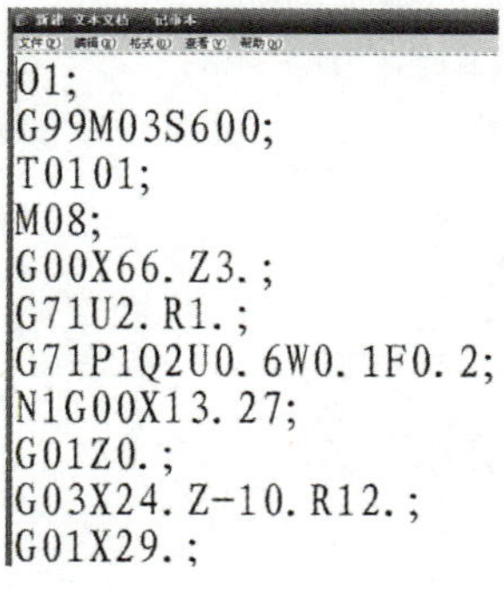

图 2-40 输入程序

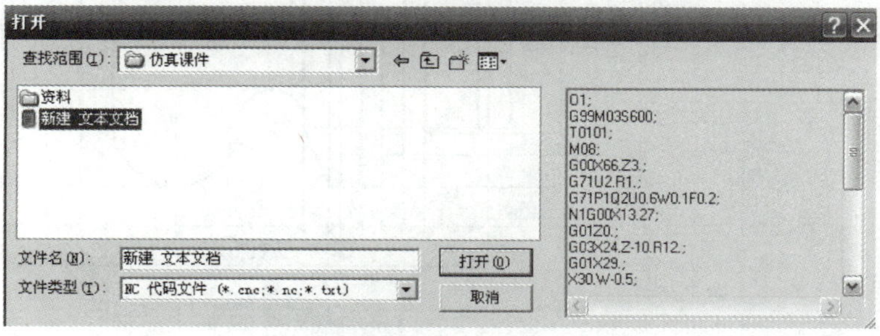

图 2-41 导入程序

2.5.3 程序的编辑

1. 输入新程序

(1)按“编辑”键，选择编辑方式。

(2)按“程序”键，进入程序内容界面。

(3)输入程序名，按“EOB”键，将程序名输入系统内。

(4)输入程序内容至结束。

注：输入程序时灵活运用“删除”键、“取消”键、“插入/修改”键。

2. 调用已有的程序

(1)按“编辑”键，选择编辑方式。

(2)按“程序”键，进入程序内容界面。

(3)输入程序名，按向下箭头键移动光标来选择程序。

3. 删除一个数控程序

(1)按“编辑”键，选择编辑方式。

(2)按“程序”键，进入程序内容界面。

(3)输入程序名，按“删除”键。

4. 删除全部程序

(1)按“编辑”键，选择编辑方式。

(2)按“程序”键，进入程序内容界面。

(3)输入 0～9999，选择要删除的程序，按“删除”键。

2.5.4 编程与加工

图 2-42 所示为凹轴零件图，毛坯是直径 65 mm 的铝棒，进行工艺分析并编写程序，利用 FANUC 数控系统机床进行加工。

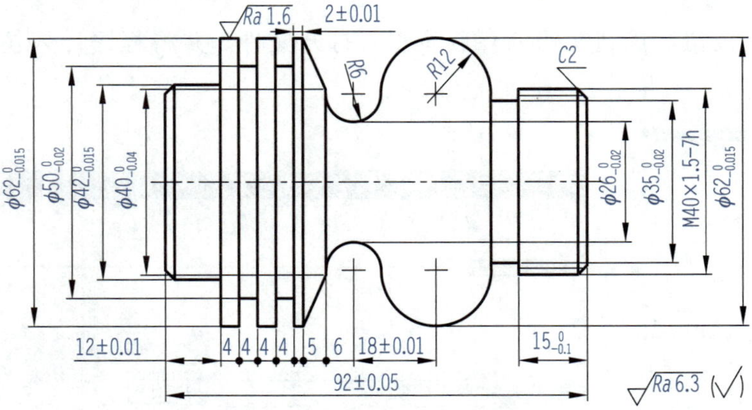

技术要求

1.未注倒角C0.5；

2.两端允许钻中心孔；

3.相对于ϕ42，所有外圆的同轴度<0.03；

4.去毛刺锐边。

图 2-42 凹轴零件图

1. 基点计算

在图纸上标出基点坐标，并在表 2-17 中填写数值。

表 2-17 基点坐标

基点	1	2	3	4	5	6	7	8	9	10	11	12	13	14	15
X															
Z															

数值计算：螺纹大径$=D-0.1P=(40-0.1\times1.5)mm=39.85$ mm；

螺纹小径$=D-2\times0.6495\times P=(40-2\times0.6495\times1.5)mm=38.05$ mm。

2. 零件图纸分析

该零件加工表面由圆柱、圆锥、顺圆弧、逆圆弧、槽、螺纹等表面组成。其中，多个直径尺寸与轴向尺寸有较高的尺寸精度和表面粗糙度要求；尺寸标注完整，轮廓描述清楚；零件的材料为铝棒，使用以冷却为主的切削液；无热处理和硬度要求，切削加工性能较好。

3. 装夹方案

以毛坯右端面与回转中心的交点作为坐标原点，毛坯建立工件坐标系。

为便于装夹，毛坯的左端预先车出夹持部分，毛坯右端面先车好并钻好中心孔。装夹时以零件的轴线和左端大端面(设计基准)为定位基准。用自定心卡盘夹紧左端，右端采用活动顶尖作为辅助支撑(一夹一顶)。加工工件右端至 $\phi62$ mm 圆柱，切断，用铜皮包夹 $\phi62$ mm 圆柱，找正夹紧，加工 $\phi42$ mm 圆柱面，并加工至长度要求。

4. 刀具及切削用量选择

选择机夹硬质合金刀具，加工中注意冷却。刀具选择及切削用量如表 2-18 所示。

表 2-18 刀具选择及切削用量

刀号	刀具型号	刀片材料	主轴转速 $n/(\mathrm{r\cdot min^{-1}})$	切削深度 a_p/mm	进给量 $f/(\mathrm{mm\cdot r^{-1}})$	备注
T0101	93°外圆车刀	硬质合金	600	2	0.3	粗车
			1 500	0.3	0.08	精车
T0202	4 mm 切槽刀	硬质合金	500	4	0.05	切槽切断
T0303	60°外螺纹车刀	硬质合金	500	—	1.5	车螺纹
T0404	R2 球刀	硬质合金	600	1	0.2	粗车
			1 500	0.4	0.08	精车

5. 加工工艺路线

(1)加工顺序按由粗到精、由近到远的原则确定，在一次装夹中尽可能加工出较多的工件表面。

(2)夹持毛坯右端，找正夹紧，伸出长度为 40 mm，车出夹持部位 $\phi45$ mm$\times$30 mm。

(3)夹持毛坯左端，找正夹紧，伸出长度为 30 mm，平端面，钻中心孔。

(4)夹持车出的 $\phi45$ mm$\times$30 mm 圆柱，毛坯伸出长度为 98 mm，找正夹紧，用活顶尖支撑右端，完成一夹一顶的装夹方式。

(5)用 93°外圆车刀，采用 G71 指令粗车工件右端、螺纹圆柱面、ϕ62 mm 圆柱面，留 0.3 mm 精加工余量。

(6)用 93°外圆车刀，采用 G70 指令精车工件右端、螺纹圆柱面、ϕ62 mm 圆柱面至尺寸要求。

(7)用 4 mm 切槽刀，车螺纹退刀槽及 ϕ62 mm 圆柱面上 4 mm 的槽并倒角，至尺寸要求。

(8)用 60°外螺纹车刀，车 M40×1.5 外螺纹至尺寸要求。

(9)用 R2 球刀，采用 G73 指令粗加工 $R6$、$R12$ 圆弧面与圆锥面，留 0.4 mm 精加工余量。

(10)用 R2 球刀，采用 G70 指令精加工 $R6$、$R12$ 圆弧面与圆锥面，至尺寸要求。

(11)用 4 mm 切槽刀切断工件，工件长 92.5 mm。

(12)工件调头，用铜皮包夹 ϕ62 mm 圆柱面，找正夹紧，平端面至尺寸要求。

(13)用 93°外圆车刀，采用 G71 指令粗车工件左端、ϕ42 mm 圆柱面，留 0.3 mm 精加工余量。

(14)用 93°外圆车刀，采用 G70 指令精车工件左端、ϕ42 mm 圆柱面，至尺寸要求。

6. 编写程序

根据以上工艺分析，编写凹轴加工程序，如表 2-19 所示。

表 2-19 凹轴加工程序

//右端	X62.;
O1; //93°外圆车刀车右端外轮廓	X61. W−0.5;
G99 G40 M03 S600;	X65.;
T0101;	G01 W−0.5 F0.2;
M08;	X62.;
G00 X66. Z3.;	X61. W0.5;
G71 U2. R1.;	X65.;
G71 P1 Q2 U0.6 W0.1 F0.2;	G00 X100. Z50.;
N1 G42 G00 X36.;	M05;
G01 Z0.;	M09;
X39.85 Z−2.;	M00;
Z−21.;	M03 S500 T0303; //60°外螺纹车刀车螺纹
X62.;	M08;
Z−93.;	G00 X45. Z3.;
N2 G01 X66.;	G92 X39.3 Z−16. F1.5;
G70 P1 Q2 S1500 F0.08;	X38.9;
G40 G00 X100. Z50.;	X38.5;
M05;	X38.3;
M09;	X38.2;
M00;	X38.1;
M03 S600 T0202; //4 mm 切槽刀车槽	X38.05;
M08;	X38.05;

续表

G00 X66. Z3.； G01 X60. Z−21. F0.5； G01 X35. F0.05； G04 X5.； G00 X42.； W2.； G01 X35. F0.05； G04 X5.； G00 X65.； Z−68.； G75 R1.； G75 X50. Z−76. P3000 Q8000 F0.05； G01 W0.5 F0.2； X62.； X61. W−0.5； X65.； G01 W−0.5 F0.2； X62.； X61. W0.5； X65.； Z−76. G01 W0.5 F0.2； M08； G00 X66. Z3.； G00 Z−96.5； G01 X5. F0.05； G00 X100.； Z50.； M09； M05； M30；	G00 X100. Z50.； M05； M09； M00； M03 S600 T0404；//R2 球刀车圆弧 M08； G00 X66. Z−10.； G73 U20. W0. R20.； G73 P3 Q4 U0.8 W0.1 F0.2； N3 G42 G00 X38.； Z−21.； G03 X38. W−24. R12.； G02 X38. W−12. R6.； G01 X40.； X62. W−5.； N4 G01 X66.； G70 P3 Q4 S1500 F0.08； G40 G00 X100. Z50.； M09； M05； M00； M03 S600 T0202； //左端 O2；//93°外圆车刀车右端外轮廓 G99 G40 M03 S600； T0101； M08； G00 X66. Z3.； G71 U2. R1.； G71 P5 Q6 U0.6 W0.1 F0.2； N5 G42 G00 X38.； G01 Z0.； X42. Z−2.； Z−12.； X61.； X62. W−0.5； N6 G01 X66.； G70 P5 Q6 S1500 F0.08； G40 G00 X100. Z50.； M05； M09； M30；

2.6 综合练习

项目目标

(1)熟练掌握数控车床的操作技能。
(2)提高加工精度和质量。
(3)能够根据工件要求制订合理的加工方案。
(4)培养解决实际加工中的问题的能力。
(5)增强对数控加工工艺的理解。
(6)培养责任感和敬业精神，认真对待每一个练习任务。

项目内容及任务

(1)工件的设计与分析，包括尺寸、形状、精度要求等。
(2)数控编程，根据工件要求编写加工程序。
(3)设置加工参数，如进给速度、主轴转速等。
(4)数控车床的操作，包括开机、对刀、加工等。
(5)加工过程中的监控与调整。
(6)工件的检测与质量控制。
(7)加工误差分析与改进。
(8)安全操作与设备维护。
(9)通过练习，体会工匠精神的内涵，追求卓越。

2.6.1 综合练习案例

以考试题 10 为例，进行工艺分析及程序编写，利用机床进行加工，图纸如图 2-43 所示。

1. 基点计算

在图纸上标出基点坐标，并在表 2-20 中填写数值。

表 2-20 基点计算

基点	1	2	3	4	5	6	7	8	9	10	11	12	13	14	15	16	17	18	19
X																			
Z																			

数值计算：螺纹大径$=D-0.1P$；
螺纹小径$=D-1.3P$。

2. 零件图纸分析

该零件加工表面由圆柱、圆锥、顺圆弧、逆圆弧、螺纹、退刀槽等表面组成。其中，多个直径尺寸与轴向尺寸有较高的尺寸精度和表面粗糙度要求；尺寸标注完整，轮廓描述清楚；零件的材料为铝，使用以冷却为主的切削液；无热处理和硬度要求，切削加工性能较好。

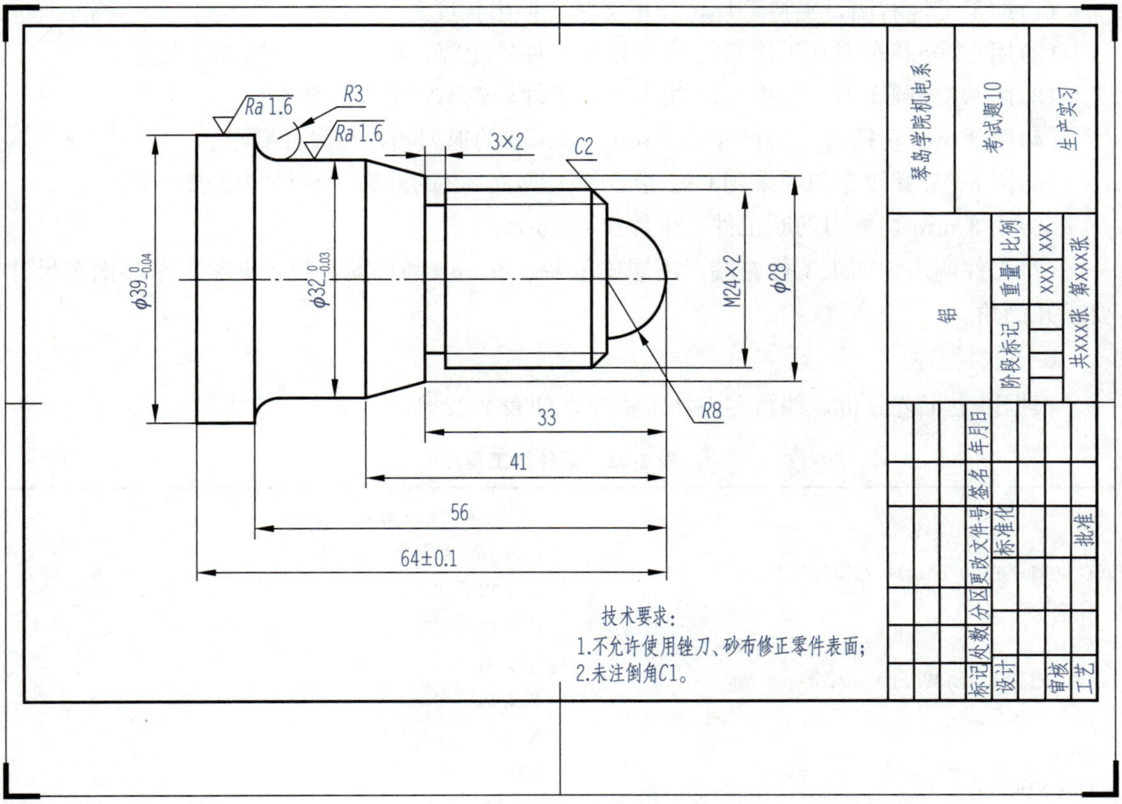

图 2-43　考试题 10 图纸

3. 装夹方案

以毛坯右端面与回转中心的交点作为坐标原点，建立工件坐标系。

毛坯尺寸为 ϕ40 mm×100 mm，采用自定心卡盘装夹，毛坯伸出长度为 80 mm，找正夹紧。

4. 刀具及切削用量选择

选择机夹硬质合金刀具，加工中注意冷却，刀具选择及切削用量如表 2-21 所示。

表 2-21　刀具选择及切削用量

刀号	刀具型号	刀片材料	主轴转速 $n/(\mathrm{r\cdot min^{-1}})$	切削深度 a_p/mm	进给量 $f/(\mathrm{mm\cdot r^{-1}})$	备注
T0101	93°外圆车刀	硬质合金	500	2	0.2	粗车
			800	0.3	0.1	精车
T0202	3 mm 切槽刀	硬质合金	400	3	0.05	切槽、切断
T0303	60°外螺纹刀	硬质合金	400	0.649 5×P	P=1.5	车螺纹

5. 加工工艺路线

加工顺序按由粗到精、由近到远的原则确定，在一次装夹中尽可能加工出较多的工件表面。

(1)加工工件右端，夹持毛坯，找正夹紧，伸出长度为 80 mm。

(2)用 93°外圆车刀，采用 G71 指令粗车工件外轮廓，留 0.3 mm 精加工余量。

(3)用 93°外圆车刀，采用 G70 指令精车工件外轮廓，至尺寸要求。

(4)用 3 mm 切槽刀，切尺寸为 3 mm×2 mm 的退刀槽，至尺寸要求。

(5)用 60°外螺纹车刀，采用 G92 指令加工 M24×2 的外螺纹至尺寸要求。

(6)用 3 mm 切槽刀切断工件，工件长 64.5 mm。

(7)工件调头，加工工件左端，用铜皮包夹 ϕ39 mm 圆柱面，找正夹紧，平端面至尺寸要求并倒角。

6. 编写程序

根据以上工艺分析，编写零件加工程序，如表 2-22 所示。

表 2-22 零件加工程序

O123； G99 M03 S500 T0101；//切外轮廓 G00 X42. Z3.； G71 U2. R1.； G71 P1 Q2 U1. W0.1 F0.2； N1 G01X0.； Z0.； G03 X16. Z−8. R8.； G01 X20.； X24. Z−10.； Z−33.； X28.； X32. Z−41.； Z−53； G02 X38. Z−56 R3.； G01 X39.； Z−65.； N2 G01 X42.； G70 P1 Q2 S1500 F0.1； G00 X100. Z100.； M00；//第二遍精加工 G99 M03 S500 T0101； G00 X42. Z3.； G70 P1 Q2 S1500 F0.1； G00 X100. Z100.； M05； M00；//切退刀槽	M00；//粗加工螺纹 G99 M03 S400 T0303； G00 X35. Z−5.； G92 X23.3 Z−31. F2； X22.8； X22.5； X22.2； X21.9； X21.6； X21.5； X21.5； G00 X100. Z100.； M05； M00；//清理毛刺 G99 M03 S500 T0101； G00 X42. Z3.； G00 X23.8 G01 Z−31. F0.1 G00 X100. Z100.； M05； M00； //精加工螺纹，循环起点和转速必须与粗加工一样 G99 M03 S400 T0303； G00 X30. Z−5.； G92 X21.5 Z−31. F2； X21.4； X21.4； G00 X100. Z100.；

续表

G99 M03 S400 T0202；	M05；
G00 X42. Z3.；	M00；//切断并倒角
Z－36.；	G99 M03 S400 T0202；
G01 X23. F0.05；	G00 X42. Z3.；
G00 X100.；	Z－68.；
Z100.；	G01 X30. F0.05；
M05；	X45.；
	W1.5；
	X39.；
	U－3. W－1.5；
	X3.；
	G00 X100.；
	Z100.；
	M30；

2.6.2 1＋X数控车铣加工职业技能等级证书实操(初级)

1. 考核试卷

数控车初级试题，试题要求如表2-23所示。

表2-23 初级试题

序号	零件名称	材料	规格	数量	备注
1	传动轴2	45钢	ϕ50 mm×78 mm	1	圆棒

注：每一名考生在每次考试过程中只允许使用一个毛坯。

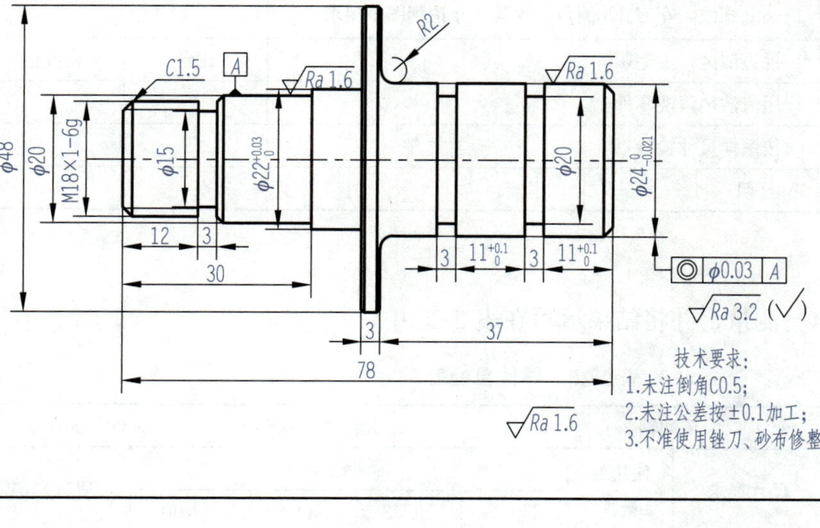

2. 考核内容

采用考试现场操作的方式，以批量加工的试切件为考核项目，完成以下考核任务。

(1)职业素养与操作安全。(10 分)

①规范操作设备。

②正确使用工具、量具。

③考核工位达到 6S 管理要求。

④现场安全与文明生产。

(2)执行工艺文件进行零件加工。(6 分)

①按照机械加工工艺过程卡进行加工。

②正确使用刀具，合理装夹，完成零件加工。

(3)完成零件编程及加工。(84 分)

①按照任务书要求，完成零件的加工。(79 分)

②根据自检表完成零件的部分尺寸自检。(5 分)

3. 机械加工工艺过程卡

分析零件加工工艺，填写机械加工工艺过程卡，如表 2-24 所示。

表 2-24 机械加工工艺过程卡

<table>
<tr><td rowspan="2">零件名称</td><td colspan="3" rowspan="2">传动轴 2</td><td rowspan="2">机械加工工艺过程卡</td><td>毛坯种类</td><td>棒料</td><td>共 1 页</td></tr>
<tr><td>材料</td><td>45 钢</td><td>第 1 页</td></tr>
<tr><td>工序号</td><td>工序名称</td><td colspan="4">工序内容</td><td>设 备</td><td>工艺装备</td></tr>
<tr><td>10</td><td>备料</td><td colspan="4">备料尺寸为 $\phi50$ mm×80 mm，材料为 45 钢</td><td></td><td></td></tr>
<tr><td>20</td><td>车右端面</td><td colspan="4">车右端面，粗、精车右端 $\phi48$ mm、$\phi24_{-0.021}^{0}$ mm、3 mm×$\phi20$ mm 槽及 $R2$ 圆角，使其尺寸达到图纸要求</td><td>CAK3665</td><td>自定心卡盘</td></tr>
<tr><td rowspan="2">30</td><td rowspan="2">车左端面</td><td colspan="4">调头装夹，校准圆跳动小于 0.02 mm</td><td>CAK3665</td><td>自定心卡盘</td></tr>
<tr><td colspan="4">车左端面，保证总长为 78 mm，粗、精车左端 $\phi22_{0}^{+0.03}$ mm 外圆、$\phi15$ mm 槽与 $\phi20$ mm 外圆，M18×1−6 g 螺纹，车 $C1.5$ 倒角，使其尺寸达到图纸要求</td><td>CAK3665</td><td>自定心卡盘</td></tr>
<tr><td>40</td><td>钳工</td><td colspan="4">锐边倒钝，去毛刺</td><td>钳台</td><td>台虎钳</td></tr>
<tr><td>50</td><td>清洗</td><td colspan="4">用清洁剂清洗零件</td><td></td><td></td></tr>
<tr><td>60</td><td>检验</td><td colspan="4">按图样尺寸检验</td><td></td><td></td></tr>
<tr><td>编制</td><td></td><td>日期</td><td></td><td>审核</td><td></td><td>日期</td><td></td></tr>
</table>

4. 零件自检表

考生根据加工件自行测量，并将结果填写在表 2-25 中。

表 2-25 零件自检表

<table>
<tr><td>零件名称</td><td colspan="5">传动轴 2</td><td colspan="2">允许读数误差</td><td>±0.007 mm</td></tr>
<tr><td rowspan="2">序号</td><td rowspan="2">项目</td><td rowspan="2">尺寸要求</td><td rowspan="2">使用的量具</td><td colspan="4">测量结果</td><td rowspan="2">项目判定</td></tr>
<tr><td>NO.1</td><td>NO.2</td><td>NO.3</td><td>平均值</td></tr>
<tr><td>1</td><td>外径</td><td>$\phi24_{-0.021}^{0}$ mm</td><td></td><td></td><td></td><td></td><td></td><td>合格/不合格</td></tr>
<tr><td>2</td><td>外径</td><td>$\phi22_{0}^{+0.03}$ mm</td><td></td><td></td><td></td><td></td><td></td><td>合格/不合格</td></tr>
</table>

续表

3	长度	78 mm					合格/不合格
结论(对上述三个测量尺寸进行评价)			合格品		次品	废品	
处理意见							

2.6.3 1+X数控车铣加工职业技能等级证书实操(中级)

1. 考核试卷

数控车中级试题，试题要求如表2-26所示。

表2-26 中级试题

序号	零件名称	材料	规格	数量	备注
1	传动轴	45钢	ϕ55 mm×65 mm	1	毛坯

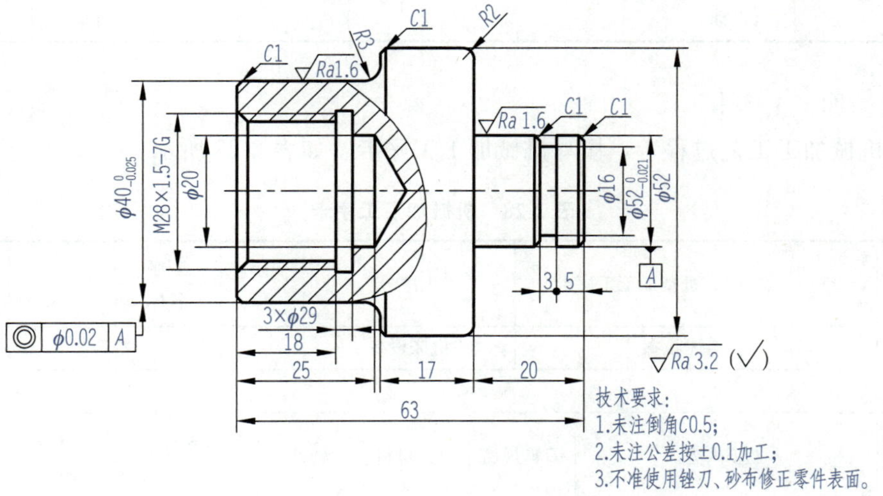

2. 考核内容

采用考试现场操作的方式，以批量加工的试切件为考核项目，完成以下考核任务。

(1)职业素养。(8分)

(2)根据机械加工工艺过程卡，完成指定零件的机械加工工序卡(附件一)、数控加工刀具卡(附件二)、数控加工程序单(附件三)。(12分)

(3)零件编程及加工。(80分)

①按照任务书要求，完成零件的加工。(70分)

②根据自检表，完成零件的部分尺寸自检。(5分)

③按照任务书完成零件的装配。(5 分)

3. 机械加工工艺过程卡

分析零件加工工艺，填写机械加工工艺过程卡，如表 2-27 所示。

表 2-27 机械加工工艺过程卡

<table>
<tr><td rowspan="2">零件名称</td><td colspan="2" rowspan="2">传动轴</td><td colspan="3" rowspan="2">机械加工工艺过程卡</td><td>毛坯种类</td><td>棒料</td><td>共 1 页</td></tr>
<tr><td>材料</td><td>45 钢</td><td>第 1 页</td></tr>
<tr><td>工序号</td><td>工序名称</td><td colspan="5">工序内容</td><td>设备</td><td>工艺装备</td></tr>
<tr><td>10</td><td>备料</td><td colspan="5">备料尺寸为 $\phi55$ mm×65 mm，材料为 45 钢</td><td></td><td></td></tr>
<tr><td>20</td><td>数控车</td><td colspan="5">车左端面，粗、精车左端 $\phi40_{-0.025}^{0}$ mm 外圆、$R3$ 圆角，钻 $\phi20$ mm 底孔，车 3 mm×$\phi29$ mm 退刀槽，车 M28 内螺纹至图纸要求及倒角</td><td>CAK3665</td><td>自定心卡盘</td></tr>
<tr><td>30</td><td>数控车</td><td colspan="5">车右端面，保证总长 63 mm，粗、精车右端 $\phi20_{-0.021}^{0}$ mm、$\phi52$ mm 外圆、$R2$ 圆角，车 3×$\phi16$ mm 槽至图纸要求及倒角</td><td>CAK3665</td><td>自定心卡盘</td></tr>
<tr><td>40</td><td>钳工</td><td colspan="5">锐边倒钝，去毛刺</td><td>钳台</td><td>台虎钳</td></tr>
<tr><td>50</td><td>清洗</td><td colspan="5">用清洁剂清洗零件</td><td></td><td></td></tr>
<tr><td>60</td><td>检验</td><td colspan="5">按图样尺寸检验</td><td></td><td></td></tr>
<tr><td>编制</td><td></td><td>日期</td><td></td><td>审核</td><td></td><td>日期</td><td colspan="2"></td></tr>
</table>

4. 机械加工工序卡

根据机械加工工艺过程卡，填写机械加工工序卡，如表 2-28 所示。

表 2-28 机械加工工序卡

<table>
<tr><td rowspan="2">零件名称</td><td rowspan="2"></td><td colspan="2" rowspan="2">机械加工工序卡</td><td colspan="2" rowspan="2">工序号</td><td rowspan="2"></td><td rowspan="2">工序名称</td><td rowspan="2"></td><td>共 页</td></tr>
<tr><td>第 页</td></tr>
<tr><td>材料</td><td></td><td>毛坯状态</td><td></td><td colspan="2">机床设备</td><td></td><td colspan="2">夹具</td><td></td></tr>
<tr><td colspan="10"></td></tr>
<tr><td>工步号</td><td colspan="2">工步内容</td><td>刀具规格</td><td>刀具材料</td><td>量具</td><td>切削深度/mm</td><td colspan="2">进给量/(m·min^{-1})</td><td>主轴转速/(r·min^{-1})</td></tr>
<tr><td></td><td colspan="2"></td><td></td><td></td><td></td><td></td><td colspan="2"></td><td></td></tr>
<tr><td></td><td colspan="2"></td><td></td><td></td><td></td><td></td><td colspan="2"></td><td></td></tr>
<tr><td></td><td colspan="2"></td><td></td><td></td><td></td><td></td><td colspan="2"></td><td></td></tr>
<tr><td></td><td colspan="2"></td><td></td><td></td><td></td><td></td><td colspan="2"></td><td></td></tr>
<tr><td></td><td colspan="2"></td><td></td><td></td><td></td><td></td><td colspan="2"></td><td></td></tr>
<tr><td></td><td colspan="2"></td><td></td><td></td><td></td><td></td><td colspan="2"></td><td></td></tr>
<tr><td>编制</td><td></td><td>日期</td><td></td><td>审核</td><td colspan="2"></td><td>日期</td><td colspan="2"></td></tr>
</table>

5. 零件自检表

考生根据加工件自行测量，并将结果填写在表 2-29 中。

表 2-29　零件自检表

零件名称	传动轴				允许读数误差	±0.007 mm			考评师评价（填写 T/F）
序号	项目	尺寸要求	使用的量具	测量结果				项目判定	
				NO. 1	NO. 2	NO. 3	平均值		
1	外径	$\phi20_{-0.021}^{\ 0}$ mm							合格/不合格
2	外径	$\phi40_{-0.025}^{\ 0}$ mm							合格/不合格
3	长度	63±0.1 mm							合格/不合格
结论（对上述三次测量的尺寸进行评价）			合格品		次品		废品		
处理意见									

2.6.4　中级练习题

运用 G00、G01、G02、G03、G70、G71 等指令，进行练习题 1～10 的编程练习，如图 2-44～图 2-53 所示。

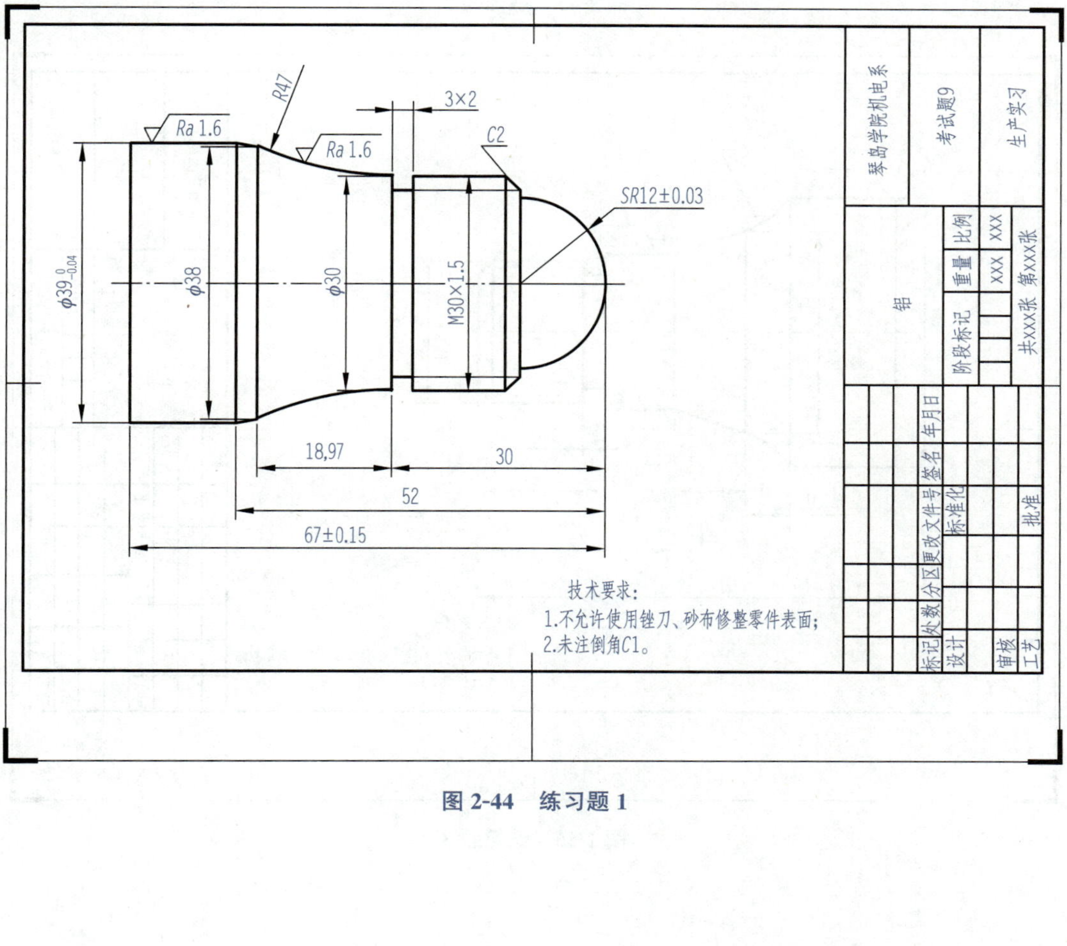

图 2-44　练习题 1

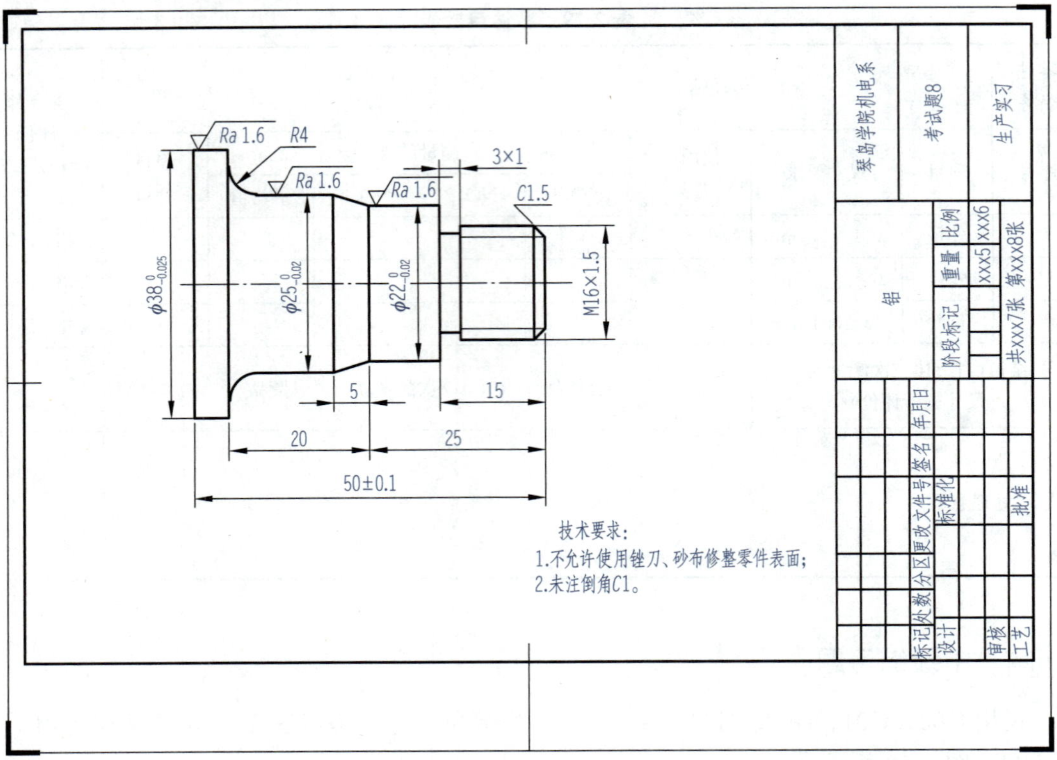

图 2-45 练习题 2

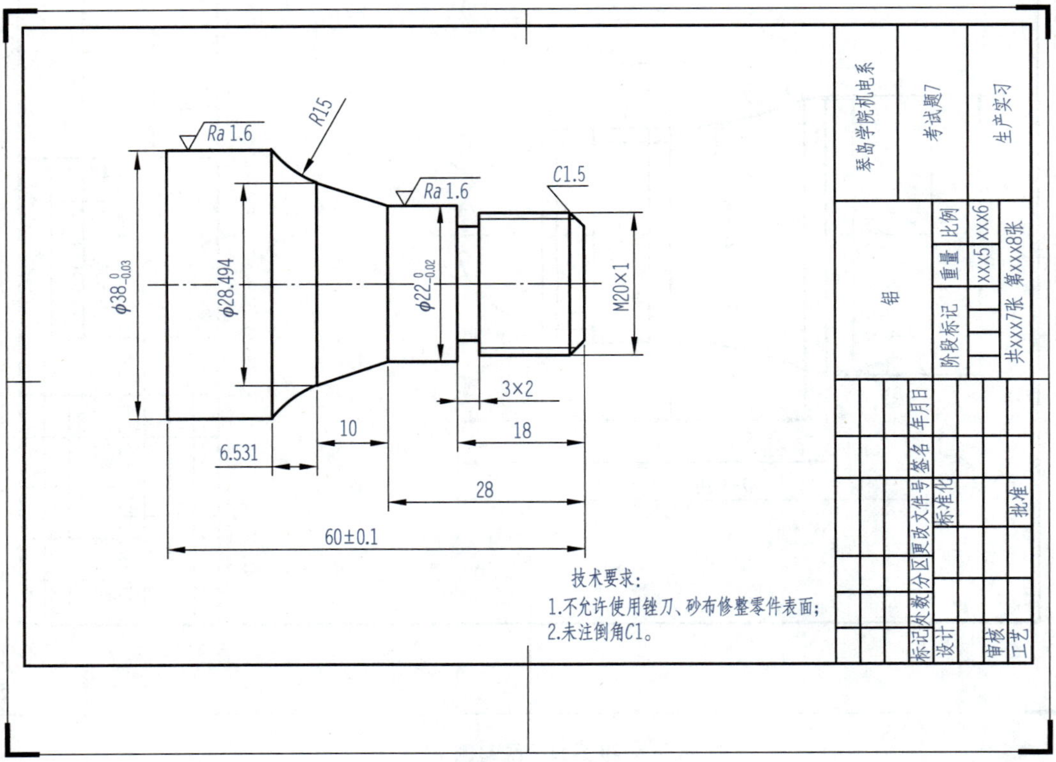

图 2-46 练习题 3

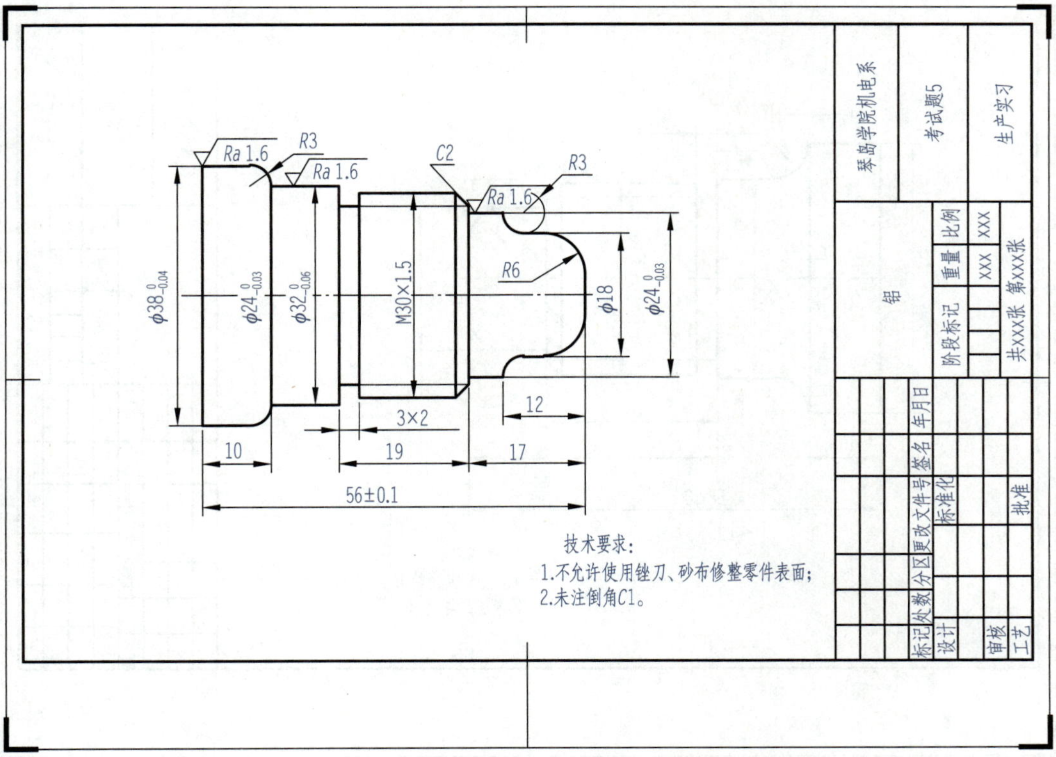

图 2-47 练习题 4

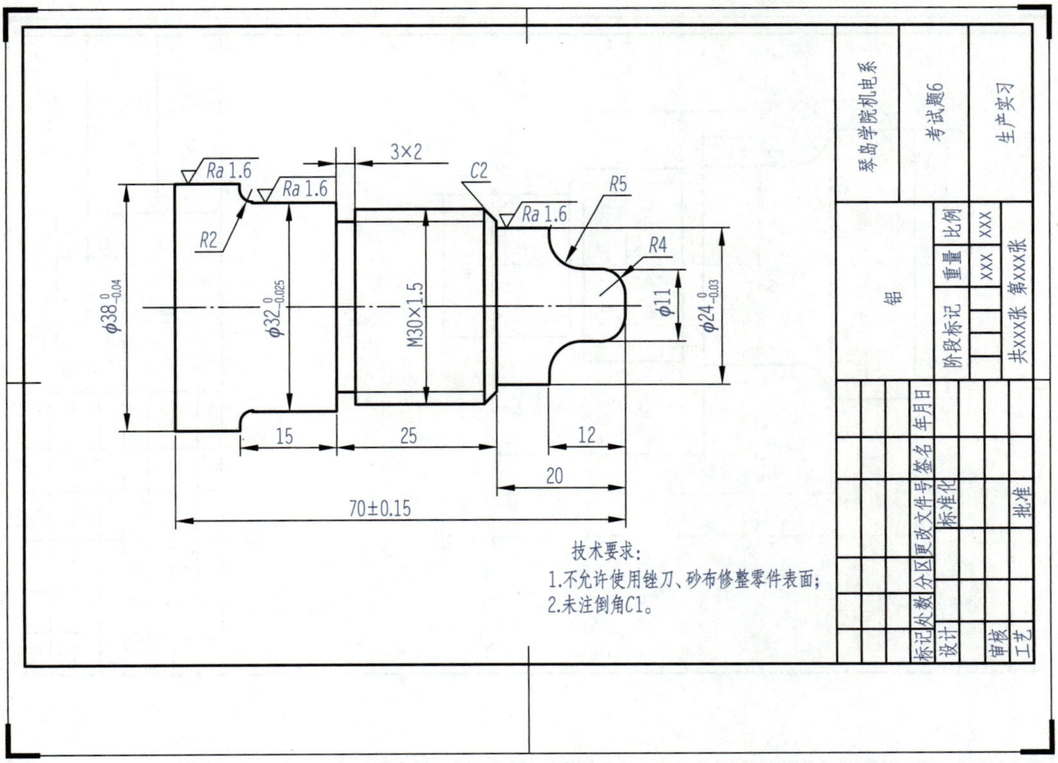

图 2-48 练习题 5

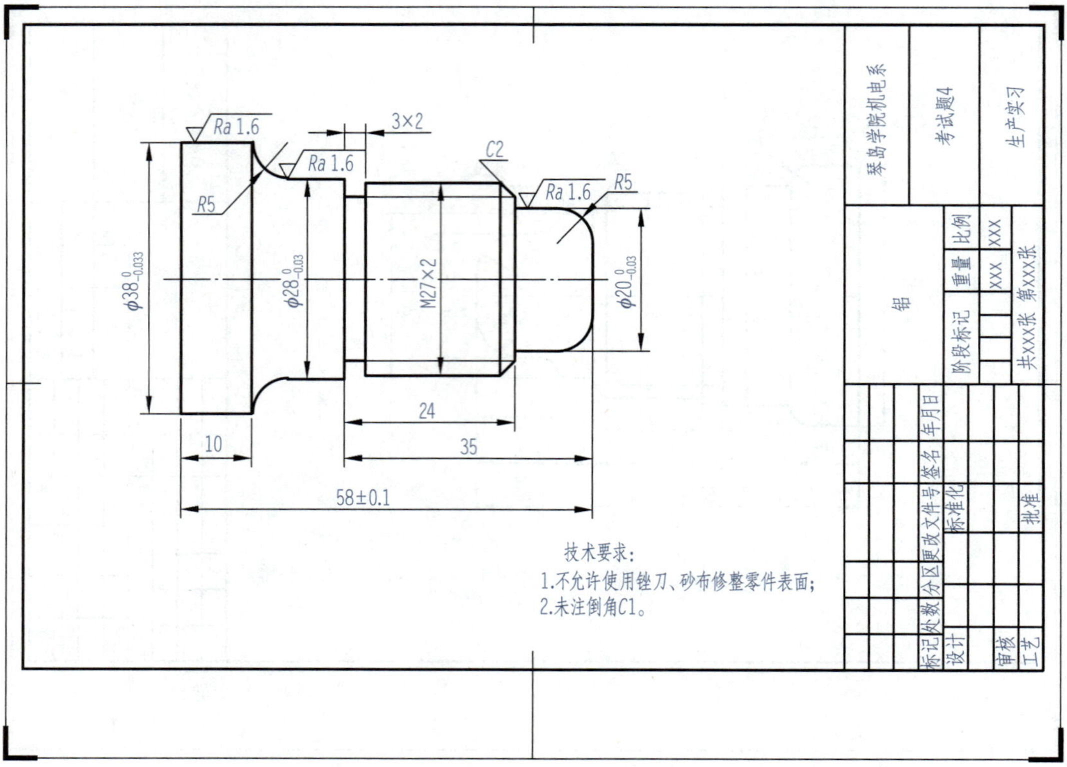

图 2-49 练习题 6

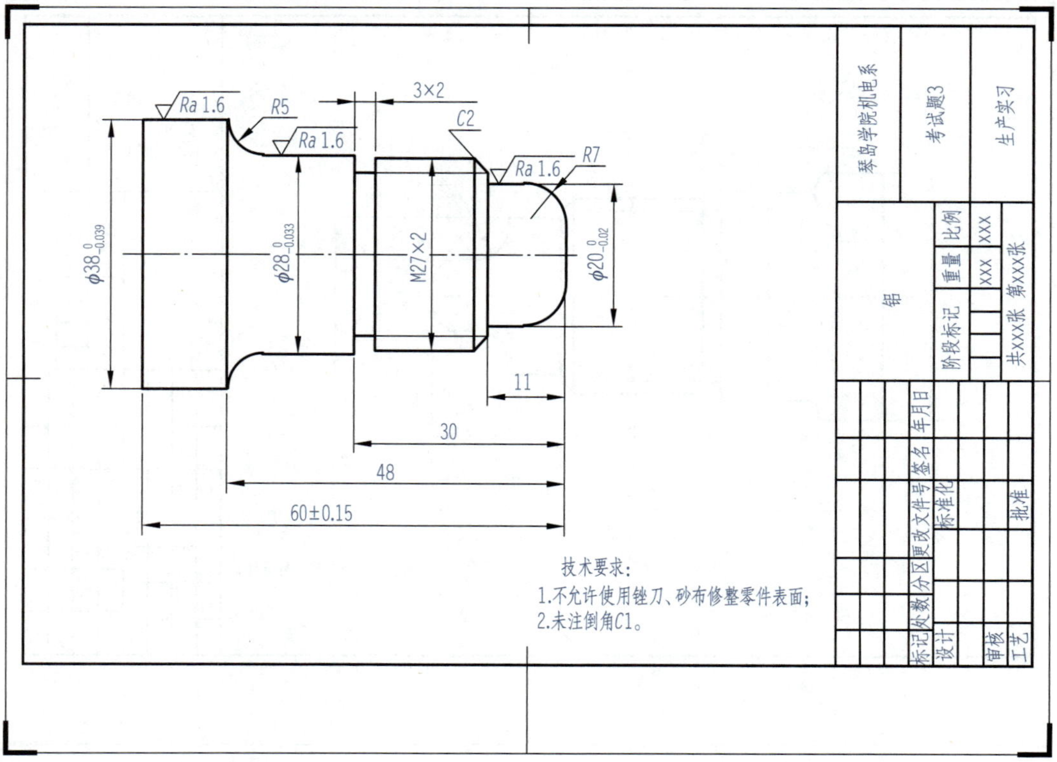

图 2-50 练习题 7

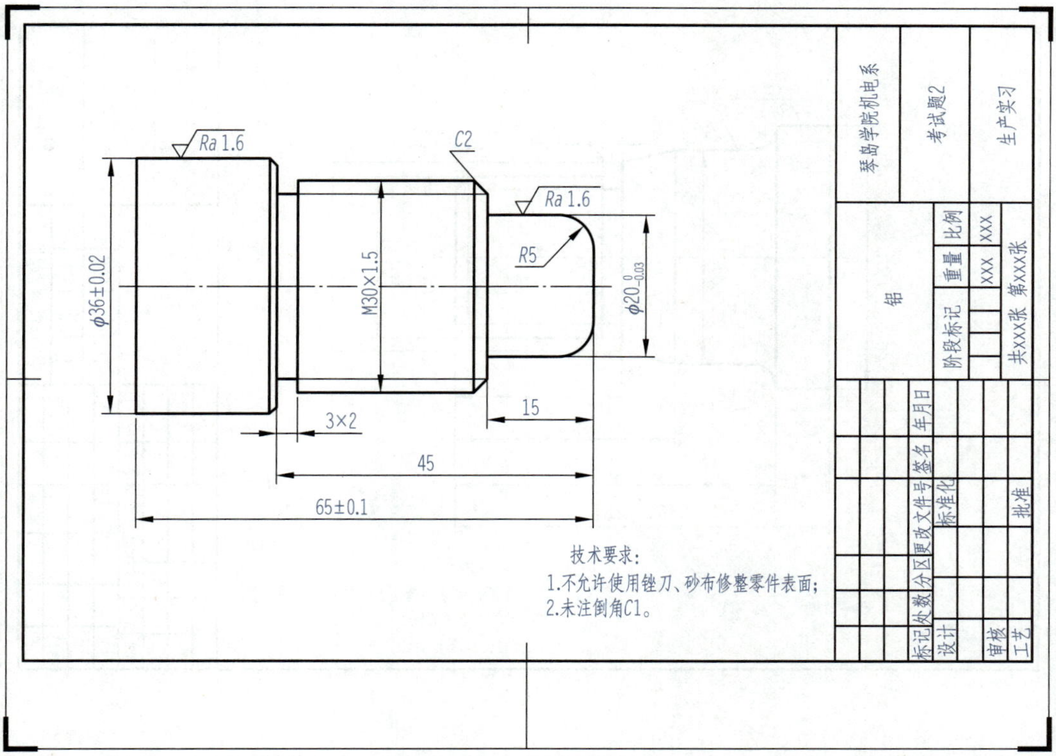

图 2-51 练习题 8

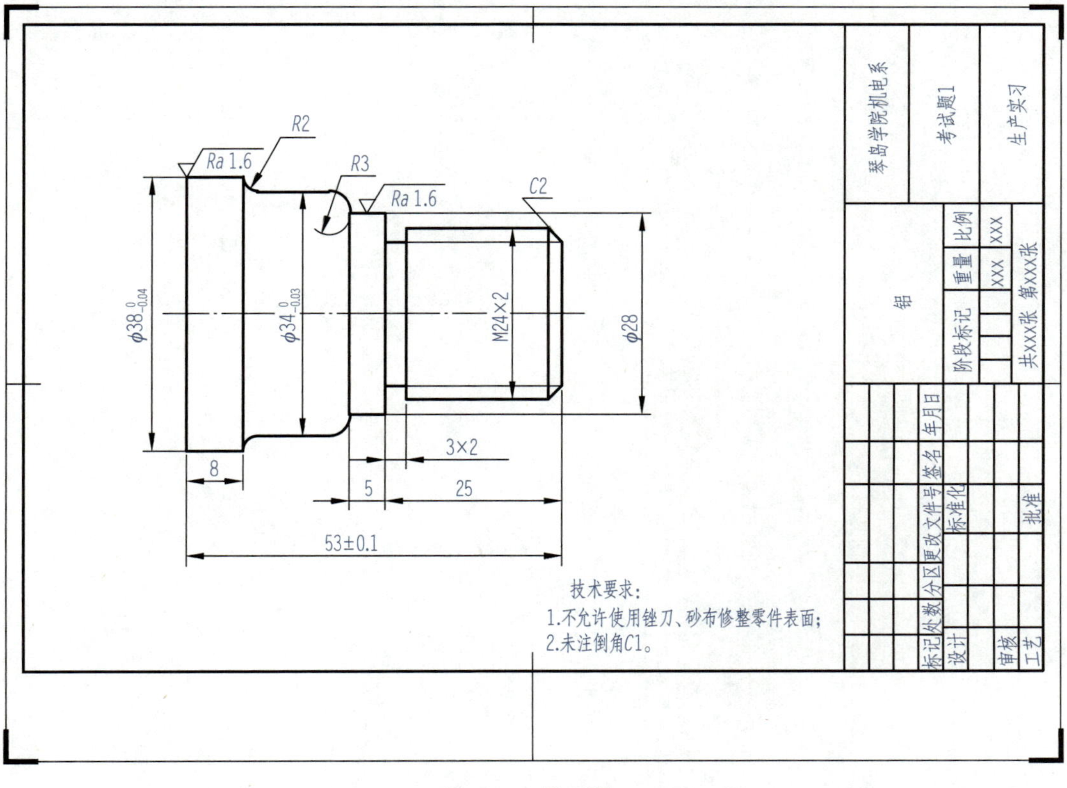

图 2-52 练习题 9

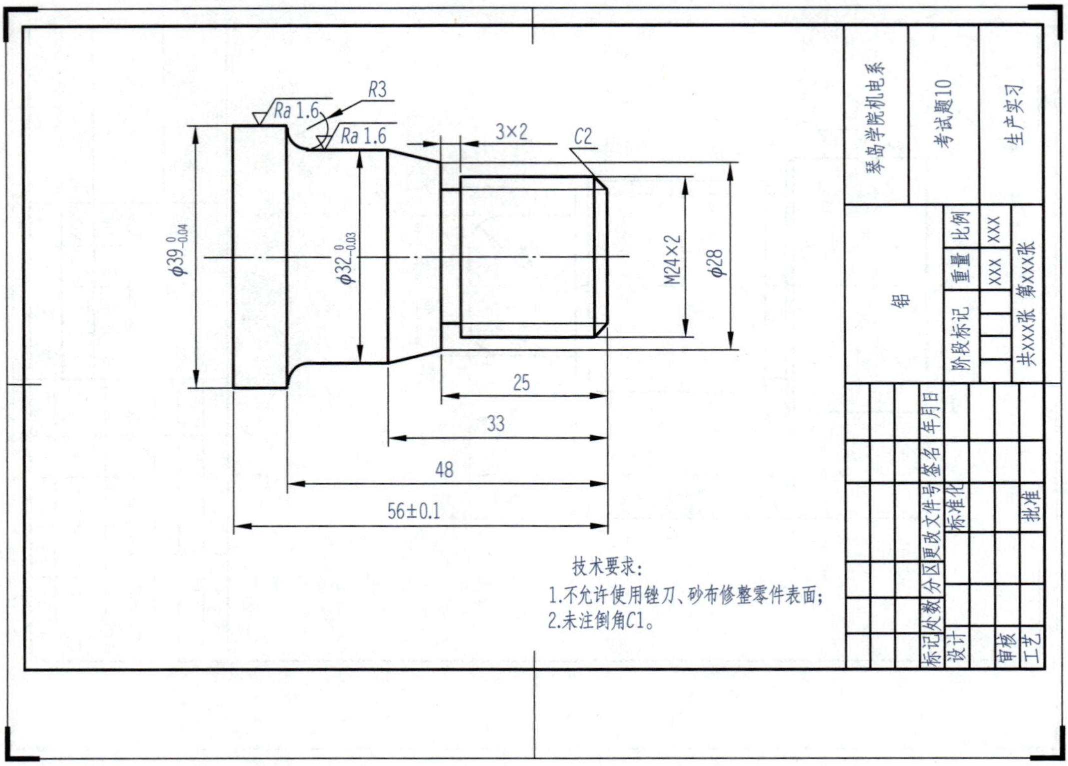
R3
Ra 1.6
Ra 1.6
3×2
C2
ϕ39 0 -0.04
ϕ32 0 -0.03
M24×2
ϕ28
25
33
48
56±0.1
技术要求:
1.不允许使用锉刀、砂布修整零件表面;
2.未注倒角C1。
琴岛学院机电系
考试题10
生产实习
铝
阶段标记
重量
比例
XXX
XXX
共XXX张
第XXX张
标记
处数
分区
更改文件号
签名
年月日
设计
标准化
审核
工艺
批准

图 2-53 练习题 10

第3章 特种加工实习

3.1 安全操作规程

项目目标

(1)避免在特种加工过程中发生事故、造成伤害，保障操作者的人身安全。

(2)规范操作，减少设备故障和人为损坏，延长设备的使用寿命。

(3)培养操作者的专业技能，使其能够高效、安全地完成特种加工任务。

(4)提升操作者的安全意识，使其能够主动识别和应对潜在的安全隐患。

(5)促进团队合作，营造一个安全、规范的工作环境。

项目内容及任务

(1)熟悉特种加工的安全操作规程，并能在实际操作中严格遵守。

(2)参与相关的安全培训和演练，提高应对突发事件的能力。

(3)在操作过程中，识别并反馈安全隐患，参与改进措施的制订。

(4)定期对设备和工作环境进行检查，确保其符合安全标准。

(5)与团队成员保持良好沟通，共同维护安全生产环境。

3.1.1 电火花线切割加工机床的安全操作规程

电火花线切割加工机床的安全操作规程如下：

(1)穿好工作服，长发须束进工作帽内。严禁穿背心、短裤、高跟鞋工作。

(2)操作者必须掌握机床的构造原理、性能，具备润滑、保养机床和处理一般故障的能力，经考试合格后方能操作机器。

(3)工作室要保持恒温，清洁卫生。

(4)工作前的检查：工作箱内要充满工作液，并检查各管接头是否接牢。注意铜或钼丝未装夹在导轮上转动时，不可开动工作液泵，以免工作液进入导轮轴承内。

(5)调好行程开关撞块。

(6)摇动工作台纵横导轮，检查纵横方向的全行程运动是否灵活，并将工作台移至中间位置。

(7)开动走丝电机，检查行程开关与换向动作是否正确。注意，应当在撞块接触行程开关并换向后再关断走丝电机，切不可在换向前关断走丝电机，以免使拖板因惯性而继续移动，造成事故。

(8)检查输入信号和工作台移动是否一致。

(9)不同工件的切割技术要求不同，必须对电加工参数加以选择。

(10)严格遵守机床使用说明书的规定，切不可随意操作。

(11)工作完成后要关好电源，擦拭机器，做好记录。

3.1.2 激光切割机床安全操作规程

激光切割机床安全操作规程如下：

(1)遵守一般切割机床安全操作规程。严格按照激光器启动程序启动激光器、调光、试机。

(2)操作者须经过培训，熟悉切割软件、设备结构、性能，掌握操作系统有关知识。

(3)按规定穿戴好劳动防护用品，在激光束附近必须佩戴防护眼镜。

(4)气瓶的使用、运输应遵守气瓶监察规程；禁止气瓶在阳光下暴晒或靠近热源；开启瓶阀时，操作者必须站在瓶嘴侧面。

(5)开机前应检查聚焦镜、反射镜是否清洁，激光器和机床的气路、水路是否通畅，有无泄漏。

(6)空压机、冷干机过滤器每天早晨必须排水，外光路镜片侧吹气的前一级过滤器必须随时检查，不得有水或油，否则会污染镜片；必须改善气源，使之达标。

(7)在未弄清某一材料是否能用激光照射或切割前，不要对其加工，以免产生烟雾和蒸气，引发潜在危险。

(8)设备开动时操作者不得擅自离开岗位或托人代管，如果确实需要离开，应停机或切断电源开关。

(9)要将灭火器放在触手可及的地方，不要在加工时关掉激光器或光闸，不要在未加防护的激光束附近放置纸张、布或其他易燃物。

(10)保持激光器、激光头、床身及周围场地整洁、有序、无油污，工件、板材、废料按规定堆放。

(11)开机后应手动低速沿 X、Y、Z 轴方向移动工作台，检查确认有无异常情况。

(12)上下材料或工件时，遵守安全操作规程，避免吊装时碰撞设备或人员。

(13)工作时，注意观察板材起拱情况和工件掉落情况，以免与切割头发生碰撞。

(14)任何操作过程都必须注意安全，无论任何时间进入机器运转范围内都可能导致严重的伤害。

(15)如果切割过程中出现挂渣、返渣或其他异常情况，应立刻暂停，查明原因，待问题解决后再继续切割，以免损坏设备。

(16)工作完毕，按正确的关机顺序关闭整个机组。

(17)加工完的工件要在机床停止运行的情况下及时卸下工作台，且放置到指定地点，禁止在切割机床的有效行程范围内码放工件或余料，避免碰撞设备。

3.1.3 3D 打印机安全操作规程

3D 打印机安全操作规程如下：

(1)操作者在上岗操作前必须经过培训，必须熟悉设备的结构、性能和工作原理，熟悉设备的基本操作和基本配置情况，考核合格后方可上岗。

(2)操作者在上岗操作前必须穿戴好劳动防护用品。

(3)工作前需要检查上一次设备使用记录。

(4)开机前要保证打印机放置平稳，电源接通可靠。

(5)打印机上不能放置其他物品，以免损伤打印机，避免发生事故。

(6)换丝前要加热充分后轻松将丝拉出，不能在未加热充分的情况下硬拉，以免损坏打印机。

(7)打印机是发热设备，打印过程要有人监看，以免发生故障后无人处理而损坏打印机，甚至引起火灾。

(8)乱丝后要根据乱丝程度，暂停打印后修复，或者清理干净后再重新打印。

(9)加工过程中请勿频繁打开成型室门，禁止将头、手或身体其他部位伸入成型室内。

(10)加工过程中或者刚结束加工时，成型室处于高温状态，禁止身体任何部位触碰。

(11)待成型室内温度降低至 50 ℃以下时，再进行取件、清理等操作。

(12)发热异常，要及时关闭打印机，关闭电源，关闭总闸。如果引起火情，要及时关闭总闸，拨打 119 报警电话，用沙和二氧化碳灭火器灭火。

(13)禁止带电检修设备。

(14)打印结束必须关闭电源总闸，清理工具，待工作面冷却接近常温后，再清理打印机，打扫工作场地。

3.2 特种加工概述

项目目标

(1)了解三种特种加工技术的特点及应用领域。

(2)了解不同技术在降低生产周期和提高效率方面的优势。

(3)学习如何处理难加工材料，提高材料利用率。

(4)理解特种加工与机械设计、制造工程、材料科学等领域的关联。

(5)培养综合应用不同学科知识解决实际问题的能力。

项目内容及任务

(1)了解前沿技术，运用特殊工艺加工复杂工件。

(2)了解各种特种加工技术的特点，掌握不同材料和工艺的处理技巧。

(3)关注并学习新兴的特种加工技术，将创新思维融入实际应用中。

(4)了解特种加工在不同行业的应用，识别市场需求和职业机会。

随着科学技术的发展，一些高强度、高硬度的新材料不断出现(如钛合金、硬质合金等难加工材料，陶瓷、人造金刚石、硅片等非金属材料)，同时特殊、复杂结构的型面加工应运而生(如薄壁、小孔、窄缝)。各种超精密、光整零件的加工问题，如表面质量和精度要求很高的航天航空陀螺仪、精密光透镜、激光核聚变用的曲面镜、高灵敏度的红外传感器等零件的精密表面加工，还有特殊零件的加工问题，如机器人零件、细长轴等低刚度零件的加工，这些问题都对机械加工提出了挑战。传统的机械加工很难解决上述问题，特种加工技术在这种新形势下迅速发展起来。利用特种加工技术，可以完成的常见零件外观如图 3-1 所示。

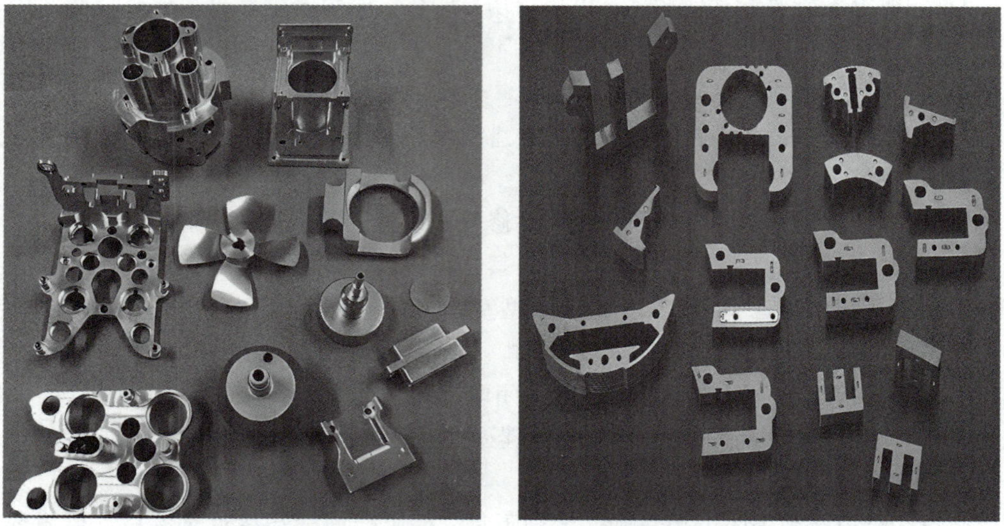

图 3-1 利用特种加工技术完成的常见零件外观

特种加工(non-traditional machining，NTM)，又称非传统加工或非常规加工，是利用电能、光能、声能、化学能、热能、电化学能、机械能等多种形式能量直接作用于材料，去除、增加、改变或形成材料表面形状、尺寸及性能，且不依赖传统机械切削力、磨削力等物理机械接触方式的加工方法。这种加工方式突破了传统机械加工在材料适应性、加工精度、表面质量及复杂形状加工能力等方面的局限，广泛应用于航空航天、电子、精密仪器、模具制造、汽车、医疗器械等领域。

特种加工的特点如下：

(1)不是主要依靠机械能，而是依靠其他形式的能量去除金属材料。

(2)工具硬度可以低于被加工工件的材料硬度。

(3)加工过程中，工具和工件之间不存在显著的机械切削力的作用，工件不承受机械力，特别适合精密加工低刚度零件。

(4)能加工复杂形状和微小尺寸的结构，实现传统加工难以完成的加工任务。

下面将通过三种不同加工方式来介绍特种加工。

1. 电火花加工

电火花加工(electrical discharge machining，EDM)是一种利用电弧放电原理进行金属材料去除的加工方式。它通过两个电极之间的放电来实现材料的去除，可加工硬度极高的材料，如硬质合金、工具钢等。电火花加工可以达到微米级的加工精度，适合加工复杂空间形状的工件，如模具和型腔。其主要应用于模具制造、精密零件加工、航空航天及医疗器械领域。

2. 激光切割

激光切割是一种利用高能激光束将材料切割开的加工技术。激光束通过聚焦后产生高温，使材料熔化或气化，从而实现切割。相较于传统切割方法，激光切割的速度更快，效率更高。激光切割的切口热影响区小，减少了材料变形的风险。激光切割适合加工各种材料，如金属、塑料、木材等，主要应用于制造业、汽车、电子、电器行业等。

3. 3D 打印

3D 打印是一种增材制造技术，通过逐层堆积材料来构建三维物体，其常用的技术包括熔丝沉积成型(fused deposition modeling，FDM)、激光选区熔化(selective laser melting，SLM)等；可以轻松制造复杂和定制的零件，几乎不受零件形状限制。与传统减材加工相比，3D 打印在材料使用上更为高效；能迅速将设计转化为实际物品，加速产品开发流程。3D 打印主要应用于航空航天、医疗、建筑、消费品等领域，尤其在个性化产品和小批量生产中表现突出。

3.3 电火花加工

项目目标

(1)掌握电火花线切割加工的基本技能，能够独立完成简单零件的加工。
(2)理解电火花线切割加工的原理和工艺特点。
(3)培养严谨的工作态度和责任心。
(4)增强安全意识，确保加工过程的安全性。
(5)培养敬业精神，认真对待每一个加工环节。

项目内容及任务

(1)学习电火花线切割加工的基本原理、设备操作和编程方法。
(2)进行简单图形的电火花线切割加工练习。
(3)掌握工件的装夹和定位技巧。
(4)分析加工过程中可能出现的问题，并提出解决方案。
(5)学习电火花线切割加工参数的选择和优化。
(6)在加工过程中，强调安全生产的重要性，增强安全意识和责任感。
(7)通过小组合作完成任务，培养团队协作精神和沟通能力。
(8)树立创新意识，在实践中寻求改进和创新。

3.3.1 电火花线切割加工

1. 加工原理

电火花线切割加工的原理如图 3-2 所示，电极丝接脉冲电源的负极，工件接脉冲电源的正极。数控电源柜提供脉冲电源，电极丝与工件之间形成放电间隙。当间隙足够小时，电场强度达到一定程度，导致间隙中的工作液被击穿，形成放电通道。在放电通道的中心瞬时温度高达 10 000 ℃以上，高温使工件金属熔化，甚至有少量气化，也使电极丝和工件之间的工作液部分产生气化，这些气化后的工作液和金属蒸气迅速膨胀，具有爆炸的特性。这种热膨胀和局部微爆炸，将熔化和气化的金属材料抛出，从而实现对工件材料进行电蚀切割加工。

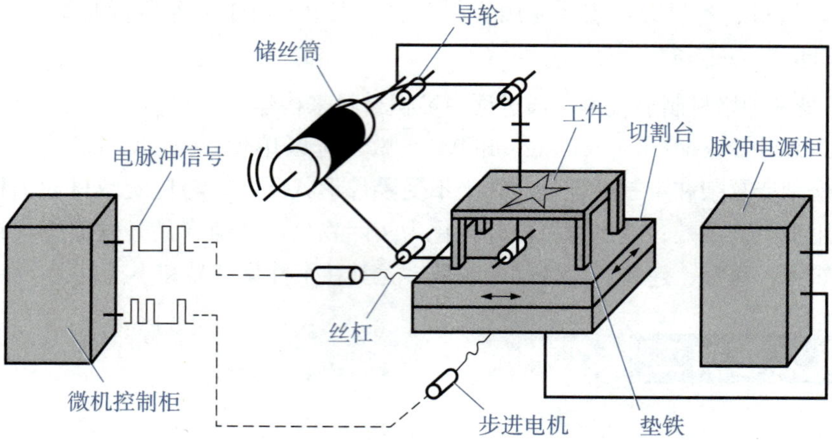

图 3-2 电火花线切割加工的原理

每个电脉冲到来时，为保证在电极丝和工件之间产生的是火花放电而不是电弧放电，必须创造必要的条件，首先是两个电脉冲之间必须有足够的时间间隙，使放电间隙中的介质消电离，也就是使放电通道中的带电粒子复合为中性粒子，恢复本次放电通道处间隙中介质的绝缘强度，以免总在同一处发生放电而导致电弧放电。一般脉冲间隙应为脉冲宽度的 4 倍以上。

为了保证火花放电时电极丝不被烧断，放电间隙应选择具有一定绝缘特性的工作液，以使电极丝充分冷却，同时电极丝做轴向运动，以避免火花放电总在电极丝的局部位置被烧断。电极丝的运动，有利于不断往放电间隙中带入新的工作液，同时有利于把电蚀产物从间隙中带出去。

电火花线切割加工时，为了获得比较低的表面粗糙度值和高的尺寸精度，并保证电极丝不烧断，应选择相应的参数，使工件与电极丝之间产生火花放电，而不是电弧放电。

2. 加工特点

电火花线切割加工属于特种加工。与传统的机械加工相比，电火花线切割加工的优点有：加工方式为非接触式，适合高硬度难切削材料的加工；十分适合复杂形状的孔及外形的加工；切缝细，节省金属材料；加工的尺寸精度高，表面粗糙度值低；易于实现数字控制；加工的残余应力较小。但是，电火花线切割加工也有一定的局限性，首先仅限于金属等导电材料的加工，其次加工速度较慢，生产率较低，而且存在电极损耗和二次放电，最小角部半径有限制。

3.3.2 电火花线切割机床

1. 分类

根据电极丝走丝方式的不同，电火花线切割机床可分为快走丝线切割机床和慢走丝线切割机床，二者的特点对比如表 3-1 所示。

表 3-1 快走丝线切割机床与慢走丝线切割机床的特点对比

线切割机床类型	快走丝	慢走丝
电极丝运行速度	300～700 m/min	0.5～15 m/min
电极丝运动形式	双向往复运动	单向运动
常用电极丝材料	钼丝	铜丝
工作液	乳化液、皂化液	等离子水、煤油
尺寸精度	0.015～0.020 mm	±0.001 mm
表面粗糙度	2.5～1.25 μm	0.8～0.16 μm
设备成本	低廉	昂贵

快走丝机构的示意图如图 3-3(a)所示，慢走丝机构的示意图如图 3-3(b)所示。

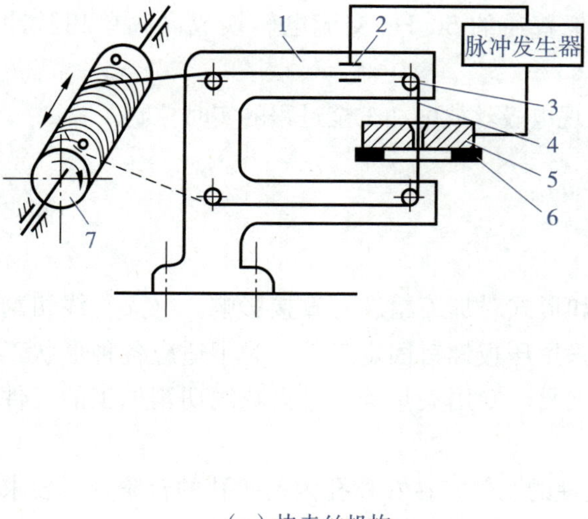

(a) 快走丝机构

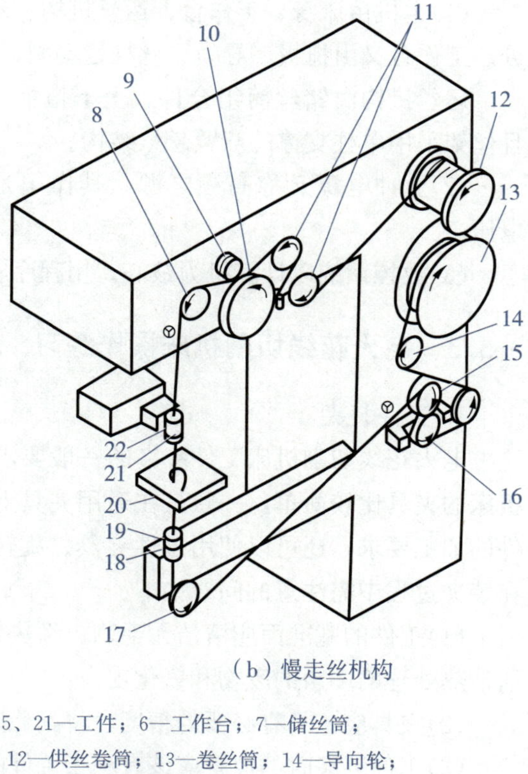

(b) 慢走丝机构

1—丝架；2—导电器；3—导轮；4—电极丝；5、21—工件；6—工作台；7—储丝筒；
8、11、17—滑轮；9，16—压紧轮；10—制动轮；12—供丝卷筒；13—卷丝筒；14—导向轮；
15—卷丝滚轮；18、22—导电器；19，20—金钢石导向器

图 3-3 走丝机构示意图

2. 组成

一台普通的电火花线切割机床的外观如图 3-4 所示，其结构总体上由主机、脉冲电源、数控系统三部分组成。此外，机床的主机部分还附加了工作液循环系统。

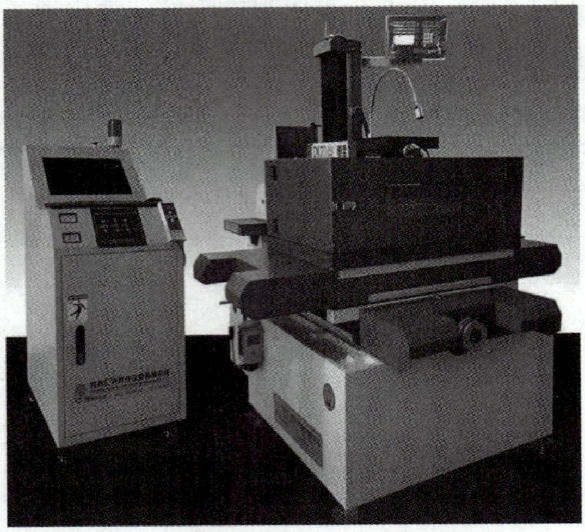

图 3-4 电火花线切割机床的外观

(1)主机由床身、工作台、运丝机构、丝架和工作液循环系统等组成，是机床的主要部分。工作台又由拖板、导轨、丝杠运动副、齿轮传动机构组成。

运丝机构由储丝筒组合件、上下拖板、齿轮副、丝杠副、换向装置和绝缘件等组成，且丝架采用单柱支撑的双臂悬梁结构。

(2)脉冲电源又称高频电源，其作用是把普通的 50 Hz 交流电转换成高频单相脉冲电压。

(3)数控系统以计算机为核心，用程序实现电极丝放电加工全过程的实时控制。

3.3.3 电火花线切割机床操作练习

1. 工件装夹

电火花线切割机床工件装夹的一般要求和形式对加工精度有直接影响。电火花线切割机床的夹具比较简单，一般是在通用夹具上采用压板螺钉固定工件。为了适应各种形状工件的加工要求，还可以使用磁性夹具、旋转夹具、专用夹具等。电火花线切割加工的工件在装夹过程中需注意的问题如下：

(1)工件的基准面应清洁无毛刺。经热处理的工件，在穿丝孔内及扩孔的台阶处，要求清洁热处理的多余的废物和氧化皮。

(2)夹具应该具有必要的精度，将其稳定地固定在工作台上，拧紧螺钉时用力要均匀。

(3)工件装夹时的位置应该有利于工件的找正，并与机床行程相适应。工作台移动时工件不得与线架接触。

(4)对工件的夹紧力要均匀，不得使工件变形或移位。

(5)大批零件加工时，最好采用专用夹具，以提高生产率。

(6)细小、精密、薄壁的工件应该固定在不易变形的辅助夹具上。

2. 工件的找正

找正的方法有划线找正、按孔找正和按外形找正。

1)划线找正

电火花线切割加工的型腔位置和其他已成型的型腔位置要求不严格时，可紧靠基面，穿丝可按划线定位。同一工件上型孔之间具有相互位置要求，但与外形的公差要求较低，又都是只用电火花线切割一道工序加工时，也可按基面紧靠，按划线定位、穿丝，切割一个型孔后卸线，走一段规定的距离，再穿丝切第二个型孔，如此重复，直至加工完毕。

2)按孔找正

(1)按已成型的孔找正。当电火花线切割型孔位置与外形的公差要求较低，但与工件其他已成型的型腔位置的公差要求较高时，可紧靠基面，按已加工成型的孔找正后再加工。

(2)按基准孔找正。电火花线切割加工工件较大，但切割型孔总的行程未超过机床行程，又要求按外形找正时，可按外形尺寸做出基准孔，按基面靠直后再按基准孔定位。

3)按外形找正

当电火花线切割型孔位置与外形的公差要求较高时，可按外形尺寸定位。此时最少要磨出侧垂直基面，有的甚至要磨六面。圆形工件通常要求圆柱面和端面垂直。这样，靠圆柱面即可定位。当切割型孔在中心且与外形同轴度的要求较低，又无方向性时，可直接穿丝，然后用钢直尺比一下外形，夹在中间即可；若与外形同轴度要求较低，但有方向性，且基准孔无法磨削(如很小)时，也可按线仔细找正。按外形找正有两种，一是直接按外形找正，二是按工件外形配做一胎具，找正胎具外形，固定工件好后即可加工。

3.3.4 工艺参数选择

工艺参数的选择对于加工质量、效率和精度具有重要影响。以快走丝线切割加工为例，以下是一些关键工艺参数的选择原则及考虑因素。

1. 电参数

1)脉冲电流

增大脉冲电流可以提高切割速度，但同时会增大表面粗糙度值和电极丝损耗。在选择脉冲电流时，需要根据加工材料的厚度、硬度和加工要求来平衡切割速度、表面粗糙度值和电极丝损耗。

2)脉冲电压

脉冲电压的增大可以提高加工间隙，有利于排屑和加工稳定性。但在一定范围内，过高的脉冲电压可能导致脉冲电源的稳定性变差，进给速度降低，甚至引起烧丝或断丝现象。一般建议在 60～120 V 内选择脉冲电压，最佳范围在 70～110 V 之间。

3)脉冲宽度

脉冲宽度的增大可以提高切割速度，但会增大表面粗糙度值。在加工精细产品时，应将脉冲宽度控制在较小范围内(如 20 μs 以内)；对于一般精度产品的加工，则可在 20～60 μs 内选择脉冲宽度。

4)脉冲间隔

脉冲间隔的合理选取与其他电参数、走丝速度、电极丝直径、工件材料及厚度等因素密切相关。在走丝速度较快、电极丝直径较大、工件较薄时，可适当缩短脉冲间隔时间；反之，可适当增大脉冲间隔时间。

2. 走丝速度

走丝速度是影响切割速度的重要因素之一。在一定范围内，提高走丝速度有利于脉冲结束时放电通道迅速消电离，并有利于排屑和放电加工稳定进行。但当走丝速度过高时，虽然排屑条件仍在改善，但储丝筒一次排丝的运转时间减少，非加工时间增多，反而会导致加工速度下降。因此，在选择走丝速度时，需要综合考虑加工条件和加工要求，以达到最佳加工效果。

3. 其他参数

1)电极丝直径

电极丝直径的选择应根据加工要求和工艺条件确定。快走丝线切割机床一般采用 0.10～0.25 mm 的钼丝。

2)工作液

工作液的选择对加工质量也有一定影响。常用的工作液有水基线切割液和油基线切割液等。

综上所述，在选择快走丝线切割加工工艺参数时，需要综合考虑加工材料、加工要求、设备性能以及生产成本等因素。通过实验和数据分析，建立工艺参数数据库，不断优化和调整工艺参数，以提高加工质量、效率和精度。电火花线切割加工工艺参数的选择是一个复杂而细致的过程，需要综合考虑多种因素并不断优化调整。例如，要求切割速度时，若脉冲电源的空载电压高、短路电流大、脉冲宽度大，则切割速度高。

3.3.5 DK7750 快走丝线切割机床实习

本节通过啤酒起子的实际加工案例，学习 DK7750 快走丝线切割机床的具体操作方法。

电火花线切割练习图纸——啤酒起子

(1)首先将数控电源柜右下方的电源开关打开，之后打开计算机，释放数控电源柜正上方的红色急停按钮。

(2)打开二维绘图软件，绘制二维图形。扫描右侧二维码获取图纸。

(3)图形绘制完成后，根据加工方案选择一个加工起始位置，绘制一条 5 mm 以内的引线，选择 CAD 界面最上方菜单栏最后一个命令“AutoCut”，选择“生成加工轨迹”命令，弹出“一次加工轨迹”对话框，设置半径补偿值，如图 3-5 所示，根据零件图纸要求设置加工参数，单击“确定”按钮。绘图软件下方的命令栏出现“请输入穿丝点坐标”命令，此时单击引线的起点，或者直接在命令栏输入引线起点的坐标。命令栏再次出现新的命令“请输入切入点坐标”，单击引线的终点，或者直接在命令栏输入引线终点的坐标。出现三个箭头方向，同时命令行出现新命令“请选择加工方向〈ENTER 完成〉”，选择向右方向的箭头，若图形开始自动生成程序并变换颜色，则完成图形后处理。

(4)再次选择“AutoCut”命令，选择“发送加工任务”命令，弹出的对话框如图 3-6 所示，在对话框中单击“1 号卡”按钮，将绘图软件的程序发送给加工软件。

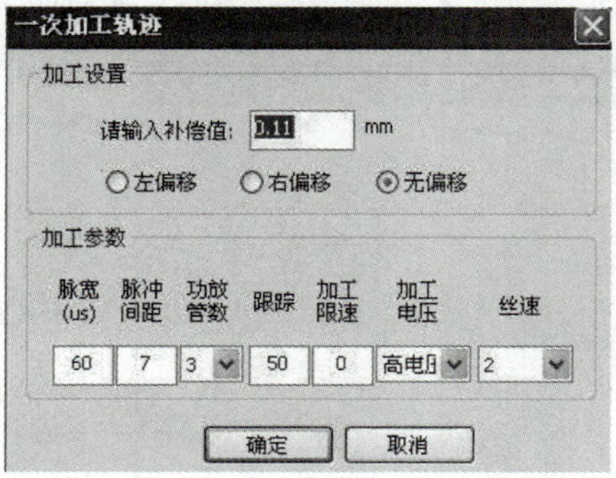

图 3-5 “一次加工轨迹”对话框

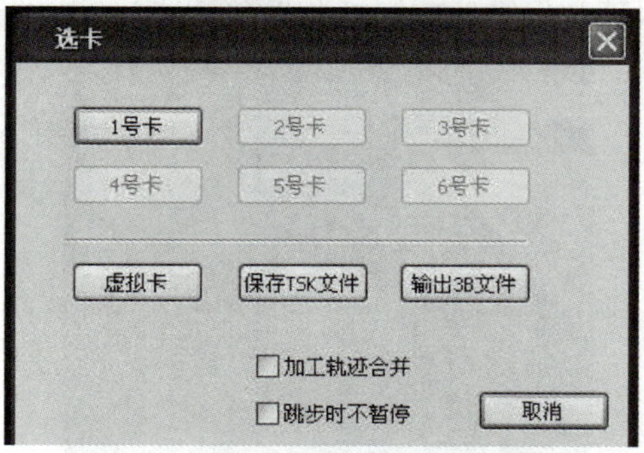

图 3-6 “选卡”对话框

鼠标指针由箭头变成拾取框，将拾取框放在零件图线上，先单击，然后右击。程序自动发给加工软件，并弹出加工窗口，如图 3-7 所示。

图 3-7 加工窗口

(5)将工件用组合压板装夹在工作台上，如图 3-8 所示，移动工作台使工件位于丝线 Y 轴的正方向，在移动手控盒上按“开电机”键，开电机后运丝机构开始高速运转。在数控电源柜上按“碰边”键，指示灯变为红色，在键盘上按 F7 键，加工界面最下方脉冲电源指示灯变红，转动 Y 轴拨盘手柄，将丝线慢慢靠近工件，直至出现电火花。选择数控坐标屏幕中“X_0”“Y_0”，将当前位置设置为工件坐标系原点，继续转动手柄，使丝线往 Y 轴负方向移动一个引线的距离，确定加工起始位置。再次按“碰边”键，关闭碰边的设置。

(6)开始加工，在手控盒上按“开水泵”键(此时电机处于打开状态，丝线仍在高速旋转。如果丝线未高速旋转，需要再次按“开电机”键)，按 F6 键，将 X、Y 轴拨盘手柄锁定，加工界面最下方出现变化，指示灯变为绿色。按 F3 键，弹出“开始加工——1 号卡”对话框，如图 3-9 所示。在该对话框中，选中“开始”“加工”“正向”“连续”单选按钮(一般情况下打开该对话框后默认选中这些单选按钮)，单击“确定”按钮，则机床开始根据图纸全自动加工。

图 3-8　装夹示意图

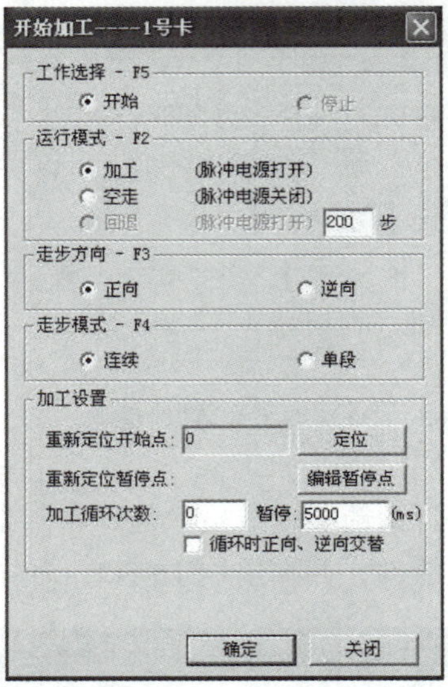

图 3-9　“开始加工——1 号卡”对话框

(7)在加工过程中，根据零件厚度调整加工参数，保证机器正常运转，根据精度要求调整跟踪及加工限速。

(8)加工结束后，在加工窗口弹出对话框，提示当前加工结束，单击“确定”按钮，按 F6 键将 X、Y 轴拨盘手柄解锁，然后移动手柄让丝线远离工件，将工件拆下。按手控盒上“关电机/消报”键，消除报警。

(9)切割完毕后将工作台停留在中位，按正确的顺序关闭电源，将工件、夹具擦拭后放回指定位置。清除切屑，擦拭机床，保证工作台面和机身清洁，关机。

注：切削加工中注意观察机床是否有异常情况出现。

电火花线切割练习图示例如图 3-10 所示。

电火花线切割完整加工视频

更多电火花线切割练习图

(a)　　(b)

（c）

图 3-10 电火花线切割练习图示例

3.4 激光加工

项目目标

(1)掌握激光加工的基本原理和技术，能够熟练操作相关设备。

(2)培养创新能力和实践能力，提高解决实际问题的水平。

(3)提升工程素养和质量意识。

(4)增强安全意识，确保激光加工过程的安全性。

(5)培养团队合作精神，提高沟通协作能力。

(6)树立可持续发展观念，注重环保和资源节约。

项目内容及任务

(1)学习激光加工的理论知识，包括原理、设备结构等。

(2)进行设备操作练习，掌握正确的操作方法和注意事项。

(3)设计并实施简单的激光加工任务，如切割、打孔等。

(4)分析不同加工参数对结果的影响，优化加工工艺。

(5)学习安全规范，遵守相关规定，确保操作安全。

3.4.1 激光的产生原理和特性

1. 激光的产生原理

激光是通过原子受激辐射发光和共振放大形成的。原子具有一些不连续分布的能级，电子在最靠近原子核的轨道上转动时是稳定的，这时原子所处的能级为基态。当有外界能量传入时，电子运行轨道半径扩大，原子内能增加并被激发到更高能级，这种状态称为激发态或高能态。被激发到高能级的原子是不稳定的，总是力图回到低能级去。当原子从高能级向低能级跃迁时，其能量差则以光的形式辐射出来，即原子发光，这种光是自发辐射的光，又称荧光。如果在原子跃迁时受到外来光子的诱发，原子就会发射一个与入射光子的频率、相位、传播方向、偏振方向完全相同的光子，这就是受激辐射的光。

原子被激发到高能级，会很快跃迁回低能级，它停在高能级的时间称为原子在该能级的平均寿命。氦、氖、氪原子，钕离子和二氧化碳分子等在外来能量的激发下，使处于高能级的原子数大于低能级的原子数，这种状态称为粒子数反转。这时，在外来光子的刺激下，产生受激辐射光，这些光子通过谐振腔的作用产生并放大，受激辐射越来越强，光密度不断增大，形成了激光。

2. 激光的特性

(1)高亮度。激光器的发光截面和立体分散角都很小，而输出功率却很大，其亮度远远高于太阳的亮度，经透射镜聚焦后，能在焦点附近产生几千度甚至上万度的高温，因而激光能用于加工几乎所有的材料。

(2)高方向性。激光的高方向性主要是由受激发射机理和光学谐振腔对振荡光束方向的限制决定的。激光的高方向性使激光能有效地传递较长距离，能聚焦到极高的功率密度，这两点是激光加工的重要条件。

(3)高单色性。激光发出的全部光辐射只集中在很小的频率范围内，其单色性极高，几乎完全消除了聚焦透镜的色散效应，使光束能精确地聚焦到焦点上，得到很高的功率密度，相应的功率密度可达 0.10～103 MW/cm^2，比一般的切割热源高几个数量级。

(4)高相干性。因为激光的相干性好，激光在较长时间内有恒定的相位差，可以形成稳定的干涉条纹。

3.4.2 激光加工的应用

1. 激光切割

激光切割加工技术广泛应用于金属材料和非金属材料的加工中，可大大减少加工时间，降低加工成本，提高工件质量。激光切割是应用激光聚焦后产生的高功率密度能量来实现的，如图 3-11 所示。与传统的板材加工方法相比，激光切割具有更高的切割质量、更高的切割速度、更高的柔性(可随意切割任意形状)、更广泛的材料适应性等优点。

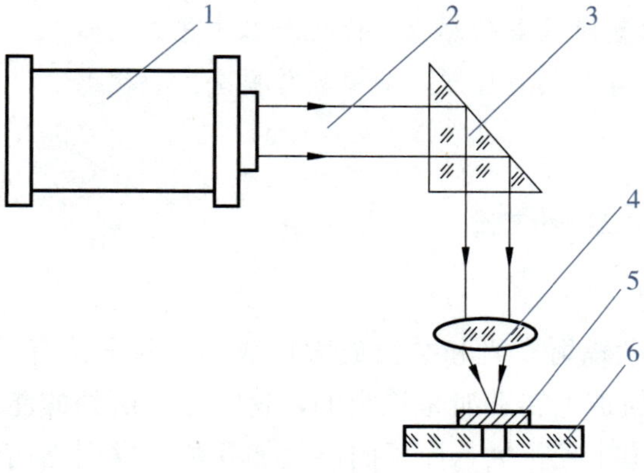

1—激光器；2—激光束；3—全反射棱镜；4—聚焦物镜；5—工件；6—工作台

图 3-11　激光加工示意图

2. 激光焊接

激光焊接是激光材料加工技术的重要应用之一，焊接过程属热传导型，即激光辐射加热工件表面，表面热量通过热传导向内部扩散，通过控制激光脉冲的宽度、能量、峰值功率和重复频率等参数，使工件熔化，形成特定的熔池，如图 3-12 所示。其由于激光焊接独特的优点，已成功地应用于微、小型零件焊接中。与其他焊接技术相比，激光焊接的主要优点是激光焊接速度快、深度大、变形小，且能在室温或特殊的条件下进行焊接，焊接设备简单。

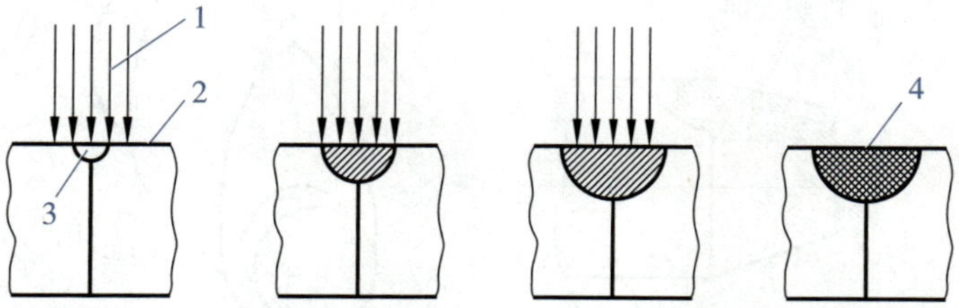

1—激光；2—被焊接零件；3—被熔化金属；4—已冷却的熔池

图 3-12 激光焊接原理图

3. 激光打标

激光发生器可产生高能量的连续激光束，该激光束通过透镜聚焦，达到高能量密度。当激光束作用在承印材料表面时，处于基态的原子吸收能量跃迁到较高能量状态，这些处于较高能量状态的原子不稳定，会很快回到基态。当原子返回基态时，会以光子或量子的形式释放出额外的能量，这部分能量由光能转换为热能。这种转换导致材料表面瞬间熔融或气化，形成特定的图文标记。振镜式激光打标原理如图 3-13 所示。

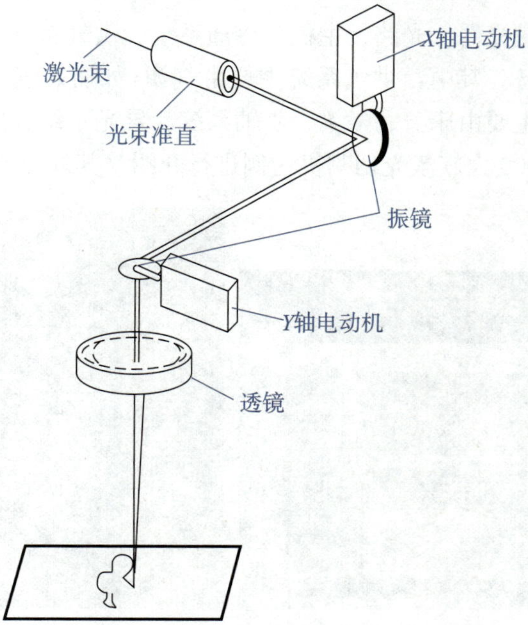

图 3-13 振镜式激光打标原理

4. 激光热处理

用激光照射材料，选择适当的波长和控制照射时间、功率密度，可使材料表面熔化和再结晶，达到淬火或退火的目的。激光表面硬化处理应用实例如图 3-14 所示。激光热处理的优点包括可以控制热处理的深度，可以选择和控制热处理部位，工件变形小，可处理形状复杂的零件和部件，可对盲孔和深孔的内壁进行处理。例如，气缸活塞经激光热处理后可延长寿命；用激光热处理可恢复离子轰击所引起损伤的硅材料。

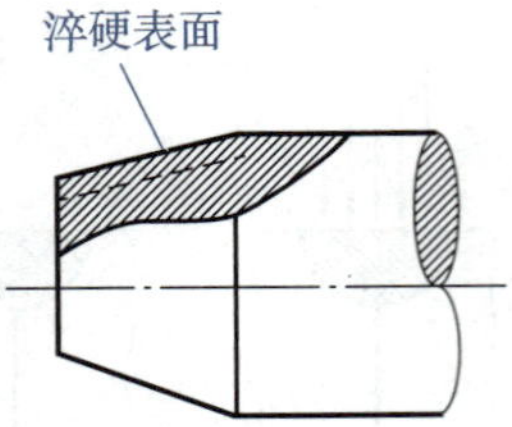

（a）圆锥表面

（b）铸铁凸轮轴表面

图 3-14　激光表面强化处理应用实例

激光加工的应用范围还在不断扩大，如用激光制造大规模集成电路，该加工工艺不用抗蚀剂，工序简单，并能进行 0.5 μm 以下图案的高精度蚀刻加工，从而大大增加了电子元器件的集成度。此外，激光蒸发、激光区域熔化和激光沉积等新工艺也在发展工程中。

3.4.3　PD1212-HLR-1000 大族激光切割机实习

1. 激光切割机的组成

激光切割机主要由激光器、光路、主机、冷却系统、供气系统、电源和控制系统组成，是光、机、电一体化设备。其中，供气系统主要由气源（如瓶装气、压缩空气等）、过滤装置、管路等组成，主机主要由床身、横梁、Z 轴系统、导光系统、控制柜、工作台等组成。本节以 PD1212-HLR-1000 大族激光切割机为例进行介绍，其外形如图 3-15 所示。

图 3-15　PD1212-HLR-1000 大族激光切割机

(1)主机床身结构及特点：主机床身采用焊接结构，具有较好的刚性、稳定性和抗振性。传动装置采用精密滚珠丝杠、直线导轨传动，且加装丝杠预紧装置，确保机器的高精度。机床导轨和丝杠均采用波纹防护罩封闭，防止灰尘等杂物的污染。根据激光器的性能特点，选配光路补偿系统(恒光路)，以确保不管配备什么激光器，工件的任何位置都能有较高的切割质量。

(2)主机横梁结构及特点：横梁内部采用特殊结构设计，以保证横梁的刚性。横梁(Y轴)传动装置采用精密滚珠丝杠、直线导轨传动，使用丝杠预紧装置，确保机器保持高精度。横梁端部装有操作按钮，便于操作者在横梁运行中的任意位置进行简单操作，遇见紧急情况时可以立即使机床停止工作。在横梁醒目位置附有防撞标志。

(3)主机气路和水路：供气系统的气路包括机械驱动气体管路、光路保护气体管路及切割辅助气体管路；主机上的水路主要用于平衡激光器及激光头工作时的温度，使其保持在20～25 ℃。

2. 操作步骤

本节通过切割壁虎图形的实际加工案例，学习 PD1212-HLR-1000 大族激光切割机的具体操作方法。

1)准备

打开空气压缩机及后处理单元电源，首先检查空气压缩机、储气罐等的管路是否畅通，再检查冷干机冷媒压力是否在正常范围内，最后依次开启空气压缩机和冷干机，等压缩空气压力升至 1.4 MPa 以上后，将温度控制在 20 ℃以上，进行下一步操作。

2)开机

首先应打开变压器与稳压器电源开关，再开启冷却系统及机床与激光器电源。首先是开机操作，按下机床面板中计算机开机键，计算机开机后，按 Power On 键，机床自动返回机械零点，等待软件稳定后，主界面如图 3-16 所示。选择菜单栏上“设置”命令，出现后下拉菜单，选择“登录”命令，弹出登录界面，如图 3-17 所示，输入软件使用密码后，HLCUT 软件中所有指令被激活，软件可正常使用。

图 3-16 软件主界面

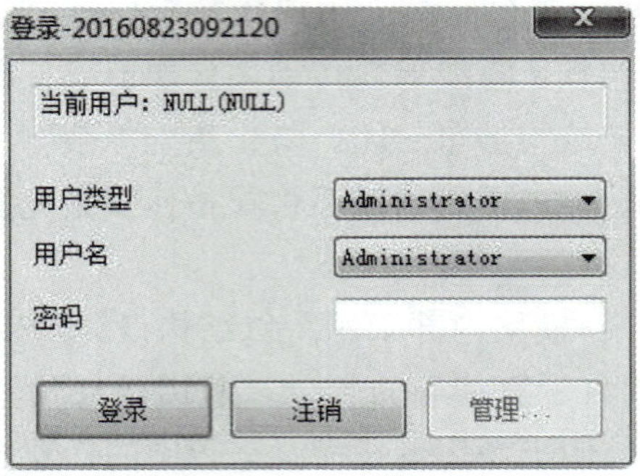

图 3-17 "登录"界面

3)导入图形

以用 3 mm 厚的 Q235 钢板加工壁虎图形为例(扫描右侧二维码获取图纸)。选择工具栏中"导入"命令，弹出的对话框如图 3-18 所示，选择"壁虎"DXF 文件，单击"打开"按钮。打开后图形在绘图区域中间显示，选择工具栏中"缩放全部对象"命令，使图形铺满整个绘图区域。选中全部图形，选择"优化"命令，弹出"优化路径设置"对话框，如图 3-19 所示，选中"最短路径"单选按钮，单击"图形连接""排序优化"按钮，则图形变成一个简单的整体，将对话框关闭。选择"取消组合"命令，将壁虎图形分成两个部分。

激光切割练习图纸——壁虎

图 3-18 "外部文件导入"对话框

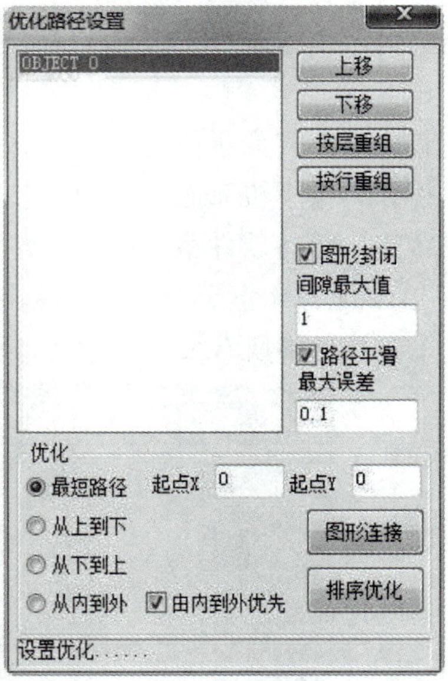

图 3-19 "优化路径设置"对话框

4)后处理

导入图形并优化路径后，先用鼠标选中壁虎的眼睛(图形内部圆)，选择"添加引线"命令，弹出"添加引线"对话框，如图 3-20 所示，勾选"引入线"复选框，选中"向外—〉向内—〉向外"单选按钮，单击"选择对象"按钮，则内部圆引线添加完成。然后将外部轮廓图形选中，再次单击“选择对象”按钮，则外部轮廓线引线添加完成。添加完成后将引入线对话框关闭。引线添加完成后，需要将图形线全部选中，选择工具栏中“组合对象”命令，将处理好引线的图形组合成一个整体。

5)工件坐标系

将加工材料装夹在机床工作台上，如图 3-21 所示，并用气动装置夹紧。

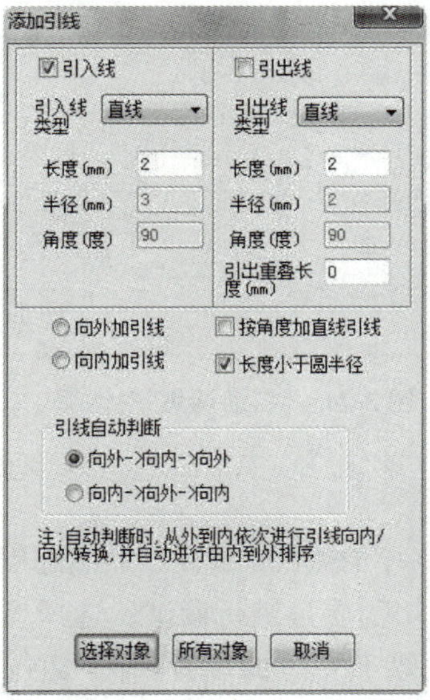

图 3-20 “添加引线”对话框

图 3-21 激光切割工作台

根据板材厚度，选择喷嘴直径，一般板材厚度与喷嘴直径相当。再选择切割辅助气体种类，并调试好气体压力。然后单击显示屏右上方的方向控制按钮，将激光头移动至毛坯正上方便于加工的位置，当毛坯与激光头距离较远时，可将方向控制按钮中间的速度调成“快”，靠近时再调成“慢”，如图 3-22 所示。前后左右位置调整好以后选择工具栏的“位置”命令，弹出对话框，选择设备坐标，单击“确定”按钮，图形位置和设备坐标位置重合。图形和当前位置坐标全显示出来。选择“走边框”命令，观察整个激光头使其处于毛坯范围内。开始上下调节 Z 轴的距离，直至激光头与毛坯在垂直方向上大约相距 1 mm，如图 3-23 所示，注意不要发生碰撞。记住此时的 Z 坐标值，然后移动 Z 轴，让激光头与毛坯的距离处于 12～15 mm 之间，选择显示屏最下方的“随动控制”命令。弹出“自动调焦”对话框，如图 3-24 所示，勾选“自动调焦模式”复选框，选择“校正”命令，若弹出对话框显示“传感器校正完成”，则传感器校正成功。单击“自动调焦测试”按钮，弹出对话框显示“确定要自动调焦测试吗?”，单击“是”按钮，此时激光头从与毛坯相距 12～15 mm 左右的位置自动下调至离毛坯大约 1 mm 的位置，则自动调焦测试成功。单击“到安全位置”按钮，使激光头与毛坯处在安全距离上。

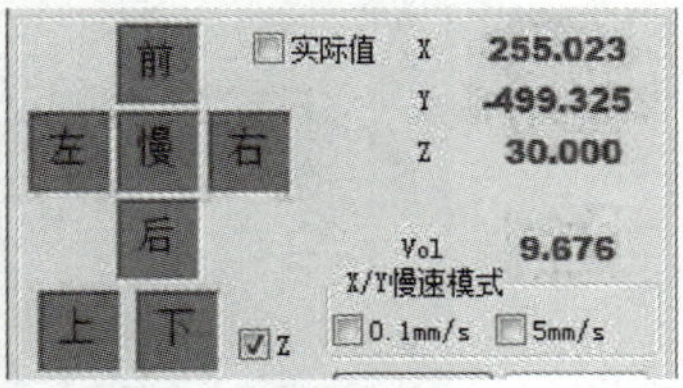

图 3-22 方向控制按钮

图 3-23　激光头与毛坯位置示意

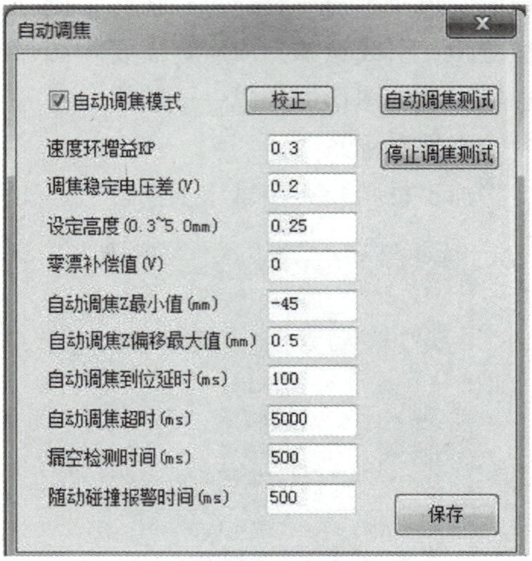

图 3-24　“自动调焦”对话框

6)开始加工

建立工件坐标系后，由于本次实验所用板材为 3 mm 厚的 Q235 钢板，故应选用氧气为辅助气体，压力在 1.4 MPa 左右，具体参数应根据最终切割质量进行调试。选择参数进行试切，按控制柜中“激光”按钮，将按钮正下方激光开关置于“开”的位置，按“运行”按钮，机床开始自动加工，根据设置的参数先加工内部圆，后加工零件外轮廓。加工完成后的壁虎图形如图 3-25 所示。

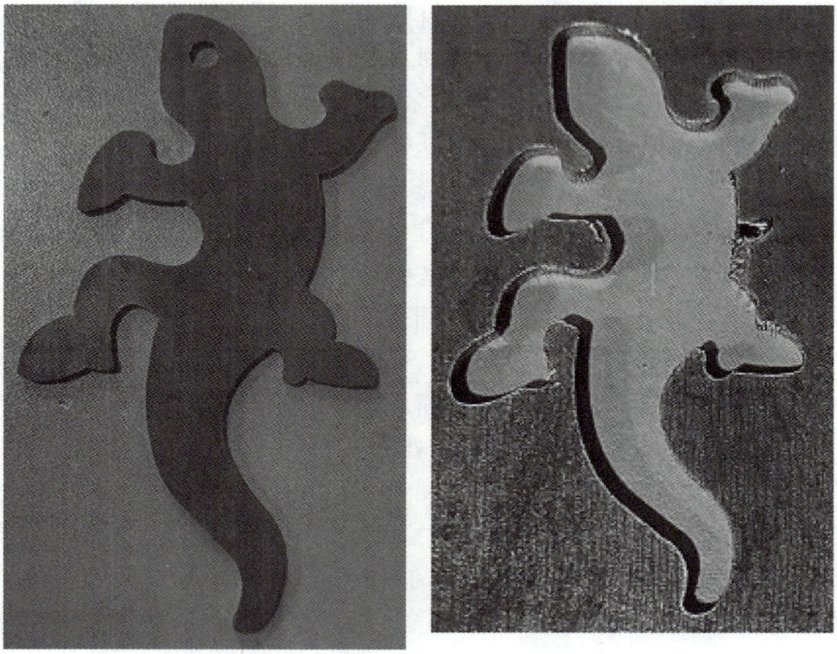

图 3-25　加工完成后的壁虎图形

7)关机

加工完成后，需要将机床打扫干净，将激光钥匙置于关闭方向，将计算机正常关机，按关机键关闭机床。

其他激光切割练习图示例如图 3-26 所示。

激光切割完整加工视频

更多激光切割练习图

(a) (b) (c)

图 3-26 激光切割练习图示例

3.5 3D 打印技术

项目目标

(1)熟练掌握 3D 打印技术的操作流程。

(2)培养创新设计能力，能够独立设计并打印出具有创意的作品。

(3)提高对工程实践的理解和应用能力。

(4)增强质量意识，确保打印作品的精度和稳定性。

(5)培养安全操作意识，保障人身安全和设备正常运行。

(6)关注可持续发展，合理利用资源。

项目内容及任务

(1)学习 3D 打印的基本原理和常见技术类型。

(2)进行模型设计和切片处理，掌握相关软件的使用方法。

(3)实践操作 3D 打印机，完成简单模型的打印。

(4)分析打印过程中可能出现的问题并进行解决。

(5)参与团队合作项目，共同完成复杂模型的打印任务。

(6)了解 3D 打印在各领域的应用，拓宽视野。

3.5.1 3D 打印技术简述

3D 打印，又称快速成型(rapid prototyping，RP)、增材制造(additive manufacturing，AM)，是通过逐层堆积材料来制造物体的一种先进制造技术。它基于 CAD 软件，将数字模型分解为一系列的切片，然后一层一层地添加材料直到形成所需物体。相对于传统的切削加工，这项技术的出现极大地改变了传统制造的理念和模式，实现了制造从等材、减材到增材的重大转变。

根据采用的 3D 打印材料和工艺实现方法的不同，3D 打印可以分为多种类型。以下是几种常见的 3D 打印技术。

1. 熔丝沉积成型(fused deposition modeling，FDM)

工作原理：FDM 技术通过加热喷头将热熔性材料[如 ABS 树脂、PLA(聚乳酸)材质等]熔化，然后在计算机控制下沿零件截面轮廓和填充轨迹运动，将融化的材料挤出，材料挤出后迅速固化，通过层层堆积成型，最终完成零件制造。

优点：成本低，强度高，适用于产品设计、测试与评估等领域。

缺点：成型时间较长，成型速度相对较慢。

2. 陶瓷膏体光固化成型(stereolithography apparatus，SLA)

工作原理：SLA 技术通过紫外激光逐层固化对紫外线非常敏感的液态树脂材料，从而实现材料成型。激光沿设定轨迹对液态树脂表面进行逐点扫描，然后以点成线、以线成面，完成每一层的打印，直至整个零件制作完毕。

优点：精度极高，适用于制造精度要求高的几何立体模型。

缺点：需要对整个截面进行逐步打印，成型速度相对较慢。

3. 激光选区烧结(selective laser sintering，SLS)

工作原理：SLS 技术通过加热粉末材料达到接近其熔点的温度，计算机根据原型的切片模型控制激光束的二维扫描轨迹，有选择地烧结固体粉末材料以形成零件的一个层面。一层扫描完毕，利用辊子将粉末铺平，随后对下一层进行扫描，如此循环往复，直至三维零件成型。

优点：适用于制造航空航天领域的相关精密配件。

缺点：设备成本较高，不适合大批量生产。

除了上述 3D 打印技术，还有液态树脂光固化成型技术、粉末/丝状材料高能束烧结或熔化成型技术等，每种 3D 打印技术都有其独特的优点和应用场景。3D 打印技术的选择取决于具体的应用需求。

3.5.2 3D 打印技术的发展趋势

1. 3D 打印技术的应用范围将不断扩大

3D 打印技术正在成为一种广泛使用的制造技术，其应用范围不断扩展到各个领域，包括航空航天、医疗、汽车、建筑、教育等。随着技术的成熟和成本的降低，3D 打印技术将更加普及，为各行各业带来技术变革。

2. 3D 打印技术将改变制造业的商业模式

3D 打印技术将改变原有制造业的商业模式。在过去，产品首先由供应商将原料送至加工厂，经过加工制作后，由经销商进行分销。而现在，3D 打印技术可以让制造商按需生产零件，不需要从仓库中调取。这意味着企业可以大幅降低库存和仓储成本。此外，3D 打印技术还将浓缩的数字文件存储在可以轻松访问读取的"云"中，大量减少实体零件所占据的空间，避免可能过时或大量用不到的零件储存在仓库中而增加仓储成本。

3. 3D 打印技术将实现批量化生产

尽管 3D 打印技术目前主要用于小批量生产，但随着技术的发展，它有可能实现批量化生产。3D 打印技术的优势在于它可以提供更为有效的生命周期管理，因此可以在未制订愿景和不具备专业知识的情况下，将原型设计用于全面生产。这意味着如果某品牌产品产量相对较低的时候，想要打印 100 个零件用于工程测试，使用 3D 打印技术就能轻而易举地做到这一点。即使要生产的零件达到这个数量的 4 倍，3D 打印技术也可以在不增加加工成本的情况下实现这个目标。

4. 3D 打印技术将推动材料科学的发展

虽然市场上 3D 打印材料的类型繁多，但能达到所有行业质量要求和监管要求的材料却少之又少。这是因为在大多数行业中，都面临着产量方面的挑战，使供应商和制造商无力开发新应用所需的材料。然而，3D 打印技术的未来在于材料——特别是工程和应用所需的特定材料。这将推动材料科学的发展，以满足 3D 打印技术的需求。

5. 3D 打印技术将实现个性化和定制化生产

3D 打印技术支持小规模生产的特点，可以满足个性化需求。3D 打印使制造商在响应性设计方面更为灵活，制造商不需要将大量相同的产品呈现在大众面前，而是可以先生产少量产品，使设计师和工程师能够根据迸发出的灵感或客户反馈，以更具成本效益的方式调整产品设计并进行创新。这将推动制造业技术的跨越式发展，实现从传统制造业向智能化制造的转变。

3.5.3 3D 打印机的操作

本节以 FDM 技术为例进行介绍。该技术以 ABS 树脂为原材料，在其熔融温度下靠自身的黏结性逐层堆积成型。在该工艺中，材料连续地从喷嘴挤出，零件由丝状材料的受控积聚逐步堆积成型。FDM 技术原理和设备如图 3-27 所示。

1. 基本工作过程

3D 打印技术是由 CAD 模型直接驱动的快速制造复杂形状三维物理实体技术的总称，其基本过程如下。

(1)设计出所需零件的计算机三维模型，并按照通用的格式(STL 文件)存储。

(2)根据工艺要求选择成型方向(Z 方向)，按照一定的规则将该模型离散为一系列的有序单元，通常将其按一定厚度进行离散(称为分层)，把原来的三维 CAD 模型变成一系列的层片(CLI 文件)。

(3)根据每个层片的轮廓信息，输入加工参数，自动生成控制代码。

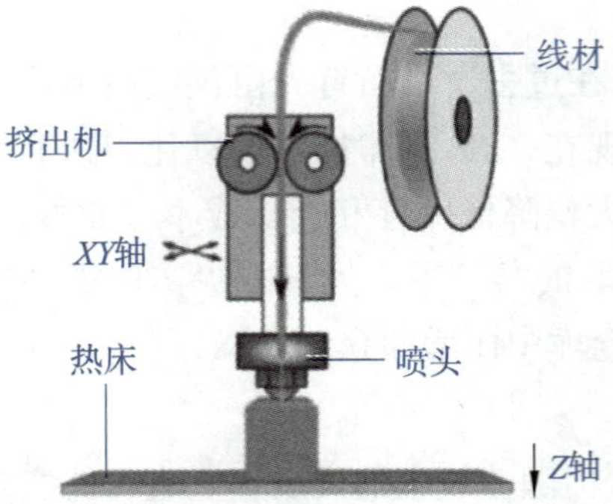

（a）原理

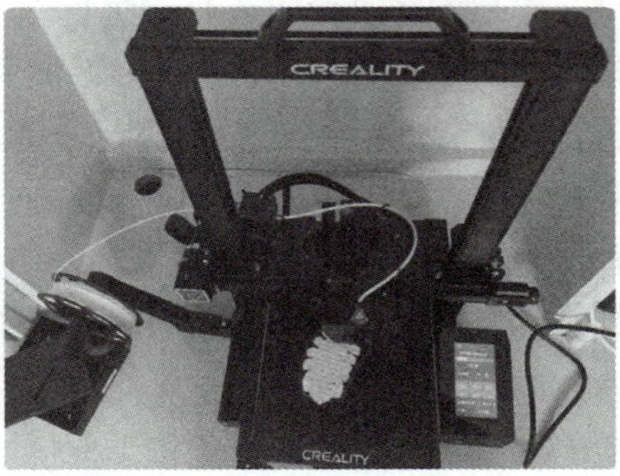

（b）设备

图 3-27 FDM 技术的原理和设备

(4)由成型机打印一系列层片并自动将它们连接起来，得到一个三维物理实体。

(5)小心取出原型，去除支撑，避免破坏零件。用砂纸打磨台阶效应比较明显的位置，如需要可进行原型表面上光。

这样就将一个物理实体所需的复杂的三维结构加工转变成一系列二维层片的加工，大大降低了加工难度。由于不需要专用的刀具和夹具，因此成型过程的难度与待成型的物理实体的复杂程度无关，而且越复杂的零件越能体现此工艺的优势。

2. 操作方法和步骤

1)数据准备

首先是零件三维 CAD 造型，使用 Pro/E、UG、SolidWorks、AutoCAD 等软件生成 STL 文件；然后选择成型方向及参数设置；最后对 STL 文件进行分层处理，启动 Cura 3D 软件，按原型机要求设置相关参数，打开 STL 文件进行分层、做支撑物、喷料路径等编辑操作，储存为“＊.job”文档。

2)制造原型

制造原型的首要工作是成型准备，其次是造型。

(1)开启原型机，设置 model、supposed、envelope 工作温度分别为 270 ℃、235 ℃、69 ℃。

(2)装料及出料测试，送模型材料、支撑材料至喷头出料嘴。通过查看材料的出料抽伸扭矩，判断是否进入喷嘴装置。材料温度达到 270 ℃、支撑材料温度达到 235 ℃后，将喷头中老化的丝材吐完，直至 ABS 丝光滑。

(3)启动 FDMSTATUS 软件，制作支撑材料，在 *X* 轴、*Y* 轴及 *Z* 轴方向吐料，标定调校。

(4)在 FDMSTATUS 软件中添加“＊.job”文档后联机，计算机自动将文档指令传输给机器。输入起始层和结束层的层数。单击 Start 按钮，系统开始估算造型时间。接着系统开始扫描成型原型。

3)后处理

(1)设备降温。原型制作完毕后，如不继续造型，即可将系统关闭。为使系统充分冷却，至少于 30 min 后再关闭散热按钮和总开关按钮。

(2)零件保温。零件加工完毕，下降工作台，将原型留在成型室内，薄壁零件保温 15～20 min，大型零件保温 20～30 min，过早取出零件会导致应力变形。

(3)模型后处理。小心取出原型，去除支撑，避免破坏零件。成型后的工件须经超声清洗器清洗以熔化支撑材料。

*** 注意事项**

(1)存储 STL 文件之前选好成型方向，一般按照“底大上小”的方向选取，以减小支撑量，缩短数据处理和成型时间。

(2)受成型机空间和成型时间限制，对零件的大小应控制在 30 mm×30 mm×20 mm 以内。

(3)尽量避免设计过于细小的结构，如直径小于 5 mm 的球壳、锥体等。

(4)尤其注意喷头部位未达到规定温度时不能打开喷头按钮。

3.5.4 手机支架打印练习

本节通过手机支架加工案例，学习 3D 打印机的具体操作方法。

3D 打印练习图纸——手机支架

1. 三维建模

先打印前的准备，即运用三维制图软件，完成手机支架的三维模型设计。

(1)绘制支架各部分草图，预留各种孔，如图 3-28 所示。扫描右侧二维码获取图纸。

(2)进行实体拉伸、倒角，三维建模效果如图 3-29 所示。

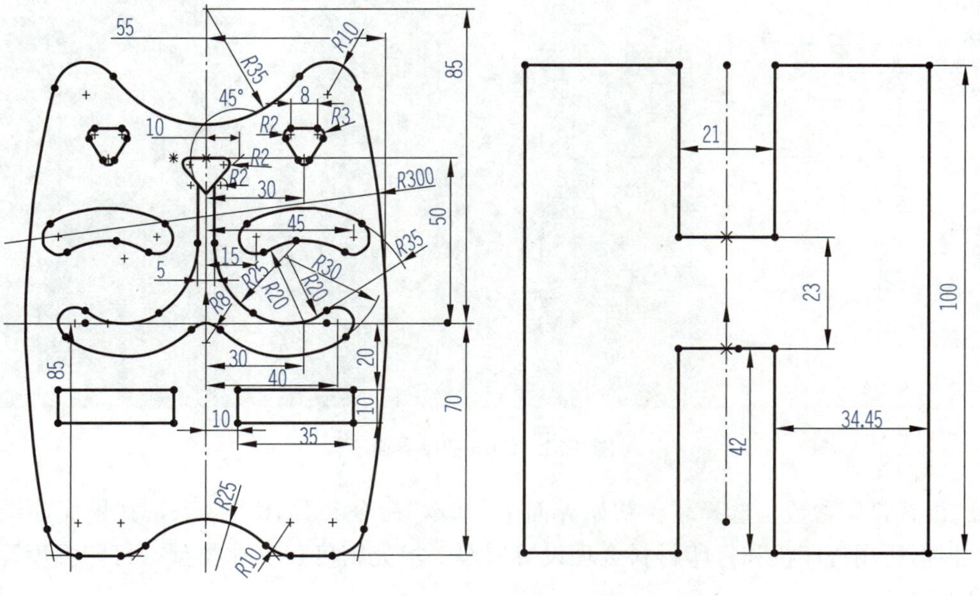

图 3-28 支架部分草图

(3)完成三维模型的装配，检查是否有干涉并修改干涉部分，如图 3-30 所示，设计完成后导出 STL 格式的文件。

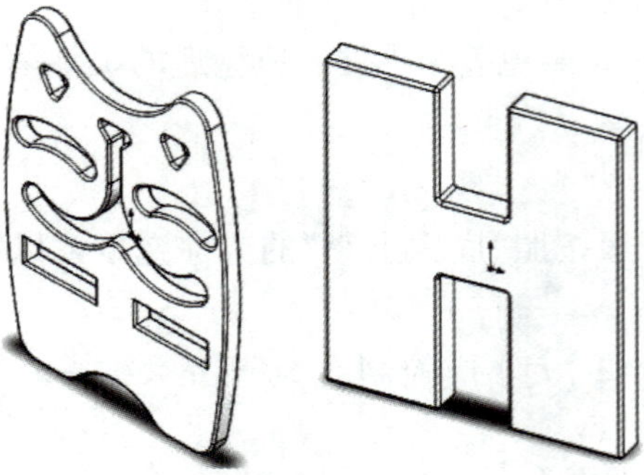

图 3-29 三维建模效果

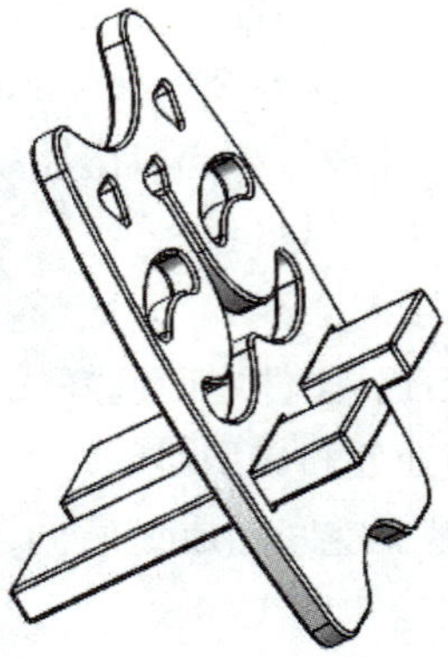

图 3-30 三维模型的装配效果

2. 三维模型切片

(1)打开 Cura 3D 软件，其初始界面如图 3-31 所示。选择“文件”→“读取模型文件”命令，将模型图导入软件。

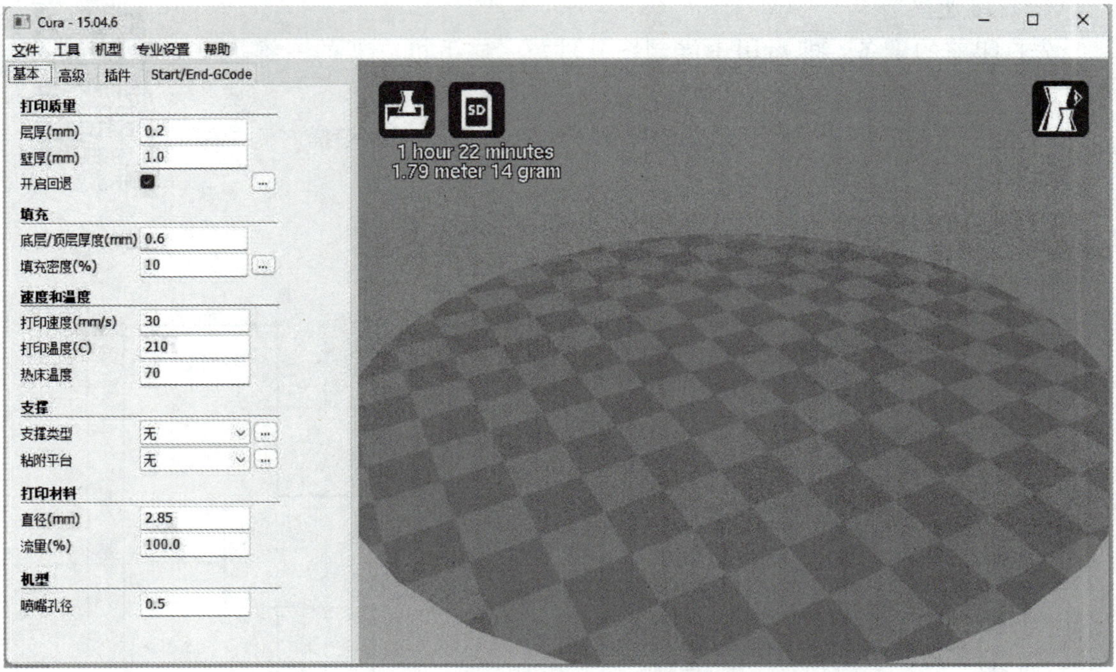

图 3-31 Cura 初始界面

(2)设置打印参数。选择软件初始界面中“基本”命令和“高级”命令，其界面如图 3-32 所示，根据所用打印机和打印材料合理设置层厚、填充密度、支撑类型、打印温度、打印速度等参数。

(3)保存切片文件。选择“文件”→“Save GCode.”命令，输入文件名。文件以字母和数字命名，不能使用汉字。

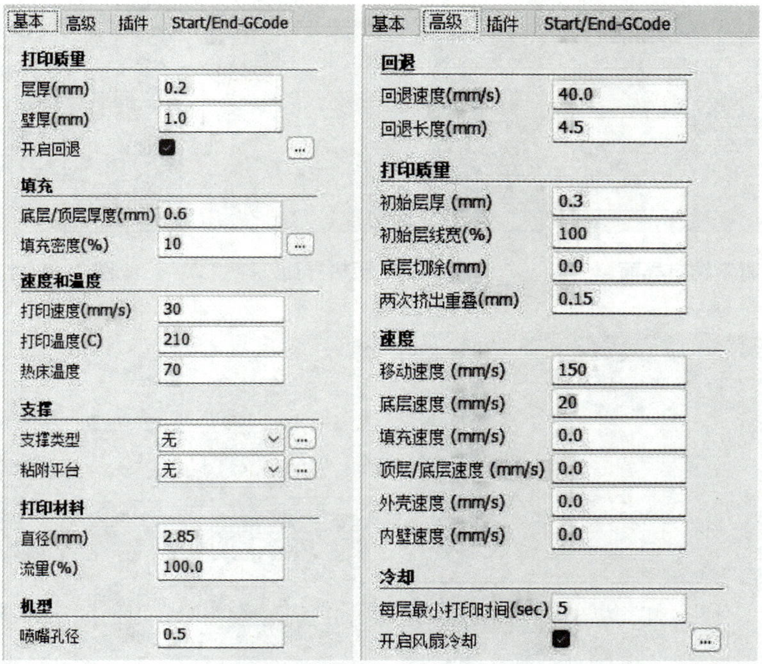

图 3-32 “基本”界面与“高级”界面

(4)准备打印。单击 SD 卡图标，将切片文件保存在 SD 卡中，然后将其插入 3D 打印机，开始打印。

3. 打印成型

将切片数据导入 3D 打印机中。先按打印机后方电源键，给打印机通电，然后按正前方显示器开启键，打印机开机完成，初始界面如图 3-33 所示。单击“工具”按钮，进入如图 3-34 所示的工具界面，单击“装卸耗材”按钮，将材料装夹在打印机上，单击“调平”按钮，进入如图 3-35 所示的调平界面，当机器不动时单击右箭头按钮，进入下一步，直至调平完成，如图 3-36 所示，在工具界面单击“是”按钮，退出调平界面。在工具界面单击“预热”按钮，进入如图 3-37 所示的预热界面，设置预热温度为 55 ℃，喷嘴温度为 210 ℃。回到初始界面，等待温度到达预热温度，单击“打印”按钮，进入如图 3-38 所示的打印界面，找到将要打印的手机支架文件，进入如图 3-39 所示的文件界面，单击“开始”按钮后，进入如图 3-40 所示的加工界面，打印机启动。正常加工结束后，即把手机支架模型打印成物理实体，成品如图 3-41 所示。

图 3-33 初始界面

图 3-34 工具界面

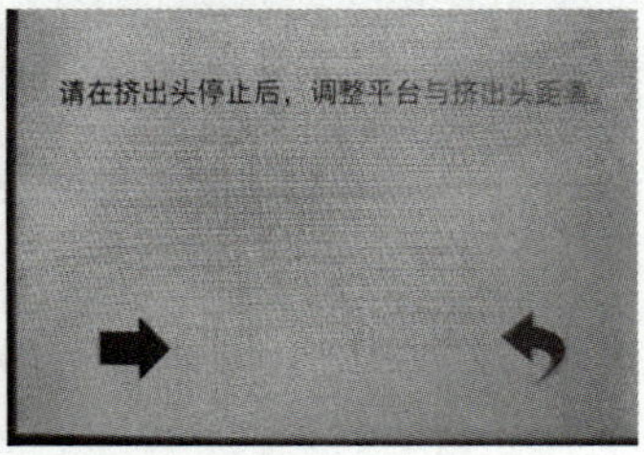

图 3-35 调平界面

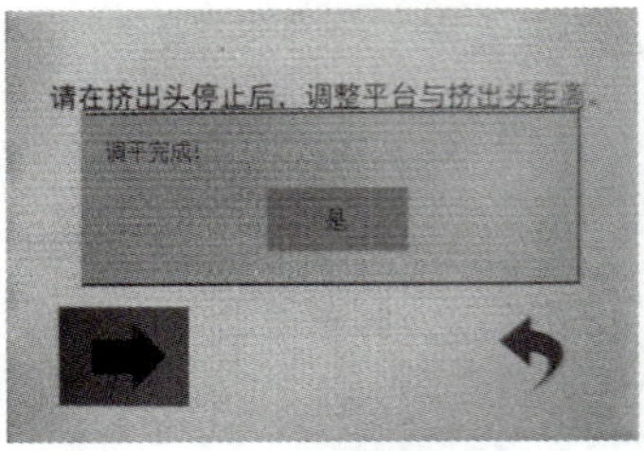

图 3-36 调平结束界面

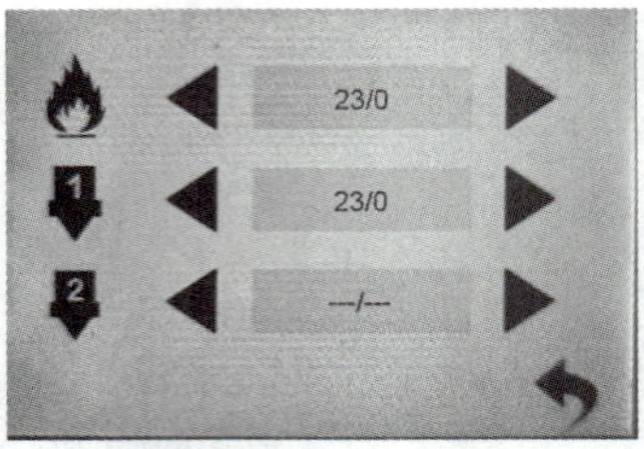

图 3-37 预热界面

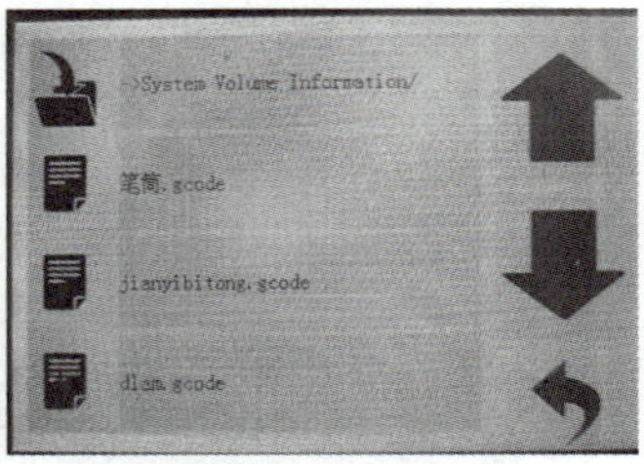

图 3-38 打印界面

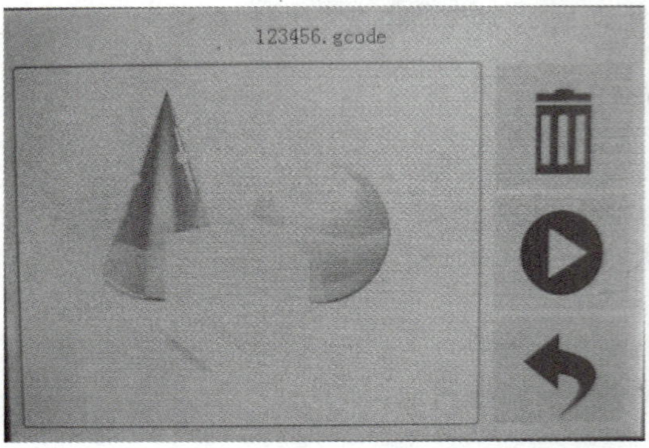

图 3-39 文件界面

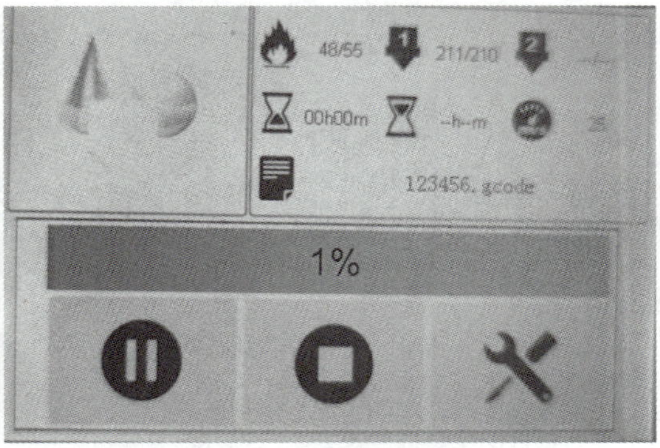

图 3-40 加工界面

4. 完成组装

完成 3D 打印模型后，对于较硬或较密集的模型支撑，用斜口钳、尖嘴镊子去除。对打印成型的组件进行装配，测试其功能性，对不合适的地方进行改进，完成组装，如图 3-42 所示。

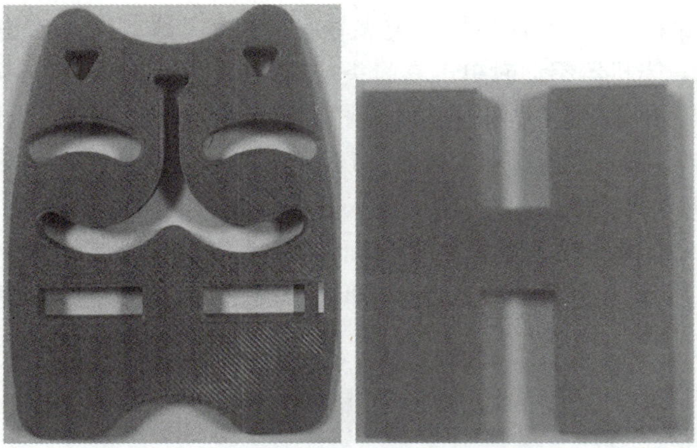

图 3-41 手机支架零件的实体

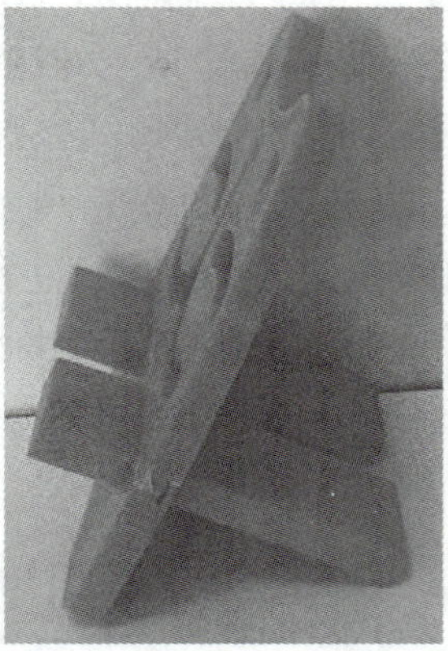

图 3-42 手机支架组装图

5. 关机

原型制作完毕后，如不继续造型，即可将系统关闭。为使系统充分冷却，等待至少 30 min 后再关闭散热按钮和总开关按钮。

3D 打印练习图示例如图 3-43 所示。

更多 3D 打印练习图

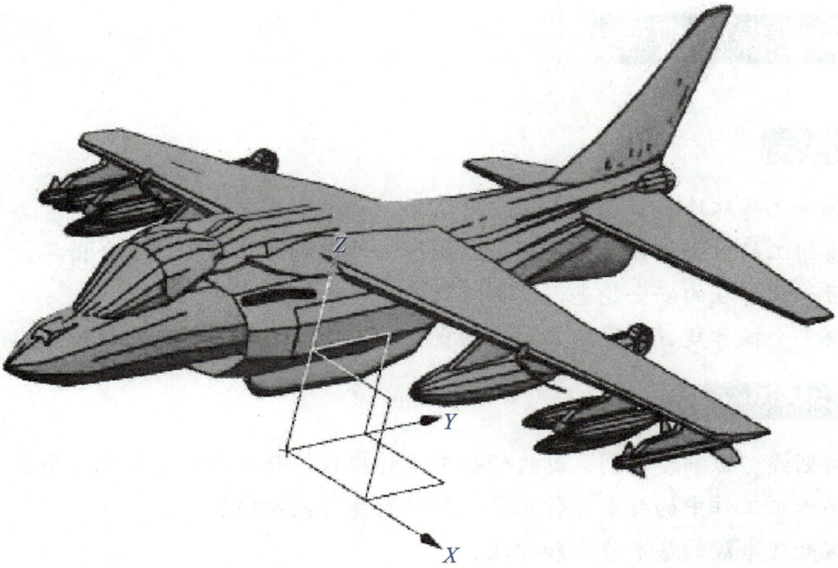

（a）

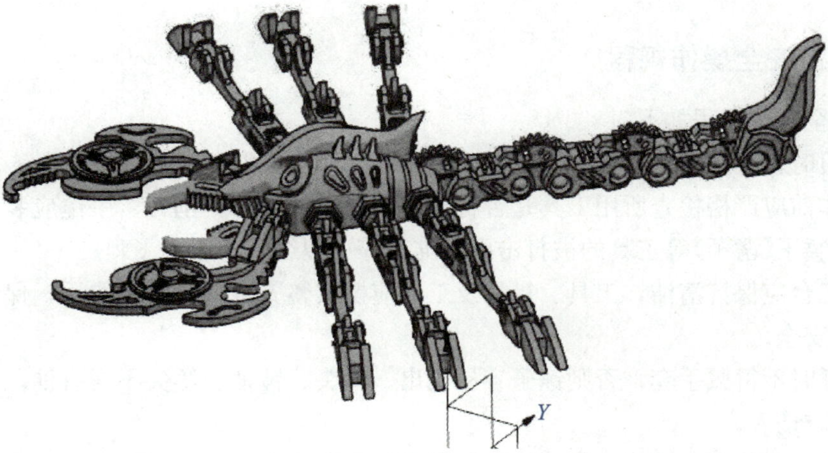

（b）

图 3-43 3D 打印练习图示例

第4章 钳工实习

4.1 安全操作规程

项目目标

(1)培养对工作环境和操作设备的安全认知，减少事故发生的可能性。

(2)熟悉钳工的安全操作规程，确保在实际工作中能够正确实施安全措施。

(3)学习识别潜在的安全隐患，具备应对突发事故的能力。

(4)理解安全操作规程在团队工作中的重要性，促进团队成员之间的安全沟通与合作。

项目内容及任务

(1)了解划线、锯削、锉削、钻铰的安全操作规程，确保操作过程的安全性。

(2)提高钳工工作中的安全操作水平，保障自身及他人的安全。

(3)掌握处理事故的基本步骤和方法。

(4)具有团队合作精神，保持工作环境安全。

4.1.1 钳工安全操作规程

钳工安全操作规程如下：

(1)实习时应穿工作服，不准穿拖鞋或高跟鞋，应将长发盘在工作帽内。

(2)工作前应严格检查所用工具是否符合安全要求，锉刀、刮刀、手锤应装有牢固的手柄，样冲、錾子(凿子)等工具的被打击面不准有淬火裂纹、卷边、飞刺。

(3)钳工台应保持清洁，工具、量具及工件应摆放整齐合理，便于取用，保证操作过程中的方便和安全。

(4)握锤时不得戴手套，否则锤子容易飞出。锤头、锤柄、錾尖不得有油。握锤前要环视四周，以防伤人。

(5)锯条不得装得太松或太紧，否则锯条容易折断伤人。

(6)在钳工台上进行錾削时，应有防护网，尤其注意不能对人，以防錾屑飞出伤人；清理锉屑、锯屑等切屑时要用刷子，不得直接用手清除或用嘴吹除。

(7)工件装夹要牢固，加工通孔时要把工件垫起或让刀具对准工件台槽。

(8)使用钻床时，不得戴手套，不得手拿棉纱操作或用手接触钻头和钻床主轴，严防衣袖、头发被卷到钻头上；更换钻头等工具时应使用专用工具，不得用锤子击打钻夹头。

(9)使用电钻等电动工具时，要有绝缘防护和安全接地措施。

(10)使用砂轮时，操作者应戴好防护眼镜，并站在砂轮侧面，不得正对砂轮，以免发生事故。

(11)禁止用工具、夹具、量具敲击工件和其他物体，以免损坏其精度。

(12)工作场地应保持整齐清洁，做到文明生产。工作完毕后，工作场地要保持干净，设备、工具须进行清洁并归位，始终保持文明、整洁、安全、卫生的良好工作环境。

4.1.2 划线安全操作规程

划线安全操作规程如下：

(1)为熟悉作图方法，可在纸上先练习。

(2)必须正确掌握划线工具的使用方法及划线动作。

(3)要保证划线的尺寸及冲眼的准确性，保证划出的线条细而清楚。

(4)任何工件划线后，都必须仔细检查校对。

(5)保持划线平板整洁，对暂不使用的平板应涂油加盖保护。

(6)划针不用时，应套上塑料套，以免伤人。

(7)工具要合理放置。

(8)对较大工件进行立体划线，安放工件时，应在工件下加垫木，以免发生事故。

(9)划线完毕，收好工具，清理工作场地。

4.1.3 锯削安全操作规程

锯削安全操作规程如下：

(1)必须注意工件的装夹及锯条的安装是否正确，并要注意起锯方法和角度正确，以免造成废品和锯条损坏。

(2)掌握锯削速度，防止锯条很快磨钝，及时纠正错误的姿势。

(3)要适时注意锯缝的平直情况，及时借料。

(4)锯削钢件时，可加些机油，减少摩擦，以提高锯条的使用寿命。

(5)锯削完毕，将锯条放松，但不要拆下，以免零件丢失。

(6)锯削时要防止锯条折断从锯弓上弹出伤人。

(7)工件被锯下的部分要防止跌落后砸在脚上。

4.1.4 锉削安全操作规程

锉削安全操作规程如下：

(1)锉刀放置时不要露出钳台边缘，以防跌落伤人。

(2)不能用嘴吹切屑，以防伤眼或伤手。

(3)不使用无柄或手柄开裂的锉刀。

(4)锉削时不要用手去摸锉削表面，以防锉刀打滑而对手部造成损伤。

(5)锉刀不得沾油或沾水。锉屑嵌入齿缝时须用钢丝刷清除，不能用手直接清除。

(6)不能用锉刀敲击其他物品，以免折断锉刀。

4.1.5 钻铰安全操作规程

钻铰安全操作规程如下：

(1)操作钻床时严禁戴手套，清除切屑时尽量停车进行。

(2)开动钻床前，应检查是否有钻夹头钥匙或斜铁插在钻轴上。

(3)钻通孔时，工件下面必须垫上垫铁或使钻头对准工作台的槽，以免损坏工作台。

(4)操作钻床时，操作者的头部不得靠近旋转的主轴，钻床变速应先停车。

(5)要夹紧工件，孔即将钻穿时要减小切削速度。

(6)清洁钻床或加注润滑油时，必须切断电源。

(7)铰孔时，铰刀刃上如有毛刺或切屑黏附，不可用手清除，应用油石小心地磨去。

(8)铰削通孔时，防止铰刀掉地造成损坏。

4.2 钳工概述

项目目标

(1)了解钳工基本知识、工作范围及其在生产中的地位。

(2)了解钳工常用工具、量具、夹具的使用方法，了解划线、锯削、锉削、钻孔、扩孔、铰孔、锪孔、攻螺纹与套螺纹等基本操作。

(3)了解钳工的特点及分类，提升专业技能。

(4)培养吃苦耐劳的精神，激发学习兴趣，培养创新意识及创新精神。

项目内容及任务

(1)了解钳工所需要的工艺知识，掌握基本操作技能。

(2)理解钳工的基本概念，掌握其工具、设备的种类和使用方法，建立扎实的理论基础。

(3)在实际操作中能分析和解决常见问题，提高实践能力和应变能力。

(4)在团队中学会有效沟通与协作，共同完成项目，提高整体工作效率。

4.2.1 钳工的技能

钳工是一种古老而传统的手工技术工种，主要依靠手工工具进行金属材料的加工、装配和修理。钳工的工作范围广泛，从简单的紧固件装配到复杂的机械零件加工，都离不开钳工的技能。钳工不仅需要具备扎实的理论知识，还需要有高超的动手能力和丰富的实践经验。

钳工的基本技能包括划线、锯削、锉削、钻孔、攻螺纹和套螺纹等。这些技能是钳工进行各种操作的基础，每项技能都有其独特的操作方法和技巧。

(1)划线是钳工在工件上标出加工位置和轮廓线的过程。划线工具主要包括划针、划规、高度尺等。划线的准确性直接影响后续加工的质量。

(2)锯削是钳工将工件切割成所需形状和尺寸的过程。常用的锯削工具有手锯和弓锯等。锯削时，锯条的进给速度、锯削角度和锯削力度都需要精确控制，以保证锯削面平整和尺寸精确。

(3)锉削是钳工通过锉刀对工件表面进行修整和加工的过程。锉刀的种类繁多，包括平锉、半圆锉、三角锉等。锉削时，需要根据工件的形状和加工要求选择合适的锉刀，并采用正确的锉削方法。

(4)钻孔是钳工在工件上加工孔的过程。常用的钻孔工具有手摇钻和电钻等。钻孔时，须选择合适的钻头，并调整好钻孔的角度和深度，以确保孔的位置和尺寸符合要求。

(5)攻螺纹和套螺纹是钳工在工件上加工螺纹的过程。攻螺纹是用丝锥在孔中加工内螺纹，而套螺纹是用板牙在棒材上加工外螺纹。攻螺纹和套螺纹时，须控制好转速和进给量，以保证螺纹的质量。

除以上基本技能外，钳工还需要掌握一些高级技能，如测量、装配和调试等。这些技能在复杂机械的制造和维修中尤为重要。

(1)测量是钳工对工件进行尺寸和形状检测的过程。常用的测量工具有卡尺、千分尺、百分表等。测量时，需要根据工件的精度要求选择合适的测量工具，并采用正确的测量方法。

(2)装配是钳工将多个零件组合成一个完整的机械装置的过程。装配时，需要按照装配图和技术要求进行操作，并确保各零件之间的配合精度。

(3)调试是钳工对装配好的机械装置进行性能测试和调整的过程。调试时，需要根据机械装置的工作原理和性能要求，对各个零件进行微调，以达到最佳的工作状态。

钳工的工作不仅需要精湛的技艺，还需要细心和耐心。随着现代工业的发展，钳工的角色也在不断变化，但其在机械制造和维修中依然不可替代。

4.2.2 钳工的特点、常用设备和分类

1. 钳工的特点

1)手工操作

钳工主要是利用手工工具(如台虎钳)以及部分机械工具，来完成零件的加工、装配和调试等任务。在不适于大规模机械加工的场合，如机械设备的维修、精密零件的加工等方面，钳工操作具有独特的优势。

2)冷加工

在加工过程中，通常不需要对金属材料进行加热，而是直接通过切削、锉削、钻孔等方式进行加工。这种冷加工方式有利于保持材料的原有性能和精度，同时避免了热加工可能带来的材料变形和内部应力等问题。

3)加工灵活

钳工加工不受机械设备和加工场地的限制，可以根据具体需求在多种场合下进行加工。特别是在机械设备的维修工作中，钳工能够灵活应对各种复杂情况，完成机械部件的修复和替换。

4)操作方便

钳工使用的工具和设备相对简单、价格低廉且携带方便，这使钳工能够迅速响应各种加工需求，提高工作效率。

2. 钳工的常用设备

1)钳工平台

(1)装配平台：主要用于装夹台虎钳和放置工具、工件的专用工作台。装配台为钳工工作提供一个稳定的工作平台，便于进行各种钳工操作，如锯削、锉削、装配等。

(2)检验平台：主要用于完成各种检验工作，如精密测量用的基准平面，可用作机床机械测量基准，检查零件的尺寸精度或形位偏差，以及作为精密划线基准。在机械制造中检验平台也是不可缺少的基本工具。

(3)划线平台：主要用于在工件上标记切割、钻孔或其他加工线条，其表面通常涂有特殊材料，便于划线且不易磨损；配有划线工具，以确保加工的准确性，如划线规、激光定位器等。

2)台虎钳

台虎钳是用来夹持工件的通用夹具，固定在钳工平台上，通过夹持工件，使其保持稳定，便于进行锯、锉、錾等加工操作，是钳工车间必备工具之一。通常以钳口的宽度标定台虎钳的规格，如 100 mm、125 mm、150 mm 等。

3)砂轮

砂轮是由结合剂将普通磨料固结成一定形状(多数为圆形，中央有通孔)的固结磨具。按结合剂的不同，常见的砂轮有陶瓷砂轮、树脂砂轮、橡胶砂轮等。砂轮高速旋转时，可对金属工件或非金属工件进行粗磨、半精磨和精磨，以及进行开槽和切断等操作。

4)钻床

钻床是一种体积小巧、操作简便的小型钻孔加工机床。主轴垂直布置，钻孔直径一般在 32 mm 以下。该设备主要用于钻孔加工，也可用于其他小孔径的加工。

3. 钳工的分类

1)装配钳工

装配钳工主要进行零部件的装配前检查，确保质量合格，避免隐患和返工，从而优质、高效、低耗地完成生产任务，确保生产计划的严肃性。同时，负责将零件、部件按照图纸和技术要求组装成完整的机器或设备。执行工艺纪律，确保装配过程中的每一步都符合规范。

2)修理钳工

修理钳工对机械设备进行日常维护和故障排查；对损坏或磨损的部件进行修复或更换，确保机械设备的正常运行，减少停机时间和维修成本；记录和分析设备故障情况，并提出改进措施，防止类似故障再次发生。

3)模具钳工

模具钳工负责模具的加工、制作、维修以及日常维护；全面了解模具的工作原理和结构性能，根据生产要求进行调整；对模具进行定期检查和保养，确保其正常使用环境；对不能满足生产要求的模具进行维修或更换。

4.3 钳工的基本操作

项目目标

(1)学习和掌握钳工的基本操作技能，达到能独立完成简单加工任务的水平。

(2)应用相关的技术标准和工艺要求，确保加工的零件符合设计规格，提升工作质量。

(3)培养良好的安全操作习惯，减少工作中的安全隐患，确保自身和他人的安全。

(4)在实际操作中遇到问题时，能够分析原因并采取相应的解决措施，提升实践能力。

项目内容及任务

(1)熟悉常用钳工工具的种类、功能及其正确使用方法。

(2)掌握工具的维护保养知识，确保工具的安全性和有效性。

(3)进行切割、磨削、钻孔、铣削等基本操作的反复练习，提高操作熟练度。

(4)学习使用各种测量工具，进行尺寸测量和检查，确保加工精度。

(5)培养良好的工作态度，不怕吃苦，敢于动手，善于实践、创新。

4.3.1 划线

1. 划线的作用

划线是一种基本的测量和标记方法，根据图样或实物的尺寸要求，使用划线工具在毛坯或半成品工件上划出待加工部位的轮廓线或作为基准的点、线，这些点和线标明了工件某部分的形状、尺寸或特征，并确定了加工的尺寸界限。划线可以帮助钳工在工件上准确地标出加工线、中心线、孔位等重要位置，确保工件的尺寸和形状符合设计要求，从而提高加工精度和产品质量，其具体作用如下：

(1)确定工件上各加工面的加工位置和加工余量。

(2)可全面检查毛坯的形状和尺寸是否符合图样，能否满足加工要求。

(3)在坯料出现缺陷的情况下，可通过划线时的“借料”方法尽可能补救。

(4)在板料上按划线下料，可做到正确排料，合理使用材料。

2. 划线的种类

钳工划线一般可以分为平面划线和立体划线两种。平面划线是指在平面物体表面进行标记和测量，以确定加工的位置、尺寸和形状，如图 4-1 所示。立体划线是指在三维工件上进行标记和测量，以确定复杂形状的加工位置和方向，如图 4-2 所示。

划线方法多种多样，常见的有直接划线法、间接划线法和投影划线法等。直接划线法是最基本的划线方法，适用于简单的划线任务。间接划线法适用于复杂或精度要求较高的情况，通过借助辅助工具和设备来提高划线的准确性。投影划线法是利用投影仪将设计图纸上的图形投影到工件表面，然后进行划线。此外，冲眼是划线过程中不可或缺的一步，其操作方式是在划线位置上用冲子轻轻敲击出一个小坑，以便于后续的加工和测量。掌握这些划线方法和冲眼技巧，对于提高工作效率和加工质量具有重要意义。

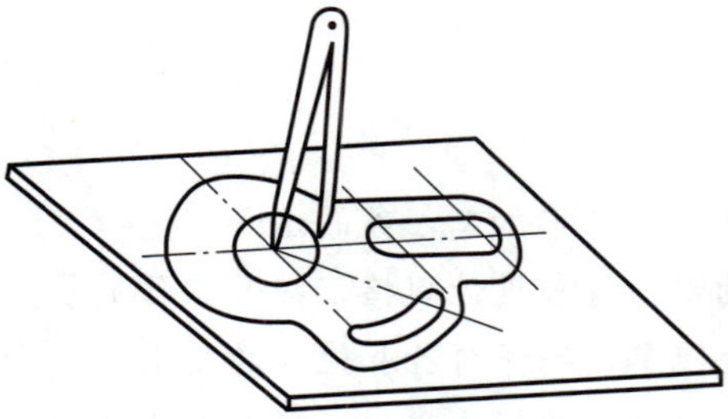

图 4-1 平面划线

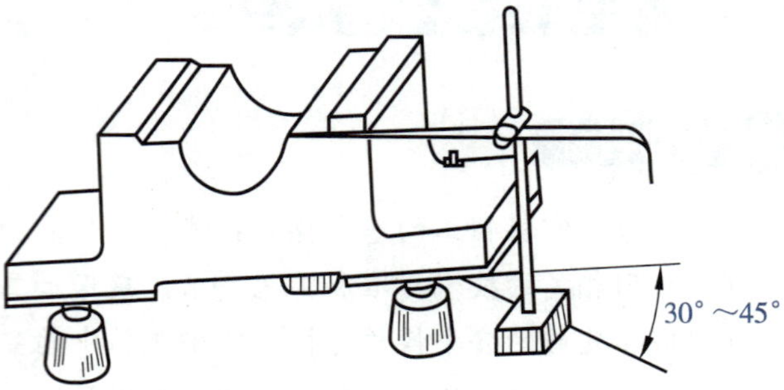

图 4-2 立体划线

3. 划线工具

在进行划线操作时，选择合适的划线工具是非常关键的。常用的划线工具包括划线平板、量具、直接划线工具、夹持工具等。

1)划线平板

划线平板由铸铁制成，其工作表面经过精加工处理，如精刨、刮削或精磨，以达到非常高的平直度和低的表面粗糙度值。它是检查零件平面度、直线度等几何公差的测量基准，同时也用于零件划线、研磨加工、装夹设备等，其外观如图 4-3 所示。

图 4-3 划线平板

2)量具

划线用的量具主要有钢直尺、90°直角尺、高度尺。

(1)钢直尺是一种常用的简单测量工具，通常由不锈钢材料制成，具有刻度精确、测量方便等特点。它主要用于测量零件的长度、宽度、高度等尺寸，是机械加工、装配和修理等工作中不可或缺的量具，其外观如图 4-4 所示。

图 4-4 钢板尺

(2)90°直角尺，又称角尺或拐尺，是一种用于检测工件垂直度、平行度及角度的测量工具。它通常由一个直角尺座和一个活动尺体组成，通过旋转或滑动活动尺体可以测量不同角度的工件。90°直角尺广泛应用于机械加工、装配、维修等领域，其外观如图 4-5 所示。

(3)高度尺是一种用于测量工件高度、深度或厚度的精密量具。它通常由尺身、微动装置、紧固装置等部分组成，通过旋转或移动尺身可以精确测量工件的高度尺寸，其外观如图 4-6 所示。

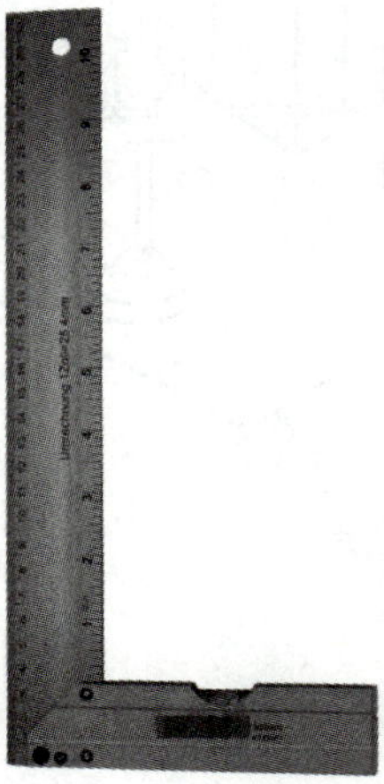
图 4-5 直角尺

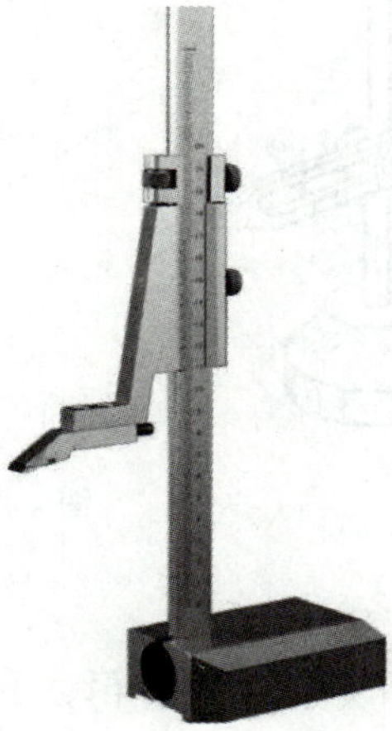
图 4-6 高度尺

3)直接划线工具

直接划线工具主要有划针、划规、划线盘。

(1)划针，如图 4-7(a)所示，是钳工用来在工件表面划线条的工具，常与钢直尺、90°直角尺或划线样板等导向工具一起使用。它主要由弹簧钢丝或高速钢制成，直径为 3～6 mm，尖端呈 15°～20°，并经淬硬处理，以确保其不易磨损和变钝。划针用于在工件上划出各种线条，如基准线、轮廓线、中心线等，为后续的加工提供准确定位。

(2)划规，如图 4-7(b)所示，一种用于量取尺寸、定角度、划分线段、划圆、划圆弧线以及测量两点间距离的多功能划线工具。它由工具钢或不锈钢制成，两脚尖端淬硬或在两脚尖端焊上一段硬质合金，以提高耐磨性。划线方法如图 4-7(c)所示。

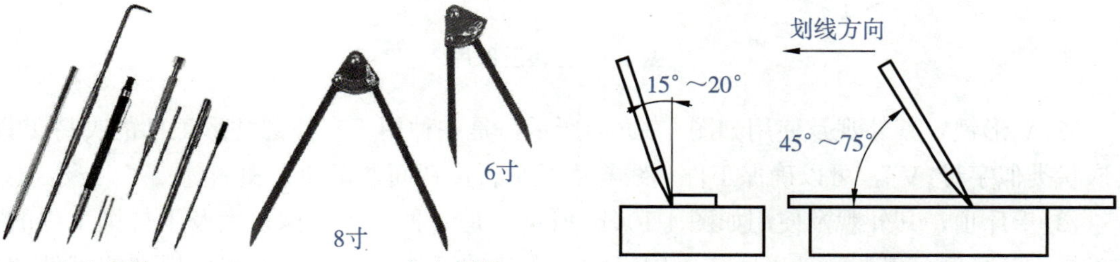

(a)划针　(b)划规　(c)划线方法

图 4-7 划针、划规及划线方法

(3)划线盘，其外观及使用如图 4-8 所示，是在工件上划线和校正工件位置的常用工具。划线盘用于在工件上划出各种复杂的线条和轮廓，同时也可用于校正工件的位置，以确保加工精度。

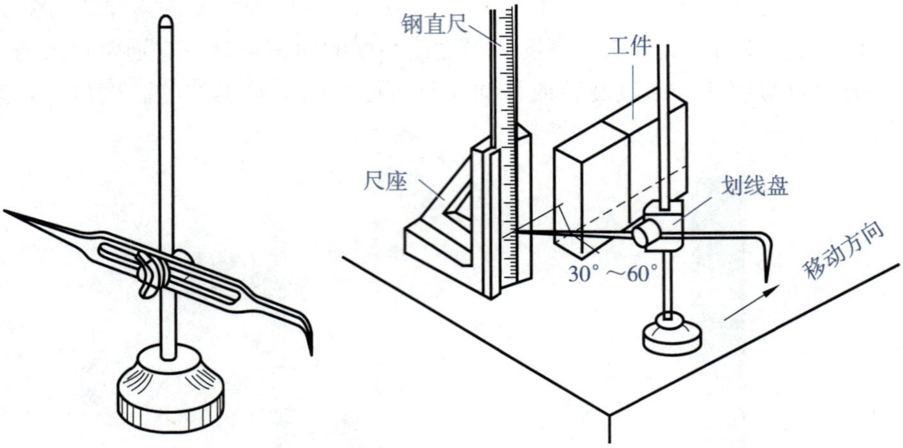

图 4-8　划线盘及使用

4)夹持工具

划线所用的夹持工具主要有方箱、千斤顶、V 形铁。

(1)方箱，其外观及使用如图 4-9 所示。这种铸铁制成的空心立方体工具，其各相邻的两个面均互相垂直，主要用于夹持、支承尺寸较小而加工面较多的工件。通过翻转方箱，可以在工件的表面划出互相垂直的线条，从而帮助用户确定工件的加工位置和尺寸。

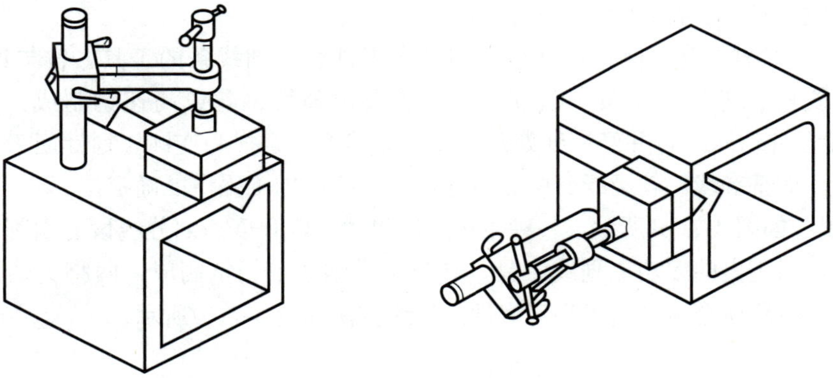

图 4-9　方箱及使用

(2)V 形铁，其外观及使用如图 4-10(a)所示，是一种用于支撑圆柱形工件的夹持工具。其形状类似字母“V”，可以确保工件轴线与底板平行，从而便于加工和测量。

(3)千斤顶，其外观及使用如图 4-10(b)所示，是一种用于支撑较大及不规则工件的夹持工具。其高度可以调整，以适应不同尺寸和形状的工件。通常较大或不规则的工件使用三个千斤顶支承，以确保工件的稳定性和安全性。

每种划线工具都有其特定的用途和使用方法。例如，划针主要用于在工件表面划出直线或曲线，而划规用于测量和标记距离。因此，必须根据具体的划线任务选择合适的划线工具，并熟练掌握其使用技巧。

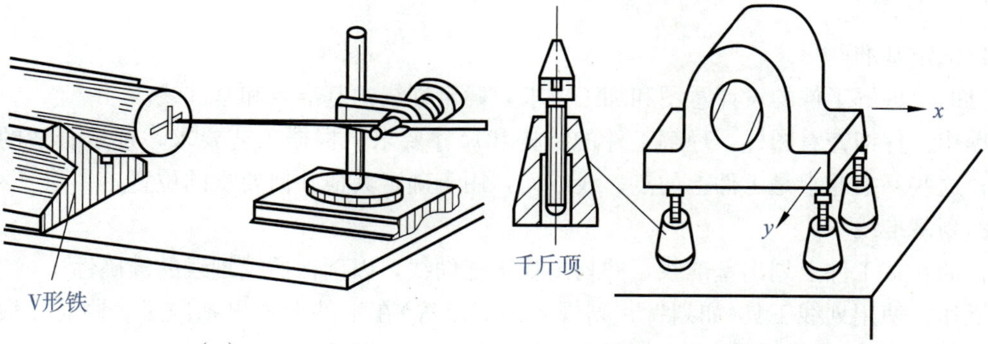

（a）（b）

图 4-10 V 形铁及千斤顶的使用

4. 准备工作

1)工件清理

目的：去除工件表面的油污、铁锈、毛刺、氧化皮、油漆等杂质，以显露工件的真实表面，便于划线操作和保证划线的清晰度。

方法：根据工件材质和表面状况，选择合适的清洁工具和方法。常见的清洁工具包括钢丝刷、砂纸、刮刀、溶剂等。对于油污较重的工件，可以使用溶剂清洗；对于锈蚀严重的工件，可能需要先进行除锈处理。

2)工件检查

目的：确认工件是否符合划线前的要求，包括尺寸、形状、平整度、表面质量等方面。这有助于避免因工件本身的问题而导致划线失败或误差。

方法：利用量具(如卡尺、千分尺、水平尺、游标卡尺等)对工件的关键尺寸和形状进行检查。同时，目视检查工件表面是否有裂纹、凹坑、凸起等缺陷，这些都可能影响划线效果。

3)定位与夹紧

目的：确保工件在划线过程中保持稳定的位置和姿态，防止因工件移动或转动而导致划线误差。

方法：根据工件的形状和大小，选择合适的夹具和定位装置将工件牢固地夹紧在工作台上。对于大型或重型工件，可能需要使用专用夹具或吊装设备进行定位和夹紧。

4)准备工具

目的：确保划线工具完好无损、锋利可靠，以便在划线过程中能够清晰地划出所需的线条和轮廓。

方法：检查划线工具(如划针、划规、钢直尺、高度尺等)是否磨损、松动或损坏。如有必要，进行更换或修复。同时，确保划线工具的刻度清晰、准确。

5)清理工作环境

目的：确保工作环境整洁、明亮、通风良好，为划线操作提供良好的工作条件。

方法：清理工作区域，确保无杂物、无绊脚物。保持工作台面平整和干净。开启照明设备以确保光线充足。打开通风设备以保持空气流通。

5. 划线流程

1)选定基准

目的：理解工件的设计意图和加工要求，确定划线的基准点和基准线。

操作：仔细查看图样，理解工件的结构和尺寸要求。根据工艺要求，选定合适的划线基准，这些基准通常是工件上的点、线或面，用于确定其他几何要素的位置。

2)划基准线

目的：在工件上划出基准线，并划出找正辅助线，以确保后续划线的准确性。

操作：使用划线工具(如划针、划规、钢直尺等)在工件上划出基准线。同时，根据需要划出找正辅助线，这些线条有助于在划线过程中保持工件的方向和位置正确。

3)划其他线

目的：根据图样要求，在工件上划出除基准线和找正辅助线以外的其他线条。

操作：按照图样上的尺寸和形状要求，使用划线工具在工件上逐一划出所需的线条。这些线条可能包括直线、斜线、平行线等。

4)划圆形或圆弧的轮廓线与斜线

目的：在工件上划出圆形、圆弧或其他特殊形状的轮廓线。

操作：使用专用的划线工具(如划规、圆规等)在工件上划出圆形或圆弧的轮廓线。对于斜线或其他特殊形状的线条，则需要根据图样要求采用相应的划线方法。

5)核对尺寸

目的：确保划出的线条符合图样要求，尺寸准确无误。

操作：使用量具(如卡尺、千分尺、游标卡尺等)对划出的线条进行尺寸检查。核对每条线条的长度、宽度、角度等是否与设计要求一致。

6)打样冲眼

目的：在已划的线条上打样冲眼，以便在后续加工中清晰地识别出线条的位置。

操作：使用样冲工具在已划的线条上打出一定深度和直径的样冲眼。样冲眼应打在线条的交叉点、端点或其他重要位置处，以确保后续加工的准确性。

划线

4.3.2 锯削

1. 锯削的特点

锯削是一种利用锯条进行切割的加工方法，广泛应用于金属、木材和其他材料的加工。锯削的特点主要包括以下几个方面：

(1)操作简便。锯削不需要复杂的设备，只需一把锯条和适当的手动操作技巧即可完成。这使锯削成为一种非常普及的加工方式，尤其适用于现场作业和小批量生产。

(2)适用性强。锯条种类繁多，可以根据不同的材料和加工要求选择合适的锯条。例如，针对金属材料，可以选择高速钢锯条；针对木材，可以选择齿距较大的木工锯条。

(3)灵活性高。锯削可以在各种位置和角度进行，不受工件形状和大小的限制。这使锯削在复杂零件的加工中具有独特的优势。

(4)成本低廉。与其他机械加工方法相比，锯削的成本较低。不需要昂贵的设备投资，且锯条的更换成本也相对较低。

(5)加工精度有限。由于锯削主要依靠手工操作，因此加工精度受操作者技能和经验的影响较大。对于高精度要求的工件，锯削可能不是最佳选择。

(6)加工效率较低。与机械加工方法相比，锯削的加工效率较低，尤其是在处理大面积或大体积材料时。因此，锯削更适合小批量或单件生产。

(7)表面质量一般。锯削后的工件表面质量通常不如机械加工方法，表面可能存在锯痕和毛刺。因此，锯削后的工件往往需要进行进一步打磨和抛光处理。

(8)安全要求高。锯削过程中，操作者需要格外注意安全，避免手指或其他身体部位接触到锯条。使用合适的防护装备和正确的操作姿势是确保安全的关键。

锯削作为一种传统的加工方法，在现代制造业中依然占有重要地位。尽管机械加工技术不断进步，但锯削因其独特的优势，在某些特定场合仍然不可或缺。掌握锯削技术，能够为工程师和技工提供更多的加工选择和灵活性。

2. 手锯

手锯是木工和金属加工中不可或缺的工具之一，其种类繁多，适用于不同的工作需求。手锯由锯弓和锯条两部分组成。锯弓用于安装和张紧锯条，有固定式和可调式两种。固定式锯弓只能安装一种长度的锯条，可调式锯弓通过调整可以安装多种长度的锯条，如图 4-11 所示。

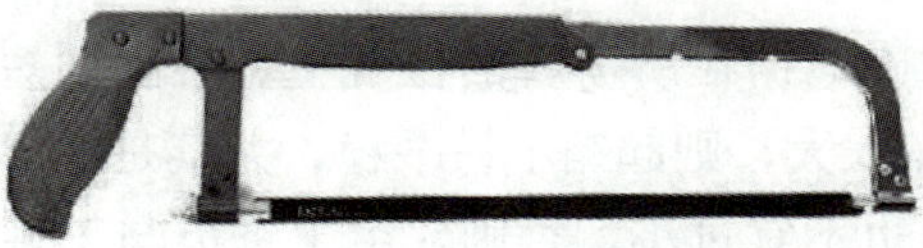

(a) 可调式锯弓

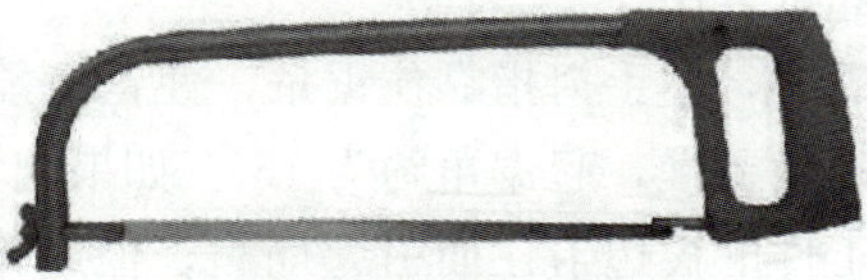

(b) 固定式锯弓

图 4-11 锯弓

3. 锯条

锯条由一系列锋利的锯齿组成，能高效地切割各种材料。制造锯条时，将锯齿按一定的规律左右错开，排列成一定的形状，称为锯路。其作用是使工件上的锯缝宽度大于锯条背部的厚度，从而减少锯削过程中的摩擦、夹锯和锯条折断现象，延长锯条的使用寿命。锯路有交叉形和波浪形。

1)锯条的选用

锯条因为锯齿的不同而有不同的选择方法。锯齿的粗细一般根据加工材料的软硬、切面大小等因素来选用。粗齿锯条的容屑槽较大，适用于锯削软材料或切面较大的工件；锯削硬材料或切面较小的工件应该用细齿锯条；锯削管子和薄板时，必须用细齿锯条。锯齿的分类如表 4-1 所示。

表 4-1 锯齿的分类

类别	每 25 mm 长度内的齿数	应用场景
粗	14～18	锯削软钢、黄铜、铝、紫铜、人造胶质材料

续表

类别	每 25 mm 长度内的齿数	应用场景
中	22～24	锯削中等硬度钢、厚壁的钢管、铜管
细	32	锯削薄片金属、薄壁管子
细中	32～20	一般工厂中用，易于起锯

2)锯条的安装

安装锯条时，锯齿要朝前，不能反装。锯条安装时松紧要适当，太松或太紧在锯削过程中都容易导致锯条折断，太松还会导致锯缝歪斜，一般锯条的松紧程度以两个手指的力旋紧为止，如图 4-12 所示。

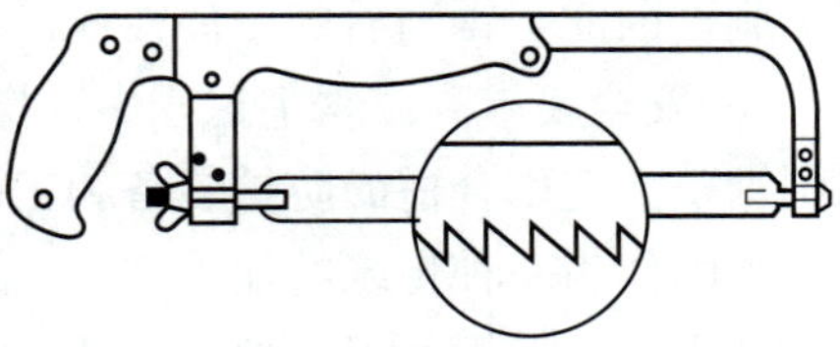

图 4-12　锯条的正确安装

4. 手锯的操作方法

1)工件的装夹

(1)工件应装夹在台虎钳的左面，以便操作。

(2)工件不应伸出钳口过长，锯缝距钳口侧面约 20 mm，防止产生振动。

(3)锯缝线要与钳口侧面保持平行，便于控制锯缝不偏离所划线条。

(4)紧固牢靠，同时避免使工件夹变形和夹坏已加工面。

2)起锯方法

起锯时，左手拇指靠住锯条，使锯条能准确地锯在所需要的位置上，行程要短，压力要小，速度要慢，起锯角约为 15°。如果起锯角太大，则起锯不易平稳，尤其是近起锯时锯齿会被工件的棱边卡住而引起崩裂。但起锯角也不宜过小，否则，由于锯齿与工件同时接触的齿数较多，不易切入材料，多次起锯往往容易发生偏离，使工件表面锯出许多锯痕，影响表面质量。

起锯分远起锯和近起锯两种方法，一般情况下采用如图 4-13(a)所示的远起锯较好，因为远起锯时锯齿是逐步切入材料的，锯齿不易被卡住，起锯较方便。近起锯如图 4-13(b)所示，虽然能使锯条准确地锯在所需要的位置上，但是易卡齿。

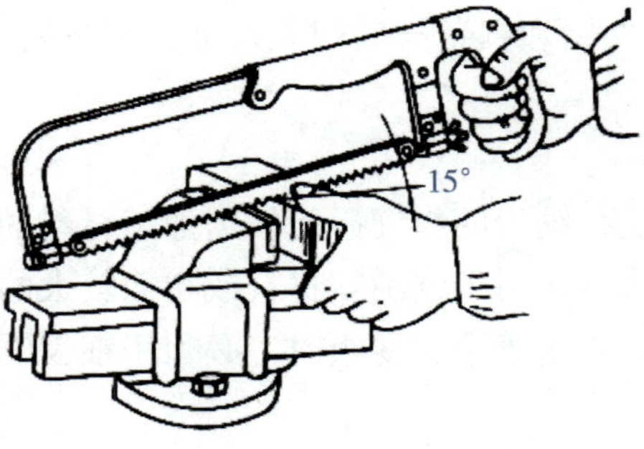

(a) 远起锯

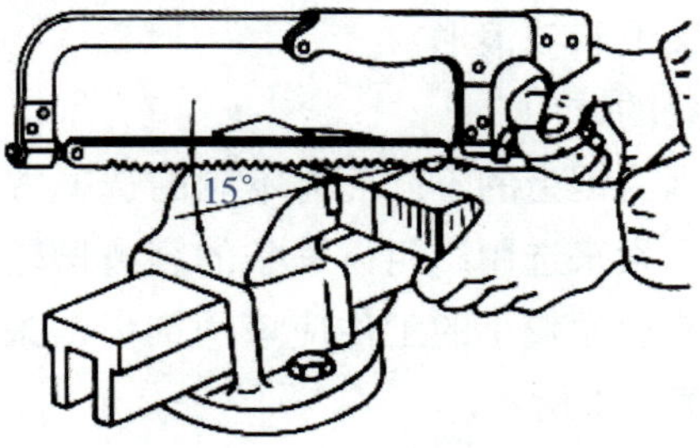

(b) 近起锯

图 4-13　起锯方式

3)锯削规范

(1)手锯的握法，如图 4-14(a)所示，右手紧握锯柄，左手轻扶在锯弓的前端，防止锯条偏斜。

(2)锯削时，如图 4-14(b)、图 4-14(c)、图 4-14(d)所示，身体应向前倾斜 10°～18°，左膝稍弯，右腿蹬直。身体的重心要落在左脚上，两脚站稳不动，靠左腿的屈伸使身体做往复运动。

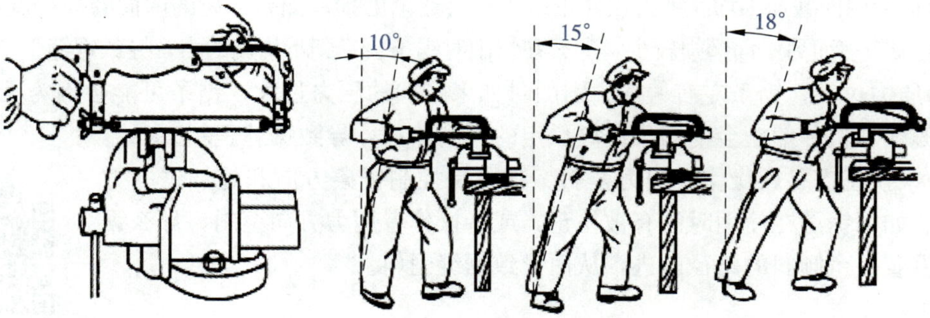

(a) (b) (c) (d)

图 4-14 锯削的正确姿势

(3)向前推锯时，两手要均匀施加压力，实现切削作用；返回时，锯条要轻轻滑过加工表面，两手不施加压力。

(4)锯削时，应使锯条全长的 2/3 以上参与锯切工作(以防锯条局部磨损，损坏锯条)，推动速度不要过快或过慢，控制在每分钟往复 40 次为宜。

5. 锯削问题的原因分析

1)锯条折断

导致锯条折断的原因如下：

(1)工件未夹紧。当工件没有被正确夹紧时，锯削过程中工件可能会发生移动或晃动。这种不稳定的锯削条件会导致锯条在锯削过程中受到额外的侧向力，增加锯条断裂的风险。

(2)锯条装得过紧或过松。锯条装夹过紧会使锯条在锯削时缺乏必要的灵活性，容易在受到冲击或压力时突然断裂。相反，如果锯条装夹过松，锯削时锯条容易晃动，同样会导致锯条受到不均匀的力而断裂。

(3)压力过大或过猛。锯削时如果施加的压力过大或操作过猛，锯条会承受超过其设计强度的力，从而导致锯条断裂。

(4)强行纠正歪斜的锯缝。锯削过程中，如果锯缝发生歪斜，强行纠正锯缝方向会使锯条受到突然且不均匀的侧向力，增加锯条断裂的风险。

(5)中间磨损、因伸长卡住而折断。随着锯削的进行，锯条中间部分可能会因磨损而变薄，同时锯条会因为锯削过程中产生的热量而伸长。当锯条伸长并卡在工件中时，如果继续施加锯削力，可能会导致锯条在薄弱处断裂。

(6)停用时未从工件中取出而碰断。工作结束后，如果锯条仍然留在工件中未取出，那么在移动工件或进行其他操作时，锯条可能会受到意外冲击或碰撞，从而导致其断裂。

2)锯缝歪斜

导致锯缝歪斜的原因如下：

(1)锯缝线不垂直。在开始锯削之前，如果锯条没有与工件表面保持垂直，即锯缝线不垂直，那么锯削过程中锯条就会沿着一个倾斜的路径前进，导致锯缝歪斜。

(2)锯条太松。如前所述，锯条装夹过松会导致锯削时锯条晃动，无法保持稳定的锯削路径。这种不稳定性会导致锯缝偏离预定的直线，形成歪斜的锯缝。

(3)锯齿两面磨损不均。锯齿在使用过程中会逐渐磨损。如果锯齿的两面磨损程度不一致，即一面磨损较多而另一面磨损较少，那么在锯削时锯条会受到不均匀的力，导致锯缝歪斜。

(4)压力过大，锯条左右偏摆。锯削时如果施加的压力过大，锯条可能会因为无法承受而左右偏摆。这种偏摆会使锯条偏离预定的锯削路径，导致锯缝歪斜。

(5)未扶正锯弓或操作者用力歪斜。锯弓是控制锯条方向和施加锯削力的工具。如果锯弓在使用时没有被扶正，或者操作者用力方向歪斜，那么锯条就会沿着一个倾斜的路径前进，从而导致锯缝歪斜。

锯削

4.3.3 锉削

1. 锉削的特点

用锉刀对工件表面进行切削加工，使其尺寸、形状、位置和表面粗糙度等都能达到要求的加工方法叫锉削。它加工方式简便，工作范围广，多用于錾削、锯削后的精加工。锉削可对工件上的平面、曲面、内外圆弧、沟槽和各种复杂形状的表面进行加工，其精度可达 IT8～IT7 级，表面粗糙度值可达 Ra 0.8 μm。锉削可用于样板、模具、型腔的成型，以及部件、机器装配时的修整，是钳工的主要操作方法之一。

2. 锉刀

1)锉刀的材料

锉刀用高碳工具钢 T12、T13 或 T12A、T13A 制成，经热处理后硬度可达 62～72 HRC。锉刀由锉身和锉柄两部分组成。

2)锉刀的种类

钳工用锉刀有多种类型，按其断面形状不同分为平锉、方锉、三角锉、圆锉、半圆锉、菱形锉、刀形锉，如图 4-15 所示，可以根据工件的形状，选择合适的锉刀。

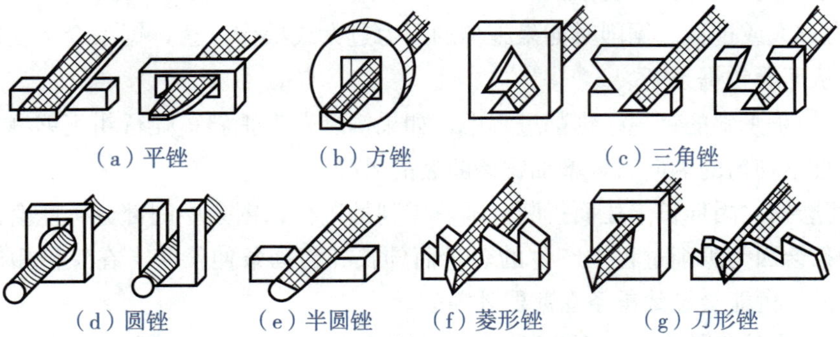
(a) 平锉　(b) 方锉　(c) 三角锉
(d) 圆锉　(e) 半圆锉　(f) 菱形锉　(g) 刀形锉

图 4-15　锉的种类

3)锉刀的尺寸规格

圆锉以其断面直径为尺寸规格，而方锉以其边长为尺寸规格，其他锉刀则以锉身长度为尺寸规格。常用的锉刀有 100 mm、125 mm、150 mm、200 mm、250 mm、300 mm 和 350 mm 等规格。异形锉和整形锉的尺寸规格是指锉刀全长。锉齿的粗细规格以锉刀每 10 mm 轴向长度内的主锉纹条数表示，如表 4-2 所示。

表 4-2 锉刀的锉纹号

规格/mm	锉纹号(10 mm 以内主锉纹条数)				
	1 号	2 号	3 号	4 号	5 号
100	14	20	28	40	56
125	12	18	25	36	50
150	11	16	22	32	45
200	10	14	20	28	40
250	9	12	18	25	36
300	8	11	16	22	32
350	7	10	14	20	—
400	6	9	12	—	—
450	5.5	8	11	—	—

注：1 号锉纹为粗齿锉刀；2 号锉纹为中齿锉刀；3 号锉纹为细齿锉刀；4 号锉纹为双细齿锉刀；5 号锉纹为油光锉刀。

4)锉刀的选择原则

锉刀的选择原则与工件的表面质量、材料及锉刀的参数有关。锉削参数如表 4-3 所示。

表 4-3 锉削参数

粗细规格	适用场合		
	锉削余量/mm	尺寸精度/mm	表面粗糙度 Ra/μm
1 号(粗齿锉刀)	0.5～1	0.5～0.2	100～25
2 号(中齿锉刀)	0.2～0.5	0.2～0.05	25～6.3
3 号(细齿锉刀)	0.1～0.3	0.05～0.02	12.5～3.2
4 号(双细齿锉刀)	0.1～0.2	0.02～0.01	6.3～1.6
5 号(油光锉刀)	0.1 以下	0.01	1.6～0.8

(1)根据工件的表面形状和加工面的大小选择断面形状和规格。

(2)根据材料软硬、加工余量、精度和表面粗糙度等要求选择锉刀的齿纹粗细。

(3)粗齿锉刀一般用于锉削铜、铝等软金属，以及加工余量大、精度要求低和表面粗糙度值高的工件。

(4)中齿锉刀适用于粗锉后的加工。

(5)细齿锉刀适用于锉削钢、铸铁，以及加工余量小、精度要求高和表面粗糙度值较低的工件。

(6)油光锉用于最后修光表面，表面粗糙度值可达 Ra 0.8 μm。

3. 锉削后误差的检测方法

在进行锉削操作之后，为了确保加工件的精度和质量，必须对锉削后的误差进行检测。具体的检测方法可以参考表 4-4，以确保锉削后的工件符合预定的尺寸和公差要求。

表 4-4 锉削表面的检测方法

检测项目	检测方法
直线度的检测	透光法
垂直度的检测	刀口直角尺、塞尺
尺寸的检测	游标卡尺、千分尺
表面粗糙度的检测	目测、样板对照

4. 锉刀的握法

用大锉刀锉削时，右手紧握锉柄，柄端抵住拇指根部，大拇指放在锉刀柄上部，其余四指由下而上地握着锉刀柄。左手的基本握法是将拇指根部压在锉刀头上，拇指自然伸直，其余四指弯向手心，用中指、无名指捏住锉刀前端。右手推动锉刀并决定推动方向，左手协同右手使锉刀保持平衡，如图 4-16(a)所示。中锉刀和小锉刀的锯浊分别如图 4-16(b)和图 4-16(c)所示。

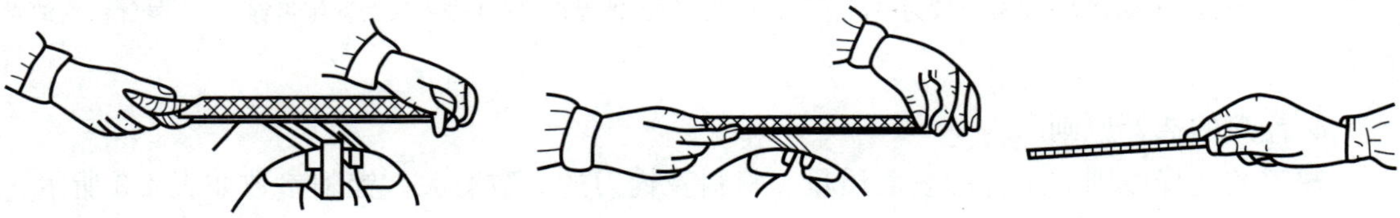

(a) 大锉刀　　(b) 中锉刀　　(c) 小锉刀

图 4-16 锉刀的握法

5. 锉削的站姿与动作

1)锉削的站姿

锉削时身体向前倾斜 10°～18°，如图 4-17 所示。

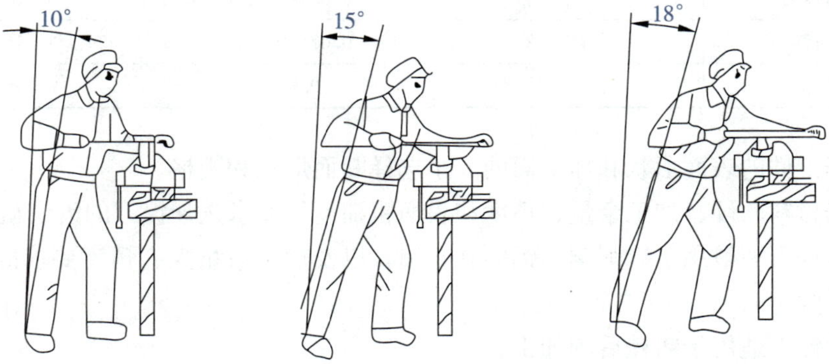

(a)　　(b)　　(c)

图 4-17 锉削的站姿

(1)两手握住锉刀放在工件上面，左臂弯曲，小臂与工件锉削面的左右方向保持基本平行，右小臂要自然地与工件锉削面的前后方向保持基本平行。

(2)锉削行程，身体先与锉刀一起向前，右脚伸直并稍向前倾，重心在左脚，右膝部呈弯曲状态。

(3)当锉刀锉至约 3/4 行程时，身体停止前倾，两臂则继续将锉刀推向前锉到头。同时，左腿自然伸直并随着锉削时的反作用力，将身体重心后移，使身体恢复原位，并顺势将锉刀收回。

(4)当锉刀收回将近结束时，身体又开始先于锉刀前倾，做第二次锉削的向前运动。

2)锉削的动作

要锉出平直的平面，必须使锉刀保持直线的锉削运动。为此，锉削时右手的压力要随锉刀推动而逐渐增加，左手的压力要随锉刀推动而逐渐减小，回程时不加压力，以减小锉齿的磨损，如图 4-18 所示。

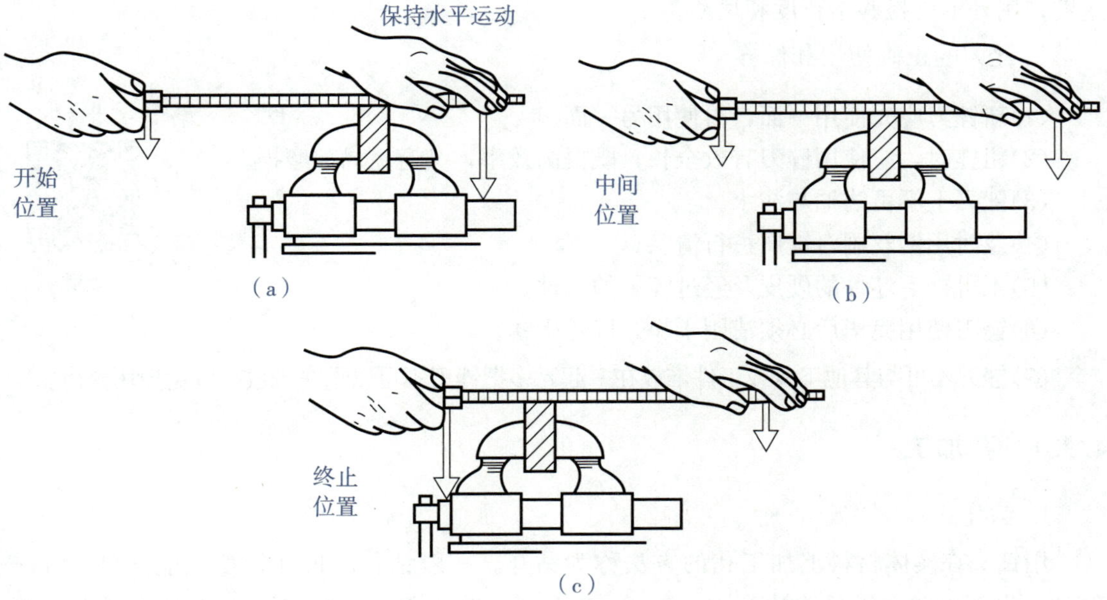

图 4-18　锉削的动作

锉削速度一般应在 40 次/min 左右，操作过程中两手用力，推出时稍慢，回程时稍快，动作要自然协调。

6. 平面锉削方法及检验

常用的平面锉削方法有顺向锉、交叉锉、推锉三种，如图 4-19 所示。

(1)顺向锉的锉刀始终沿其长度方向锉削，一般用于锉平或锉光，可得到平直的锉痕。

(2)交叉锉的操作方式是先沿一个方向锉一层，然后转 90°锉第二遍，如此交叉进行。这样从锉痕上可以发现锉削表面高低不平的情况，容易把平面锉平。在这种操作方式下，锉刀与工件接触面较大，容易保持平稳，适用于加工余量较大和找平的场合。

(3)推锉过程中，锉刀的运动与其长度方向相垂直。一般用于锉削窄长表面，或者在工件表面已锉平、加工余量很小时，用于光洁表面或修正尺寸。

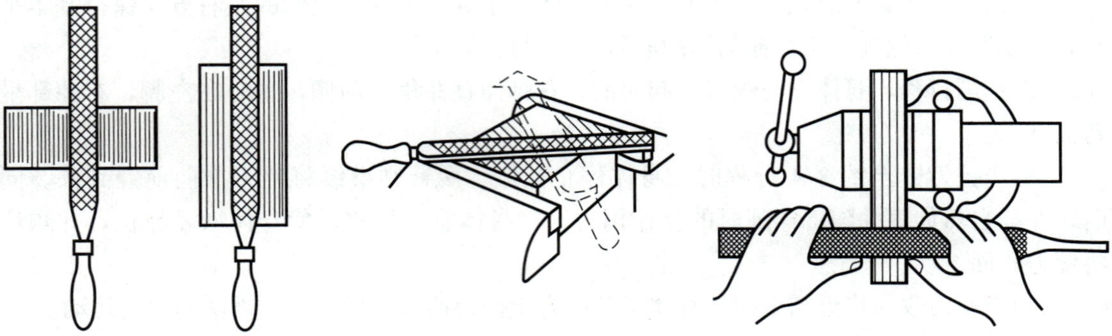

（a）顺向锉　　（b）交叉锉　　（c）推锉

图 4-19　锉削的方法

工件锉平后需要检验尺寸和形状精度，一般用透光法来检验平面度；用直角尺检验垂直度；用外卡钳检验平行度和尺寸。

7. 锉刀的正确使用和保养

(1)新锉刀应先使用一面，再使用另一面。

(2)粗锉时，应使用锉刀有效全长，既提高效率，又避免局部磨损。

(3)锉刀上不可沾油与沾水。

(4)及时用钢丝刷对锉屑进行清除。

(5)不可锉毛坯件的硬皮及经过淬硬的工件。

(6)锉刀使用完毕后必须清刷干净，以免生锈。

(7)锉刀不可与其他工具或工件堆放在一起，多把锉刀不可以重叠堆放，以免损坏锉齿。

锉削

4.3.4　孔加工

1. 钻孔

用钻头在实体材料上加工孔的方法称为钻孔。一般钻孔的尺寸精度只能达到 IT11～IT10，表面粗糙度值只能达到 Ra 50～12.5 μm。钻孔用的刀具(钻头)应完成两个动作：①主运动，刀具绕主轴旋转——切削运动；②进给运动，刀具沿轴线方向对工件的直线运动。

1)钻床

(1)台式钻床：适合加工小型零件上直径≤13 mm 的孔。主轴采用手动进给，如图 4-20(a)所示。

(2)立式钻床：钻孔最大直径表示钻床的规格，常用规格有 25 mm、35 mm、40 mm、50 mm 等。立式钻床与台式钻床相比，其功率大，刚性好，可采用较高切削用量，生产率高，加工精度高，如图 4-20(b)所示。

(3)摇臂钻床：机构完善，操作方便，适用于大工件及多孔工件的加工，如图 4-20(c)所示。

(4)手电钻：用于钻直径<12 mm 的孔，常用于钻床不便加工的场合，如图 4-20(d)所

示。因其携带方便，操作简单，使用灵活，所以应用得十分广泛。

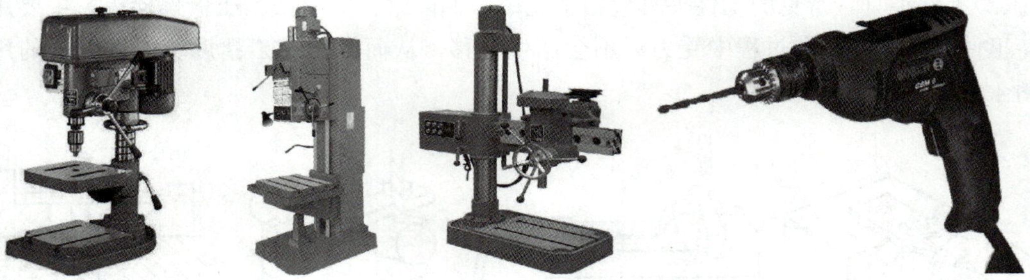

（a）台式钻床　（b）立式钻床　（c）摇臂钻床　（d）手电钻

图 4-20　钻床

2)钻头

钻头是一种用于钻孔的工具，广泛应用于各个领域。钻头的种类繁多，根据不同的使用需求和材料特性，可以分为麻花钻头、中心钻头、硬质合金钻头、金刚石钻头等。

麻花钻头是常见的钻头类型之一，因其螺旋状的切削刃而得名。在选择钻头时，需要考虑被加工材料的性质、钻孔的直径和深度及加工精度的要求。正确选择和使用钻头，不仅可以提高加工效率，还能延长钻头的使用寿命，减少生产成本。随着科技的进步，新型钻头不断涌现，如涂层钻头、多刃钻头等，进一步提升了钻孔工艺的性能和可靠性。

3)工具

(1)钻头夹具：常见的钻头夹具如图 4-21 所示。

图 4-21　钻头夹具

钻夹头是用于装夹钻头的工具，其主要功能是牢固地夹持钻头，确保在钻孔过程中钻头不会松动或脱落。钻套是用于定位和支撑钻头的工具，其主要功能是确保钻头在钻孔过程中的稳定性和准确性。

(2)工件夹具：常见的工件夹具包括手虎钳、平口钳、V形铁、压板螺栓等，主要用于夹持工件，使其在钻孔过程中受力后不会产生位移，从而影响加工精度。工件夹具的用法如图 4-22 所示。

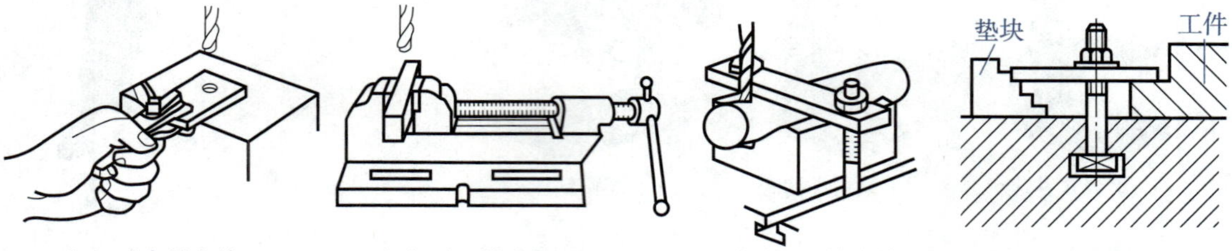

(a)手虎钳夹持　(b)平口钳夹持　(c)V形铁夹持　(d)压板螺栓夹持

图 4-22　工件夹具的用法

(3)切削用量及选择：在允许范围内，尽量先选择较大进给量，当进给量受到孔的表面粗糙度和钻头刚度的限制时，再考虑较大的切削速度。

(4)操作方法：钻孔时钻头的旋转为主运动，钻头的轴向移动为进给运动，钻孔属于粗加工，其操作有钻盲孔、钻通孔和钻深孔。

4)操作要点

(1)钻孔前先检查加工孔位置和钻头刃磨是否正确，钻床转速是否合理。

(2)起钻时，先钻出一浅坑，检查位置是否正确然后再钻孔。

(3)选择合理的进给量，以免造成钻头折断或发生事故。

(4)选择合适的切削液，以延长钻头的使用寿命和改善加工孔的表面质量。

2. 扩孔

扩孔是在钻孔的基础上进行的，即扩大已加工孔的直径，其切削运动与钻孔相同。扩孔的加工余量一般为 0.5～4 mm，小孔取小值，大孔取大值。扩孔属于半精加工，尺寸公差等级为 IT10～IT9，表面粗糙度值为 $Ra\,6.3$～$3.2\ \mu m$。

扩孔钻的形状与麻花钻相似。不同的是扩孔钻有 3～4 个切削刃，钻芯较粗，无横刃，刚性和导向性较好，切削较平稳，加工质量比钻孔高。扩孔钻的结构如图 4-23 所示。

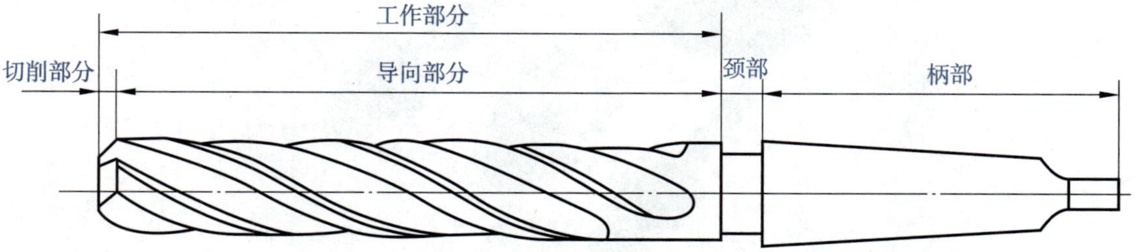

图 4-23　扩孔钻的结构

* **注意事项**

(1)扩孔钻多用于成批大量生产。

(2)用麻花钻扩孔，扩孔前钻孔，钻孔直径为 0.5～0.7 倍的要求孔径；用扩孔钻扩孔，扩孔前钻孔直径为 0.9 倍的要求孔径。

(3)钻孔后，若处于不改变相互位置的情况下，应立即换上扩孔钻进行扩孔，使两钻的中心重合，保证加工质量。

3. 锪孔

锪孔是用锪钻对工件上的已有孔进行孔口型面的加工。锪孔分为锪柱形沉孔、锪锥形沉孔和锪孔端平面三种。沉孔是用于埋放螺钉头的。柱形沉孔可用柱形锪钻加工，也可用麻花钻的两个主切削刃磨成与轴线垂直的两个平刃的刀具加工。锥形沉孔可用 90°的锪钻加工。锪孔的表面粗糙度值为 Ra 6.3～3.2 μm。

* **注意事项**

(1)锪孔时的进给量为钻孔的 2～3 倍，切削速度为钻孔的 1/3～1/2。

(2)用麻花钻改制锪钻时，尽量选用较短的钻头，并适当减小后角和外缘处的前角，以防扎刀并减少振动。

(3)锪钢件时，应在导柱和切削表面加切削液润滑。

4. 铰孔

铰孔是用铰刀从工件孔壁上切除微量金属，以提高尺寸精度和表面质量的加工方法。铰孔在扩孔或钻孔的基础上进行，其切削运动也与钻孔相同。铰孔的加工余量一般为 0.05～0.25 mm，小孔取小值，大孔取大值。铰孔一般选用低切削速度和较大进给量。为提高铰孔质量，铰钢件可加机油或乳化液润滑，铰铸铁件可加煤油润滑。

铰刀分为机用铰刀和手用铰刀。机用铰刀的切削部分较短，多为锥柄，可装夹在钻床或车床上。手用铰刀的工作部分较长，导向性好。铰孔质量比扩孔高。铰孔时铰刀不能反转，以免崩刃和损坏加工表面。铰孔属于精加工，尺寸公差等级为 IT8～IT7，表面粗糙度值为 Ra 1.6～0.8 μm。铰刀的结构如图 4-24 所示。

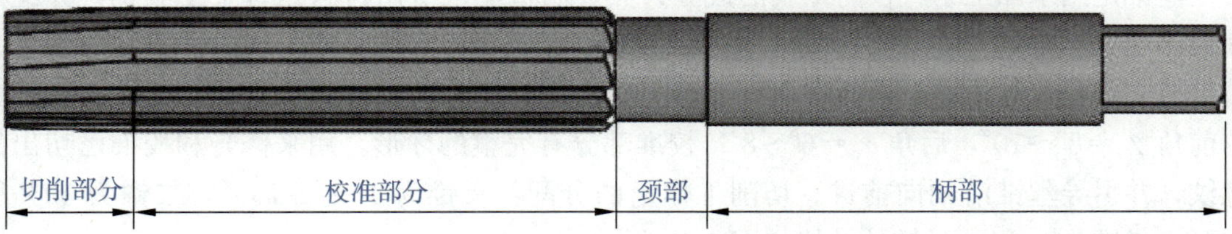

图 4-24 铰刀的结构

铰刀的分类标准较多，具体如表 4-5 所示。

表 4-5 铰刀的分类

分类方法		结构特点与应用
按使用方法	手用铰刀	柄部为方形，以便套入铰杠。工作部分长，切削锥角小
	机用铰刀	工作部分短，切削锥角大
按结构	整体式圆柱铰刀	铰削标准直径系列的孔
	可调式手用铰刀	单件生产和铰削非标准孔

续表

分类方法		结构特点与应用
按外部形状	直槽铰刀	铰削普通孔
	锥铰刀	铰削配合和定位的锥孔
	螺旋槽铰刀	铰削有键槽的内孔
按切削部分所用材料	高速钢铰刀	铰削各种碳钢或合金钢
	硬质合金铰刀	铰削高速材料或硬材料

铰孔的操作要点如下：

(1)工件要夹正，用力要均衡，铰刀不得摇摆，按顺时针方向扳动铰杠进行铰削，避免在孔口出现喇叭口或将孔径扩大。

(2)手铰时，为避免出现振痕，应变换每次的停歇位置。

(3)铰孔时，不论进刀退刀都不能反转，以防刃口磨钝及划伤孔壁。

(4)铰钢件时，要经常清除粘在刀齿上的切屑。

(5)如铰刀被卡住，不能用力扳转铰刀，以防损坏铰刀；应取出铰刀，清除切屑并加注切削液再铰。

(6)机铰时，应使工件一次装夹进行钻、扩、铰，以保证孔的加工位置准确。

(7)铰小圆锥孔时，可先以小端直径按圆柱孔精铰余量钻出底孔，然后用锥铰刀铰削；对尺寸和深度较大的孔，为减小切削余量，铰孔前可先钻出阶梯孔，再用锥角铰削。

4.3.5 攻螺纹与套螺纹

1. 攻螺纹用的工具

丝锥是用来加工小直径内螺纹的成型刀具。制造丝锥所用材料是合金工具钢，并经热处理淬硬。丝锥分为手用丝锥和机用丝锥。丝锥由柄部和工作部分组成，柄部是攻螺纹时被夹持的部分，起传递扭矩的作用；工作部分由切削部分和校准部分组成。其中切削部分的前角 $\gamma_o=8°\sim10°$，后角 $\alpha_o=6°\sim8°$；校准部分有完整的牙形，用来修光和校准已切出的螺纹，并引导丝锥沿轴向前进。切削工作量的分配：头锥为 10%～75%，二锥为 30%～25%，三锥为 10%。丝锥的结构如图 4-25 所示。

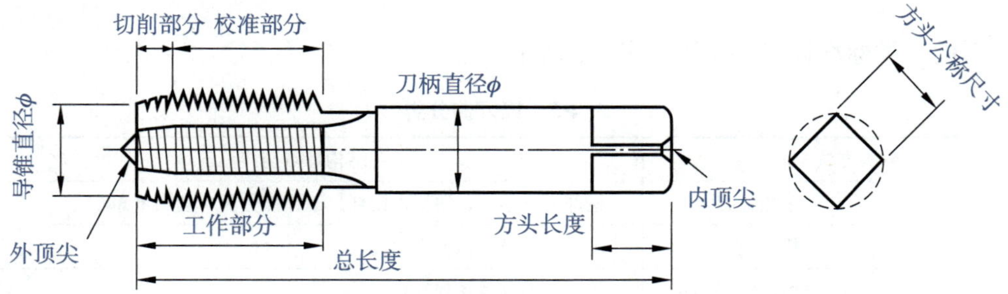

图 4-25 丝锥的结构

铰杠是手工攻螺纹时夹持丝锥的工具，分为普通铰杠和丁字形铰杠两类。每类铰杠又分为固定式和可调式两种，如图 4-26 所示。

（a）固定式普通铰杠

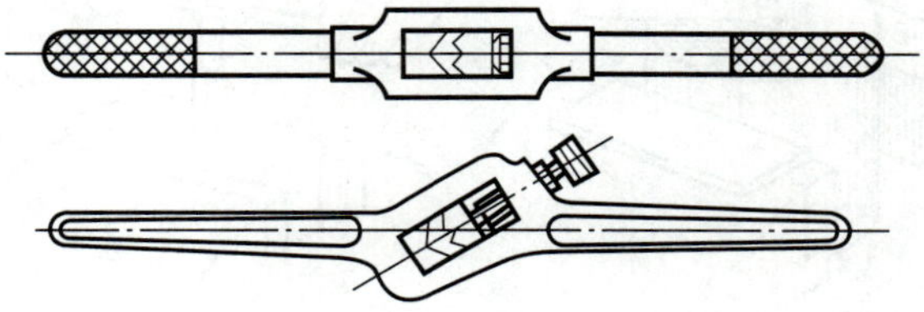

（b）可调式普通铰杠

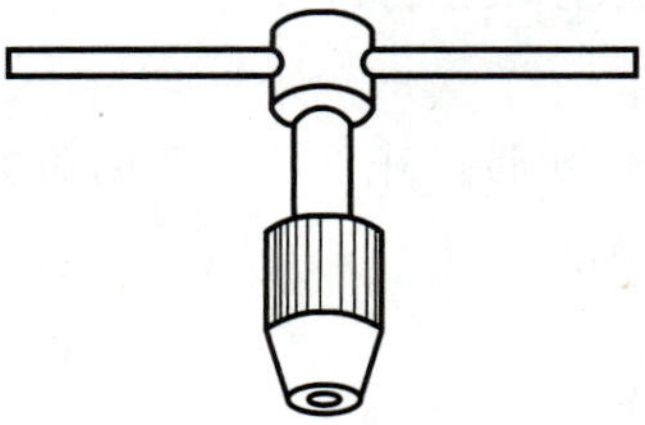

（c）可调式丁字形铰杠

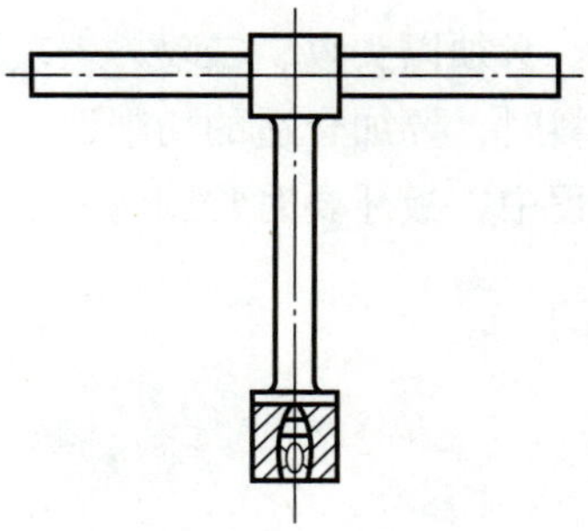

（d）固定式丁字形铰杠

图 4-26　铰杠的类型

2. 螺纹底孔的确定

为了使攻螺纹时既有足够的空隙容纳被挤出的材料，又能保证加工的螺纹有完整的牙形，攻螺纹之前的底孔直径应稍大于螺纹小径。其底孔钻头的直径可查表获得，也可用如下经验公式计算：

钢材及韧性金属　　　　　$D_{孔}=D-(1.05\sim1.1)P$

铸铁及脆性金属　　　　　$D_{孔}=D-(1.05\sim1.1)P$

式中，$D_{孔}$ 表示螺纹底孔的钻头直径(单位为 mm)；D 表示螺纹大径(单位为 mm)；P 表示螺距(单位为 mm)。

攻盲孔螺纹时，钻孔深度要大于螺纹的有效长度。其计算公式：$H_{深}=h_{有效}+0.7D$。

3. 攻螺纹的方法

(1)按确定的底孔直径和深度钻底孔，并将孔口倒角，以便于丝锥顺利切入。

(2)起攻时，用一手掌按住铰杠中部沿丝锥轴线用力加压，另一手配合做顺向旋进；或两手握住铰杠两端均匀施压，并将丝锥顺向旋进，保证丝锥中心线与孔中心线重合。

钻孔及攻螺纹

(3)当丝锥攻入 1～2 圈时，应检查丝锥与工件表面的垂直度，并不断校正，待丝锥的切削部分全部进入工件时，要间断性地倒转 1/4～1/2 圈，进行断屑和排屑，如图 4-27 所示。

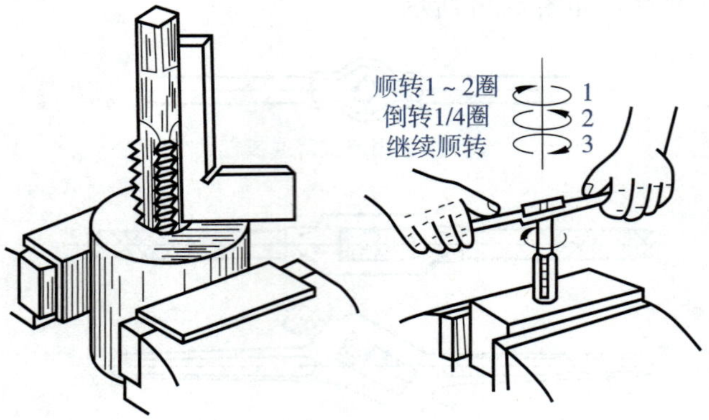

图 4-27 攻螺纹的方法

(4)攻螺纹时，必须以头攻、二攻、三攻的顺序攻至标准尺寸。

(5)攻韧性材料时，要加合适的切削液。

(6)套螺纹过程中，板牙要时常倒转一下进行断屑，并合理地选用切削液。

4.3.6 钳工练习

1. 制作锤头

1)任务要求

(1)掌握锉腰孔及连接内外圆弧面的方法，使连接圆滑、位置及尺寸正确。

(2)熟练掌握推锉技能，使加工后的工件纹理齐整、表面光洁。

(3)通过综合练习，要求掌握已学项目的基本技能并能进行一般手工具的生产。

(4)基本掌握工件各型面的加工步骤、工具的使用及基准与测量方法的确定。

2)项目内容

按图纸要求进行钳工操作，锤头零件图如图 4-28 所示。

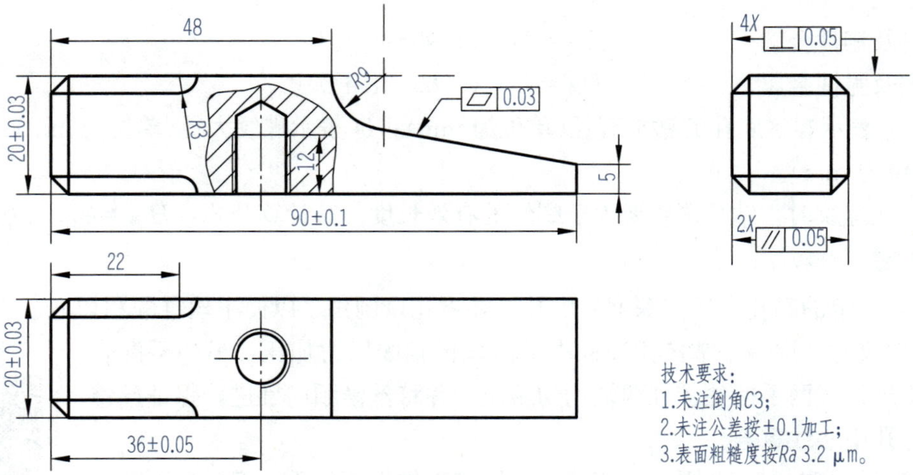

图 4-28 锤头零件图

3)加工工艺步骤

根据图纸要求分析并编写加工工艺，工艺步骤如表 4-6 所示。

表 4-6 工艺步骤

工艺卡片	毛坯尺寸	21 mm×21 mm×91 mm	材料牌号	Q235
工序号	工序名称	工序内容		
1	安全教育及实训纪律	讲解实训安全知识，强调实训纪律，杜绝事故的发生，了解实习内容，了解实习场地的规章制度及安全文明生产要求		
2	钳工基本知识	熟悉钳工工作场地的常用设备(钳台、台虎钳、划线平台、钻床等)，了解钳工及其分类；了解钳工在生产中的工作任务；了解钳工实习场地的设备和本工种操作中常用的工具、量具与刃具		
3	分析图纸	识读图纸，了解锤头基本加工工艺及加工方法		
4	下料	示范讲解锯削相关知识及操作，划线基本工具和方法，根据图纸要求，锯削下料长度为 91 mm		
5	锉削	示范讲解锉削相关知识及操作，完成 20 mm×20 mm×90 mm 尺寸及公差要求		
6	划线	示范讲解划线相关知识及操作，按照图纸要求，划出轮廓加工线		
7	锯削	完成錾口的锯削，留锉削余量 0.5 mm		
8	锉削	示范讲解錾口斜面及圆弧的锉削，完成 8×$C3$ 倒角		
9	划线	示范讲解划出 M10 螺纹孔中心线，点样冲眼		
10	钻孔	示范讲解 M10 底孔，孔口完成 $C1.5$ 倒角		
11	攻螺纹	示范讲解攻 M10 螺纹孔		
12	修整	修整各表面至图纸要求		
13	打学号及日期	在图示处打学号及日期		
14	检验	检验工件是否符合图纸要求并记录		

4)自检互检评分表

完成锤头加工后，进行自检、互检并填写评分表，如表 4-7 所示。

表 4-7 锤头自检与互检评分表

班级： 姓名： 学号： 成绩：

序号	技术要求	配分	评分标准	自检记录	互检记录	得分
1	(20±0.03)mm	10	超差不得分			
2	(90±0.1)mm	7	超差不得分			
3	(36±0.05)mm	6	超差不得分			
4	平行度、垂直度误差	12	超差不得分			
5	$C3$ 倒角正确(8 处)	14	每超一处扣 3 分			
6	$R3$ 内圆弧连接圆滑，且尖端无棱角	8	每超一处扣 2 分			

续表

序号	技术要求	配分	评分标准	自检记录	互检记录	得分
7	*R*9 圆弧与斜面连接圆滑	10	酌情扣分			
8	斜面平面度 0.03 mm	10	酌情扣分			
9	倒角均匀，且各棱线清晰	4	每超一处扣 0.5 分			
10	*Ra* 3.2 μm 且纹理齐整	4	每超一处扣 0.6 分			
11	螺纹孔	5	酌情扣分			
	安全文明生产	10	违者每次扣 2 分，严重者扣 5～10 分			
合计		100				
现场记录：						

2. 制作凹凸板配合件

1)任务要求

(1)掌握锉刀、手锯的使用方法。

(2)熟练掌握推锉技能，使加工后的工件纹理齐整、表面光洁。

(3)通过综合练习，要求掌握已学项目的基本技能并能进行一般手工具的生产。

(4)基本掌握工件各型面的加工步骤、工具的使用及基准与测量方法的确定。

2)项目内容

(1)完成凹凸板配合件的生产，凹凸板零件图如图 4-29 所示。

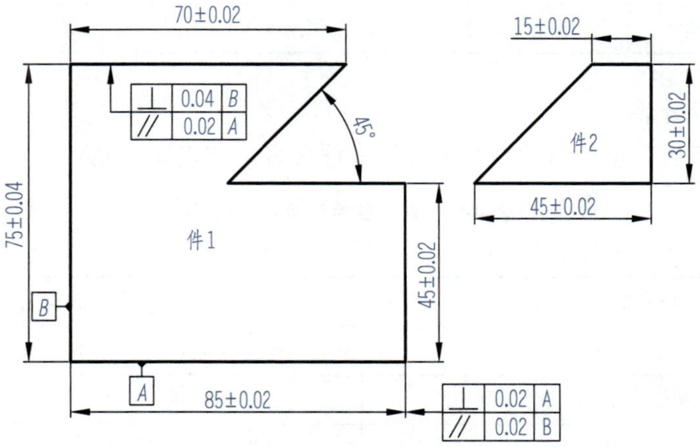

图 4-29 凹凸板零件图

(2)完成凹凸板配合的自检与互检评分表。

完成零件加工后，进行自检、互检并填写评分表，如表 4-8 所示。

表 4-8 凹凸板配合的自检与互检评分表

班级： 姓名： 学号： 成绩：

序号	考核内容	考核要求	配分	评分标准	检测结果	扣分	得分
1	锉配	(85±0.02)mm	6	超差不得分			
2		(75±0.04)mm	6	超差不得分			
3		(70±0.02)mm	6	超差不得分			
4		(30±0.02)mm	6	超差不得分			
5		(15±0.02)mm	6	超差不得分			
6		(45±0.02)mm(两处)	12	超差不得分			
7		45°±2′	8	超差不得分			
8		⊥ 0.04 *B*	4	超差不得分			
9		// 0.02 *A*	4	超差不得分			
10		⊥ 0.02 *A*	4	超差不得分			
11		// 0.02 *B*	4	超差不得分			
12		表面粗糙度	12	升高一级不得分			
13		配合间隙≤0.03	12	超差不得分			
安全文明生产			10	违反者不得分			
合　计			100				
现场记录：							

第5章 铣工实习

5.1 安全操作规程

项目目标

(1)掌握铣工的安全操作规程，减少设备故障和损坏，延长机床的使用寿命。

(2)了解铣工操作的注意事项，确保操作者在使用铣床时避免受伤，防止意外事故的发生。

(3)形成规范的操作习惯，提高职业素养。

项目内容及任务

(1)掌握操作铣床前的检查流程。

(2)了解铣床操作的注意事项。

(3)提高操作者的安全素养，减少事故的发生，为安全生产创造良好的环境。

普通铣工安全操作规程如下：

(1)实习教师和学生必须按规定正确穿戴劳保用品，必须戴好工作帽，头发或辫子应套入帽内，严禁戴手套操作机床。

(2)学生进入实训场地要穿工作服及盖面平跟鞋，严禁穿凉鞋、拖鞋、背心、短裤、裙子进入实训场地。

(3)实习前必须检查电气控制箱，确保正常，各开关及手柄完好，并放在规定的位置。

(4)学生必须在指导老师的指导下才能实际动手操作，未经指导老师同意，严禁擅自操作机床。

(5)装夹工件要牢固，所用扳手要符合标准规格。进行调整机床、变速及测量工件等操作时必须停车。

(6)高速切削时，机床必须配有防护板并戴好防护眼镜。

(7)工作台上不准放置工夹具及杂物。

(8)切削时手不准接近切削面，取卸工件时必须移开刀具。

(9)工作时不准用手摸或用棉纱擦拭工件及旋转部位。清除铁屑时要用毛刷。

(10)装卸刀盘时，工作台面要垫木板，不准用手托刀盘。

(11)装平铣刀时，使用扳手；扳螺母时，要注意扳手开口选用适当，用力不可过猛。

(12)对刀时慢速进行，刀接近工件时，不准快速吃刀。走刀途中不准停车，铣深槽时要停车退刀。快速进刀时要注意防止手柄掉出，以免伤人。

(13)有限位挡块的机床要先调整好。

(14)下课前，打扫机床，擦净后加上润滑油，将拖板与尾座移至床尾，各传动手柄放于空挡位置，关闭总电源。打扫机床铁屑，清扫场地，每班实习完毕后，按照保养标准进行机床保养。

(15)发生机床操作事故，要立即采取措施，防止事故进一步扩大并保护好现场，同时立即向实训中心领导或系领导报告。

5.2 铣床基础

项目目标

(1)掌握铣床的结构及其功能。

(2)了解铣床的工作原理和加工特点。

(3)学会选用合适的刀具和夹具。

(4)学会选用合适的铣削用量。

(5)培养吃苦耐劳的精神。

项目内容及任务

(1)铣床的结构和功能介绍。

(2)刀具的种类、用途和选择方法。

(3)铣削参数的选择和调整。

(4)学会根据加工要求选择合适的切削工具，并理解工具材料与铣削用量之间的关系。

(5)了解不同铣削用量对加工效果的影响，积累实践经验。

5.2.1 X5032A 立式升降台铣床

铣床主要指用铣刀对工件表面进行加工的机床。本节以 X5032A 立式升降台铣床为例进行介绍，如图 5-1 所示。按 GB/T 15375—2008《金属切削机床 型号编制方法》规定，X5032A 的含义：X 为类别代号(铣床类)；5 为组别代号(立式升降台铣床组)；0 为系别代号(普通升降台铣床系)；32 为主参数(工作台面宽度的 1/10，mm)；A 代表经过一次重大改进。

立式铣床的组成

1. 铣床的功用

在铣床上用铣刀对工件进行切削加工，这种操作称为铣削，可用来加工平面、沟槽、台阶、斜面、成型表面、齿轮等，或用来切断工件。常见的铣削加工方式如图 5-2 所示。铣削时，铣刀的旋转为主运动，工件的移动为进给运动。X5032A 铣床的铣削精度等级为 IT9～IT7，表面粗糙度值为 Ra 6.3～1.6 μm。铣削不仅适用于单件小批量生产，也适用于大批量生产。

1—底座；2—床身；3—主轴；4—工作台；5—床鞍；6—升降台

图 5-1　X5032A 立式升降台铣床

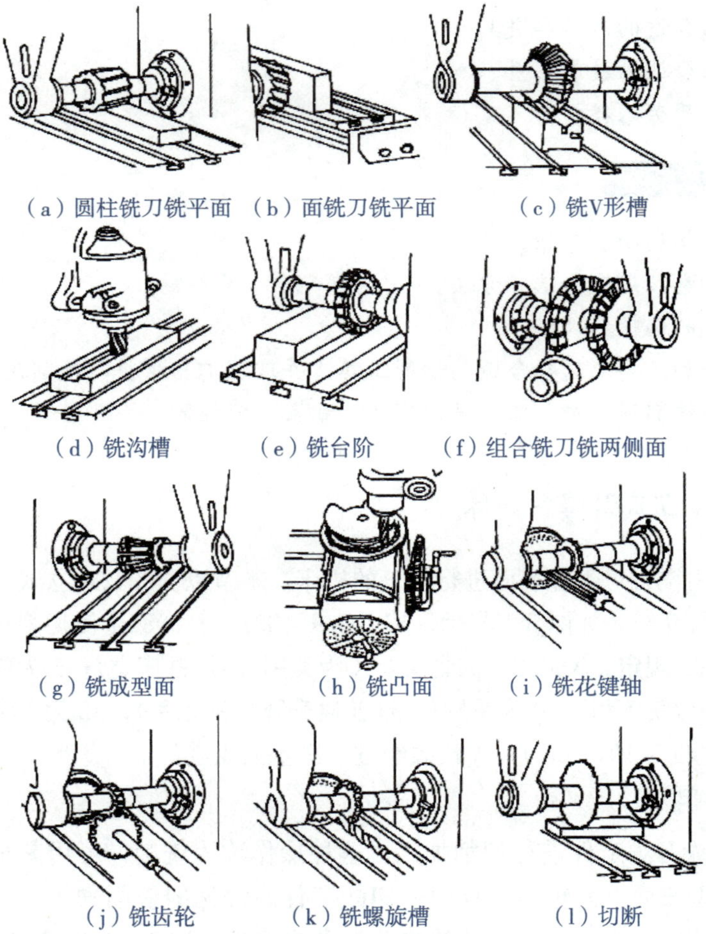

（a）圆柱铣刀铣平面　（b）面铣刀铣平面　（c）铣V形槽

（d）铣沟槽　（e）铣台阶　（f）组合铣刀铣两侧面

（g）铣成型面　（h）铣凸面　（i）铣花键轴

（j）铣齿轮　（k）铣螺旋槽　（l）切断

图 5-2　常见的铣削加工方式

2. 铣削用量

确定铣削用量需要进行切削速度、进给量、切削深度、侧吃刀量等参数的设置。

1)切削速度

切削速度是刀具切削刃上的某一点相对于待加工表面在主运动方向的瞬时速度，通常以 m/min 为单位，即

$$v_c=\frac{\pi\times D\times n}{1\ 000}$$

式中，$\pi\approx3.14$；D 表示铣床的铣刀直径；n 表示转速；1 000 表示将单位由 mm 转换成 m。

选择恰当的切削速度对获得优质切削效果至关重要。切削速度过高会加剧刀具磨损，缩短使用寿命，并导致切削区域温度升高，影响材料性能。切削速度过低则可能造成切屑形成不良、堆积和排屑困难，影响加工精度和表面粗糙度。因此，合理选择切削速度是确保加工效率和工件质量的关键。

刀具、工件的材料，刀具直径，以及所需加工表面的质量等因素都会影响切削速度的选择。

2)进给量

进给量是指在铣削过程中，刀具每转一圈或每段工作行程中，工件沿进给方向移动的距离，通常以 mm/r 或 mm/min 为单位。进给量直接影响加工效率、工件表面质量和刀具寿命。其计算公式通常为

$$进给量(f)=切削速度(v_c)/刀具转速(n)$$

其中，切削速度 v_c 是刀具与工件接触部分的线速度，通常以 m/min 为单位。刀具转速 n 是刀具每分钟的转数，通常以 r/min 为单位。

进给量决定了切屑的形成、切削力的大小以及加工表面的质量。进给量过大可能导致切削力过大、表面粗糙度值增大等问题，而进给量过小则可能导致生产率低、切削效率不高等问题。

进给量的选择需要考虑刀具材料、工件材料、切削深度等因素，以确保加工过程中的稳定性和高效性。

3)切削深度

切削深度是指每次铣削过程中刀具与工件之间的距离，通常以 mm 为单位。

切削深度直接影响切削过程中的切屑形成、切削力及刀具磨损。切削深度过大会导致刀具负荷增加和磨损加剧，而切削深度过小则可能导致生产率降低和加工时间延长。

切削深度的选择需要根据工件材料、刀具类型、加工要求等因素综合考虑，以确保加工过程的稳定性和加工效率。

4)侧吃刀量

侧吃刀量是指在铣削加工过程中，刀具沿着工件表面垂直方向的移动量。侧吃刀量通常用于控制切削宽度，又称侧向进给或侧向吃刀量。

铣削用量

侧吃刀量的大小直接影响加工表面的表面粗糙度、加工效率和刀具的寿命。较大的侧吃刀量通常可以提高加工效率，但也会增加切削力和切削温度，这可能导致刀具磨损加剧以及加工表面质量下降。相对而言，较小的侧

吃刀量有助于减少切削力和降低切削温度，从而提高加工表面质量和延长刀具寿命，但可能会降低加工效率。

在实际应用中，选择合适的侧吃刀量需要综合考虑工件材料、刀具类型、加工要求以及机床性能等因素。通常，通过试切试验来确定最佳的侧吃刀量，以确保在满足加工质量要求的同时，实现最佳的加工效率和刀具寿命。

5.2.2 铣刀

1. 认识刀具及其用途

铣刀是用于铣削加工的、具有一个或多个刀齿的旋转刀具，工作时各刀齿依次间歇地切去工件的加工余量。常见铣刀如图 5-3 所示。

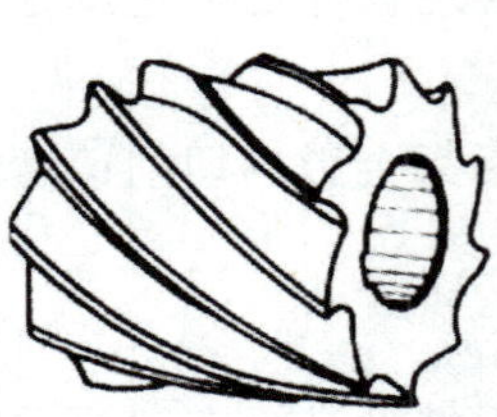

（a）圆柱铣刀

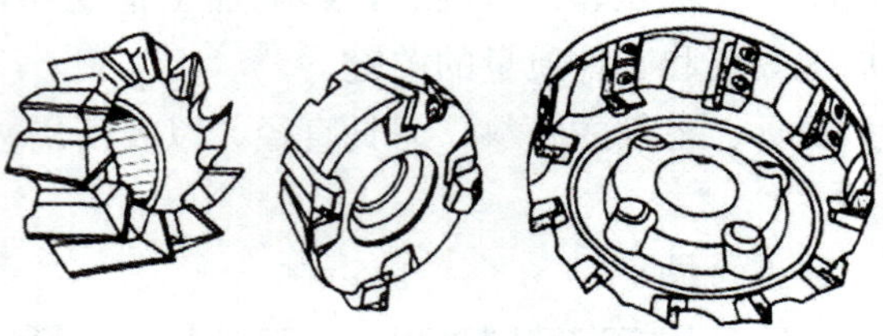

（b）面铣刀

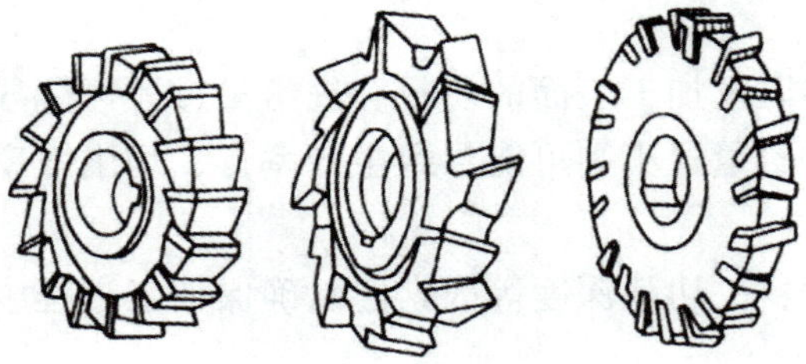

（c）三面刃铣刀

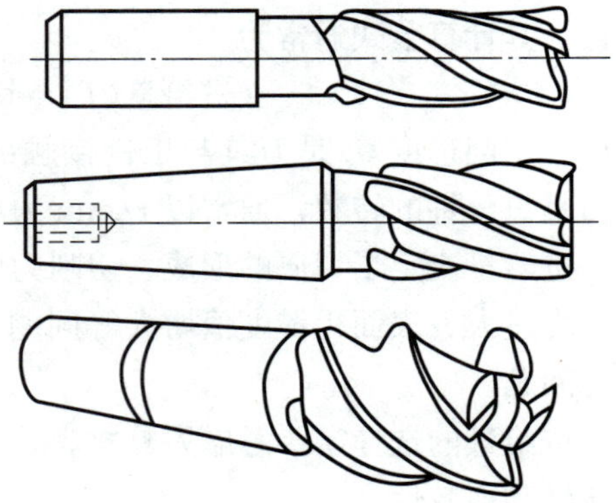

（b）立铣刀

图 5-3 常见铣刀

圆柱铣刀用于在卧式铣床上加工平面，其刀齿分布在铣刀的圆周上，按齿形分为直齿和螺旋齿两种；按齿数分为粗齿和细齿两种。粗齿铣刀的齿数少，刀齿强度高，容屑空间大，适用于粗加工；细齿铣刀适用于精加工。

面铣刀又称盘铣刀，用于在立式铣床、端面铣床或龙门铣床上加工平面。面铣刀的端面和圆周上均有刀齿，其刀齿也有粗齿和细齿之分。面铣刀按结构分为整体式、镶齿式和可转位式 3 种。

三面刃铣刀用于加工各种沟槽和台阶面，其两侧面和圆周上均有刀齿。

立铣刀用于加工沟槽和台阶面等，刀齿分布在圆周和端面上，工作时立铣刀不能沿轴向进给。当立铣刀上有通过中心的端齿时，可轴向进给。

此外，实际应用中还有角度铣刀、锯片铣刀、键槽铣刀、燕尾槽铣刀、T 形槽铣刀和各种成型铣刀等。T 形槽铣刀用来铣 T 形槽。

2. 铣刀装夹

将铣刀通过相应的弹簧夹套装于刀柄之中，刀柄的一端为 7∶24 的锥柄，装入机床主轴的锥孔之中，并用拉杆螺栓穿过机床主轴将刀柄拉紧。主轴动力通过锥面前端的键带动刀柄旋转。

铣刀装夹

3. 铣削方式

铣削有端铣和周铣之分。端铣是指用面铣刀的端面齿刃进行的铣削；周铣是指用铣刀的周边齿刃进行的铣削。一般来说，端铣同时参与工作的刀齿数越多，铣削越平稳，且有修光刀齿可修光已加工表面。若工件刚性较好，则端铣的铣削用量可较大。在较大平面的铣削加工中多采用端铣方式。

周铣有顺铣和逆铣两种方式。

(1)顺铣。铣削时，铣刀切出工件时的切削速度方向与工件的进给运动方向相同，这种操作方式称为顺铣，如图 5-4 所示。

顺铣时，铣刀刀齿的切削深度从最大逐渐减小至零，没有逆铣时的刀齿滑行现象，这样加工表面质量较高，刀具寿命也较长。顺铣过程中，切削力沿工件表面的运动方向，提高了加工的稳定性。由于切削刀具与工件表面的相对运动方向一致，顺铣能产生平滑的切削表面，从而提高了加工质量。顺铣还避免了额外的阻力或振动，加工中允许设置更高的加工速度和效率，同时由于刀具磨损均匀，使得刀具寿命延长。顺铣适用于各种材料的加工，包括金属、塑料、复合材料等，并适用于平面铣削、轮廓铣削等工件加工操作。

(2)逆铣。铣削时，铣刀切入工件时的切削速度方向和工件的进给运动方向相反，这种操作方式称为逆铣，如图 5-5 所示。

逆铣时，铣刀刀齿的切削深度从零逐渐增大至最大值。开始切入时，刀齿在工件表面上打滑，产生挤压和摩擦，这导致刀齿易磨损并使工件表面形成冷硬层。后续刀齿在前一个刀齿产生的冷硬层上重复滑行和挤压，加剧了刀齿磨损并增大了工件的表面粗糙度值。逆铣的特点：切削力较大，因为刀具运动方向与工件表面相反，需要使用更强的切削力或更耐磨的刀具；排屑顺畅，刀具将切屑从工件上推出，有助于减少切屑在刀具和工件之间的夹持和堆积现象。

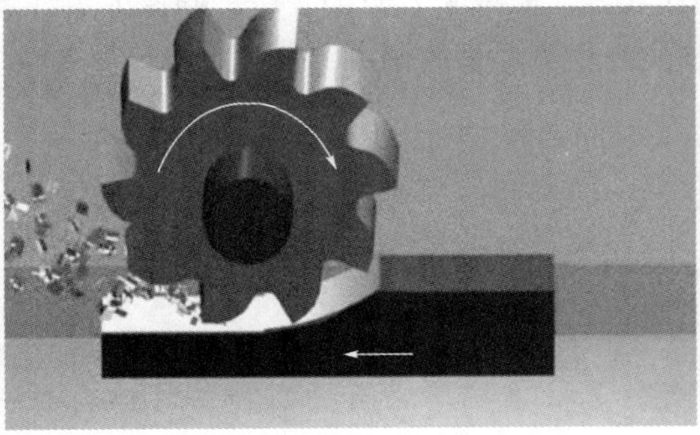

图 5-4　顺铣

图 5-5　逆铣

逆铣的优缺点如下：

(1)加工表面毛刺少。逆铣时，切削刀具的运动方向与工件表面相反，这可以减少加工表面的毛刺。

(2)刀具磨损较大。逆铣时，刀具与工件表面的相对运动方向相反，这使刀具的切削边缘受到较大的冲击和摩擦，从而导致刀具磨损速度较快。

顺铣和逆铣

(3)加工效率相对较低。逆铣时刀具与工件表面的相对运动方向相反，这可能导致加工效率相对较低，特别是在需要大量切削材料的情况下。

总的来说，逆铣是一种常见的铣削方式，虽然在某些情况下具有一定的优势，但在其他情况下可能会面临一些挑战，如切削力增加、刀具磨损加剧等。因此，在实际应用中，需要根据具体的加工要求和工件特性选择合适的铣削方式。

4. 铣削加工的一般工艺原则和方法

(1)选择合适的切削用量。切削速度、进给量和切削深度是决定加工效率和质量的关键参数。选择切削速度时需考虑刀具材料、涂层和工件硬度。进给量要根据切削力、切屑排出和表面粗糙度进行调整。切削深度的选择需结合刀具强度、工件材料和加工稳定性考虑，以确保加工质量和延长刀具使用寿命。

(2)选择合适的刀具。选择合适的切削刀具时，应根据加工材料、形状和尺寸要求确定。例如，平底铣刀适合平面的加工，球头铣刀适合复杂曲面的加工，侧铣刀则适合边缘和槽的加工。刀具的材料、几何形状和涂层也需匹配具体的加工需求，以确保良好的切削性能和刀具的长久使用。

(3)进行可靠的工件夹持与定位。使用合适的夹具和定位装置将工件牢固地固定在机床工作台上，保证加工过程中工件的稳定性和精度。夹持力的大小应适当，夹持方式应根据工件形状和加工要求选择，如机械夹持、真空吸附等。

(4)确定合理的加工顺序。根据工件的形状、尺寸和加工要求确定合理的加工顺序，通常先粗加工后精加工。

(5)定期检查和保养。定期检查铣床、刀具和夹具等设备的运行状态是否正常，及时发现并处理设备的故障和异常。定期对切削刀具进行修磨和更换，保持刀具状态良好，延长刀具的使用寿命。

(6)安全生产，安全第一。必须遵守安全操作规程，佩戴个人防护装备，确保人员和设备的安全。在加工过程中严格遵守操作规程，避免发生意外事故。

5.3 工件的常用装夹方法

项目目标

(1)学习如何使用夹具以确保工件在铣床上的定位准确，从而提高加工的精度和一致性。

(2)理解夹具的正确使用方法，减少由工件松动或不稳定导致的安全隐患。

(3)掌握各种夹具的使用方法，提高夹具的更换和调整速度，从而缩短加工周期，提升整体的工作效率。

(4)掌握多种夹具的综合使用，从而可以加工不同形状和尺寸的工件，增加工作的灵活性。

(5)通过学习夹具的应用，掌握铣床加工的工艺流程，增强对整体制造过程的理解。

项目内容及任务

(1)学习并识别常用夹具的种类，如平口夹具、V形夹具、专用夹具等，了解其适用场景和功能。

(2)学会如何正确安装和调整夹具，以确保工件在铣床上的稳定性和精度。

(3)理解夹具的设计思路和原理，包括力的传递、固定方式等，为之后的夹具设计打下基础。

(4)通过实际操作，增强对夹具使用的熟练程度，培养解决实际问题的能力。

(5)学会根据具体加工需求选择合适的夹具，并进行优化配置，以达到最佳的加工效果。

5.3.1 平口钳的结构

平口钳是一种常见的机械夹具(见图5-6)，主要用于固定工件，以便进行各种机械加工操作。它的结构相对简单，但功能强大，广泛应用于金属加工、木材加工和其他制造领域。

图5-6 平口钳

(1)底座(底板)。底座是平口钳的基础部分，通常是一个平整的金属板，用于支撑整个平口钳的结构和工件。底座通常固定在铣床的工作台上。

(2)夹口(夹具)。夹口是平口钳的夹持部分，用于夹持工件。平口钳通常有两个可调节的夹口，它们可以根据工件的尺寸和形状进行调整。夹口通常由金属制成，具有足够的强度和硬度以夹持各种类型的工件。

(3)调节机构。调节机构用于调整夹口的间距，以适应不同尺寸的工件。调节机构通常由螺杆、手柄或其他可调节部件组成，操作方便，能够精确控制夹口的间距和位置。

(4)夹紧机构。夹紧机构用于夹紧工件，以确保工件在加工过程中的稳定性和精度。夹紧机构通常由手柄、螺杆或液压装置组成，能够提供足够的夹紧力以防止工件移动或脱落。

(5)固定部件。固定部件用于将夹口和调节机构固定在底座上，确保它们在加工过程中保持稳定。固定部件通常由螺栓、螺母或其他连接件组成，能够牢固地连接各个部件并提供足够的支撑。

5.3.2 平口钳的使用

1. 准备工作

确保工作台表面干净平整，没有杂物。检查平口钳是否完好无损，夹口是否平行，调节螺杆是否灵活。

2. 选择合适的平口钳尺寸

根据工件的尺寸和形状选择大小合适的平口钳。平口钳的夹口长度应该比工件的宽度稍微大一些，以确保夹紧工件时有足够的余量。

3. 调整夹口间距

使用平口钳上的调节螺杆或手柄，将两个夹口调整到适当的间距，以夹持工件。确保将夹口调整到合适的宽度，以适应工件的尺寸。

4. 放置工件

将需要加工的工件放置在两个夹口之间，并确保工件的底部与平口钳的底座接触。根据工件的形状和尺寸，调整夹口的位置，使工件被夹持牢固且位置正确。

5. 夹紧工件

通过旋转平口钳上的手柄或操作调节螺杆，逐渐夹紧工件。夹紧力应该足够，以保持工件在加工过程中的稳定性，但不要过度夹紧，以免损坏工件。

6. 检查和调整

在开始加工之前，仔细检查工件的位置和夹紧情况，确保工件没有移动并且夹紧力均匀。如果有必要，则进行微调，以确保加工过程中的稳定性和精度。

7. 加工

当工件夹持稳固并且位置正确后，可以开始进行切削加工。根据加工要求和工艺流程，设置合适的切削参数，并确保操作者安全操作铣床。

8. 清理和维护

加工完成后，及时清理平口钳和工作台，以确保下次使用时的安全和效率。定期检查平口钳的磨损和松动情况，并进行必要的维护和保养。

操作者应注意安全，避免夹具松动或工件脱落造成意外伤害。

5.3.3 分度头装夹

1. 分度头的基本结构

分度头是一种精密的机械装置，主要用在机床加工中，用于实现工件的精确分度和定位。分度头的外形和结构如图 5-7 所示。

（a）外形

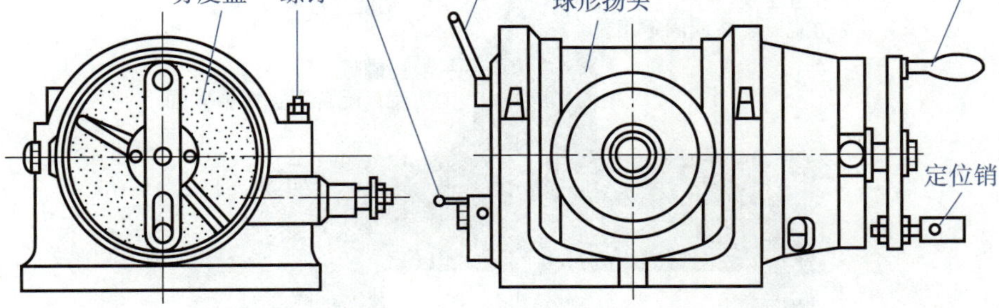

（b）结构

图 5-7　分度头的外形和结构

2. 分度头的使用方法

（1）装夹分度头：将手动分度头装夹在铣床主轴上，确保它安稳地固定在铣床上，并且与铣刀的轴线平行。

（2）调整工作台位置：将铣床的工作台调整到适当位置，使工件能够轻松夹持并且与分度头的旋转轴线对齐。

（3）夹紧工件：使用合适的夹具或夹紧装置将工件固定在铣床的工作台上，确保工件夹持牢固，并且位置正确。

（4）设置分度值：根据加工要求和工件设计，确定需要的分度值。手动分度头通常具有旋转手柄和刻度盘，可以通过手动操作旋转手柄来设置所需的分度值。

（5）分度操作：使用手动分度头的旋转手柄，将分度头按照设置的分度值旋转到正确的角度。通常分度头带有刻度盘或标尺，用于准确读取分度值。

（6）加工操作：开启铣床主轴，启动加工。根据设置的分度值，铣刀会在工件表面上按照指定的角度进行切削加工。

（7）观察和调整：在加工过程中，密切观察工件的加工状态和加工质量。根据需要，调整分度头的角度或位置，以确保加工精度和工件质量。

（8）关闭和维护：当加工完成后，关闭铣床主轴，停止加工。移除工件，并对分度头进行清洁和维护，以确保下次使用时铣床正常运行。

手动分度头的操作相对简单，但需要操作者准确地设置分度值，并手动旋转分度头到正确的位置。操作者在使用手动分度头时应注意安全，并根据实际加工需求和工件要求进行操作。

万能分度头的使用方法

5.3.4 压板螺栓夹紧

1. 组合压板的构成

组合压板是由多个不同形状和尺寸的压板组合而成的结构，如图 5-8 所示。这些压板通过精确地设计和制造，能够紧密地拼接在一起，形成一个完整的平面或曲面。每个压板通常具有特定的几何形状，如矩形、圆形或三角形，以便于它们能够相互拼接，无缝地覆盖所需的区域。

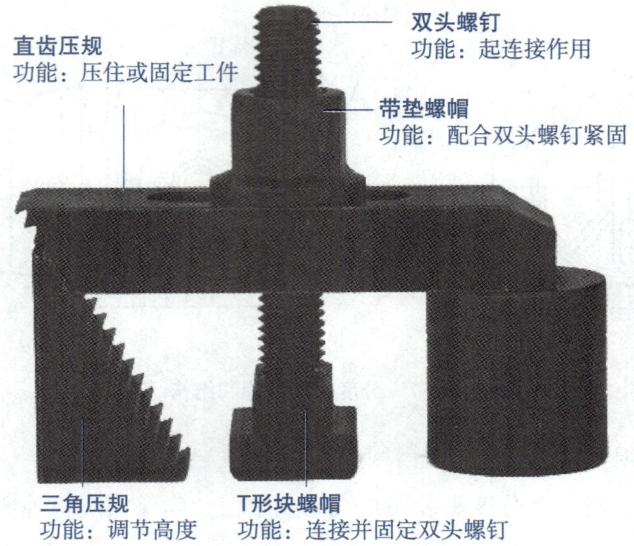

图 5-8 螺栓压板各部分的名称

2. 组合压板的使用

(1)准备工作：确保工作台表面清洁，并检查组合压板的各个部件是否完好无损。根据需要选择合适的夹具和附件，并安装在组合压板上。

(2)安装组合压板：将组合压板放置在铣床工作台上，并使用螺栓或夹具将其安稳地固定在工作台上。

(3)调整固定爪：根据工件尺寸和形状，调整固定爪的位置和夹紧程度，确保工件能够稳固地夹持在固定爪之间。

(4)调整移动爪：使用螺杆或手柄操作移动爪，调节移动爪的位置和夹紧程度，确保工件能够紧密地夹持在移动爪和固定爪之间。

(5)夹紧工件：将待加工的工件放置在组合压板之间，并确保工件与固定爪和移动爪接触良好。

(6)精确调节：根据加工需求和工件要求，使用夹紧手柄或螺杆进行微调，确保工件定位和夹持的精确度达到要求。

(7)安全操作：在进行加工操作之前，确保工件和组合压板处于稳固状态，并遵守相关的安全操作规程。

(8)加工操作：完成组合压板夹紧和工件定位后，可以进行铣削、钻孔、切割等加工操作。

(9)检查和调整：定期检查夹具和组合压板的状态，确保夹紧力和夹持精度符合要求，并根据需要进行调整和维护。

(10)清理和保养：加工完成后，清理工作台和组合压板，及时将夹具和附件拆卸并进行清洁和保养，以延长其使用寿命。

通过以上步骤，可以有效地使用组合压板进行工件的夹紧和固定，确保加工操作的精确性和安全性。

5.4 铣床的操纵方法

项目目标

(1)掌握铣床的基本操作和安全规范。

(2)了解铣床的工作原理和加工特点。

(3)培养吃苦耐劳的精神。

项目内容及任务

(1)学习铣床电气部分的操作，提升专业技能。

(2)铣床的结构和功能的应用。

(3)掌握各种机械手柄的操作及变速机构的调速。

(4)常见问题的解决和维修保养知识。

5.4.1 铣床电气部分的操作

铣床电气部分的操作如下：

(1)电源转换开关在床身左侧下部，操作铣床时，将电源转换开关沿顺时针方向转换至接通位置，操作结束时，将电源转换开关沿逆时针方向转换至断开位置，如图 5-9 所示。

(2)主轴换向转换开关在电源转换开关右边，其处于中间位置时，主轴停止；将其沿顺时针方向转换至右转位置时，主轴右向旋转；将开关沿逆时针方向转换至左转位置时，主轴左向旋转，如图 5-9 所示。

(3)切削液泵转换开关在床身右侧下部，操作过程中使用切削液时，将切削液泵转换开关转换至接通位置，如图 5-9 所示。

(4)主轴及工作台启动按钮与急停按钮在床身正中部位，方便操作者在出现紧急情况时操作，如图 5-10 所示。

(5)主轴及工作台停止按钮在启动按钮右面，如图 5-10 所示，要使主轴停止转动时，按该按钮，主轴或工作台丝杠即停止转动。

(6)工作台快速移动按钮在启动和停止按钮的右侧，在急停按钮的左边，要使工作台快速移动时，先开动进给手柄，再按该按钮，工作台即按原运动方向作快速移动，放开快速按钮，快速进给立即停止，随后仍以原进给速度继续进给，如图 5-10 所示。

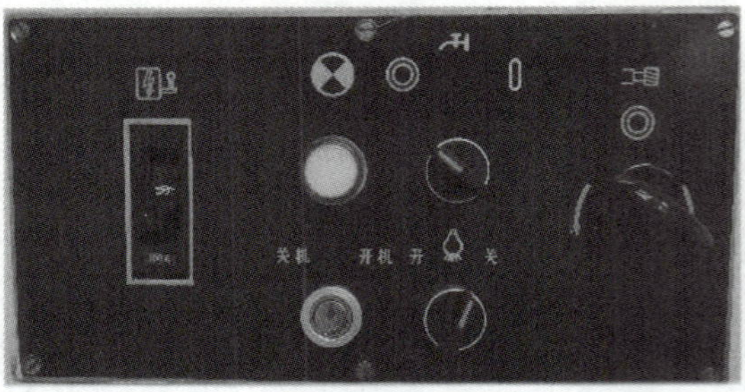

图 5-9　电气控制柜按钮板

图 5-10　操作按钮板

(7)主轴上刀制动开关在床身左侧中部，启动按钮上方，当上刀或换刀时，先将主轴上刀制动开关转换到接通位置，然后再上刀或换刀，此时主轴不旋转。上刀完毕，再将主轴上刀制动开关转换到断开位置，如图 5-11 所示。

图 5-11　主轴变速及按钮板

5.4.2　变速机构的操作

1. 主轴变速操作

主轴变速箱装在床身左侧，变换主轴转速由手柄和转数盘来实现。手握变速手柄，把手柄向下压，转动转数盘，把所需的转速数字对准指示箭头。

2. 进给变速操作

进给变速箱是一个独立部件，装在垂向工作台的左边，有 18 种进给速度，其调节范围为 23.5～1180 mm/min。

(1)双手把蘑菇形手柄向外拉出。

(2)转动手柄，把转数盘上所需的进给速度对准指示箭头。

(3)将蘑菇形手柄再推回原始位置。如图 5-12 所示。

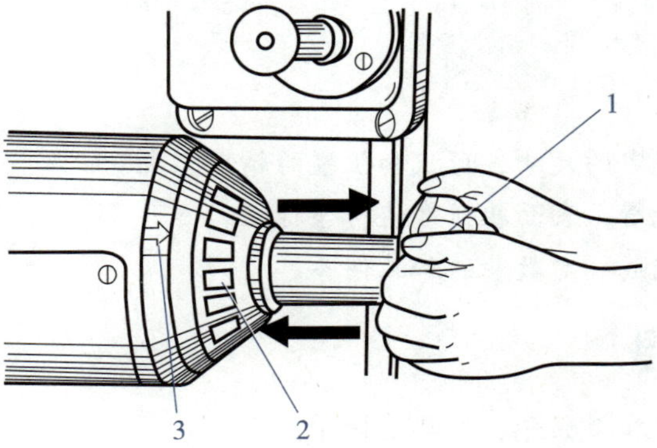

1—蘑菇形手柄；2—转数盘；3—指示箭头

图 5-12　进给变速操作

5.4.3　工作台进给操作

1. 工作台手动进给操作

(1)工作台纵向手动进给手柄在工作台左端，如图 5-13(a)所示。

(2)工作台横向手动进给手柄在工作台的中间部位。

(3)工作台垂向手动进给手柄在垂向工作台前面的左侧。

X5032 立式铣床操作

2. 工作台机动进给操作

(1)工作台纵向机动进给手柄为复式，该手柄有 3 个位置，即向右、向左及停止，如图 5-13(b)所示。

(2)工作台横向及垂向机动进给手柄为复式，该手柄有 5 个位置，即向上、向下、向前、向后及停止。

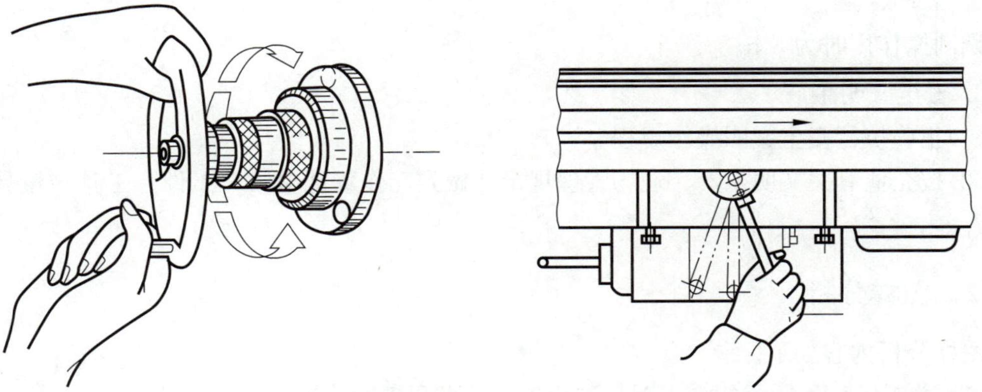

(a) 纵向手动进给姿势　　(b) 工作台纵向机动进给操作

图 5-13　手动进给

5.5 矩形工件铣削加工

项目目标

(1)铣削加工达到规定的尺寸、形状和位置的精度要求。

(2)确保工件表面光滑，表面粗糙度值符合标准。

(3)在一定时间内完成一定数量的加工任务。

项目内容及任务

(1)工艺规划：确定加工顺序、刀具选择等。

(2)夹具设计：保证工件稳定定位。

(3)刀具准备：选择合适的铣刀。

(4)设备调试：确保机床正常运行。

(5)加工操作：进行铣削加工。

(6)质量检测：检测加工精度和表面质量。

(7)问题处理：处理加工中出现的问题。

(8)清理保养：加工后清理现场，并保养机床。

5.5.1 考核要求

1. 考核内容

(1)将外形宽度、高度尺寸作为主要评分项目。

(2)将其他尺寸作为一般评分项目。

(3)进行斜面铣削时不准使用角度铣刀。

2. 工时定额

铣削操作用时为 2 h。

3. 安全文明生产

(1)正确执行安全文明操作规程。

(2)按企业有关文明生产、现场管理规定，做到工作场地整洁，工件、工具与量具摆放整齐。

5.5.2 图样分析

图样分析内容如下。

(1)对如图 5-14 所示的加工图样进行加工基准和精度分析。

①矩形工件的尺寸精度为 $200_{-0.29}^{0}$ mm、$100_{-0.22}^{0}$ mm、$30_{-0.16}^{0}$ mm。

②相邻面的垂直度公差为 0.05 mm。

③预制件为 210 mm×110 mm×40 mm 的矩形工件。

④在加工中，基准面尽可能用作定位面，本例要求平面 2、平面 4 垂直于平面 1 与平面 3，平面 3 平行于平面 1，平面 5、平面 6 垂直于平面 1 与平面 4，因此平面 1 为工件的主要基准 *A*，平面 4 为工件的侧面基准 *B*。

(2)表面粗糙度分析。表面粗糙度值均为 *Ra* 3.2 μm。

(3)材料分析。材料为 HT200，这种材料具有良好的铸造性能、切削加工性能和减震性能。

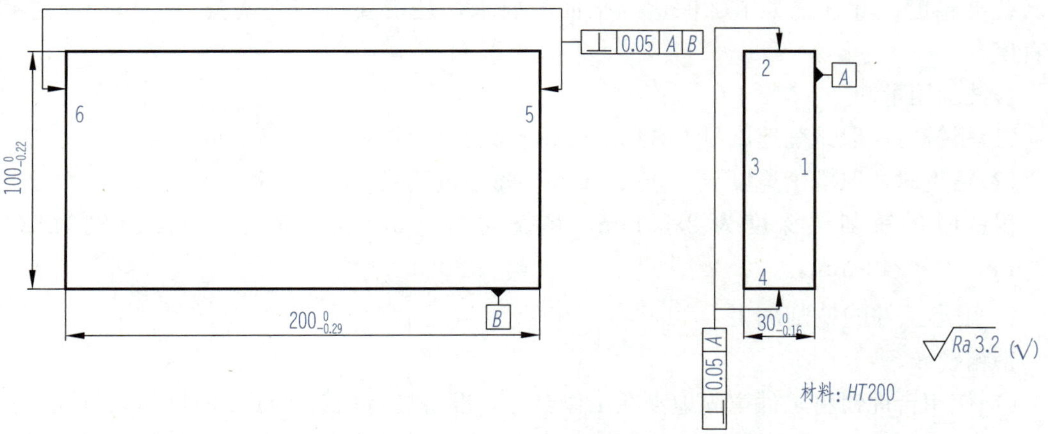

图 5-14 加工图样

5.5.3 拟订加工工艺与工艺准备

拟订加工工艺与工艺准备如下：

(1)在立式铣床上拟订铣削加工矩形工件的工序。

(2)选择加工范围合适的铣床。

(3)确定工件的装夹方式。

(4)选择合适的刀具及铣削用量。

(5)选择检验与测量方法。

①平面度采用三点定平面的原理测量，即在标准平板上，用三个千斤顶支撑平面，用指示表检验并测量平面度。

②平行面之间的尺寸和平行度用外径千分尺测量。

③垂直度用直角尺检验。

④表面粗糙度采用目测样板类比检验。

5.5.4 矩形工件铣削加工

1. 加工准备

1)检验预制件

(1)用钢直尺检验预制件的尺寸，并结合各表面的垂直度、平行度情况，检验毛坯是否有加工余量，本例测得预制件的基本尺寸为 108 mm×39 mm ×211 mm。

(2)综合考虑平面的表面粗糙度、平面度及相邻面的垂直度，在两个 211 mm×108 mm

的平面中选择一个作为粗铣的基准平面。

2)装夹工件和铣刀

将工件牢固地装夹在工作台上，将铣刀牢固地装夹在刀柄上。

3)检查铣刀的装夹精度

在装夹铣刀后，应检查装夹精度。可以使用指示表测量各刀片最低点，通过示值是否一致进行检查，也可以试铣一个平面，然后观察刀片最低点与试切平面之间的间隙来判断装夹精度。此外，为了确保达到平面度要求，还需要检查立铣头与工作台面之间的垂直度。

4)铣削用量

(1)粗铣时，取铣削速度 v_c=80 m/min，每齿进给量 f_z=0.15 mm。

(2)精铣时，取铣削速度 v_c=90 m/min，每齿进给量 f_z=0.05 mm。

粗铣时的铣削层深度为 2.5 mm，精铣时为 0.5 mm。铣削层宽度分别为 100～110 mm、30～40 mm。

2. 矩形工件的铣削加工

1)粗铣

(1)使用台虎钳将工件牢固地夹在工作台上，准备进行粗铣平面 1 的操作。首先，仔细调整工作台的位置，确保铣刀能够准确地对准工件上方。接着，进行横向调整，仔细观察工件与铣刀的相对位置，确保铣削过程中工件和铣刀处于对称铣削的状态，或者根据需要选择不对称逆铣方式。在铣削过程中，逐步铣除工件表面的余量，直至达到预定的 0.4 mm 的去除余量；密切监控平面度误差，确保最终加工出的工件的平面度误差在 0.1 mm 之内，以满足精密加工的要求。通过细致的操作和精确的调整，确保工件的平面度达到设计标准，从而保证后续工序的顺利进行。

(2)更换 ϕ63 mm 铣刀，使用直角铁和 C 字夹头固定工件，粗铣平面至 2.4 mm。调整工作台，进行对称端铣，确保铣削横向力指向直角铁定位面。单面铣削去除 3.5 mm 余量，确保垂直度误差不超过 0.05 mm。若垂直面误差大，用指示表检查直角铁与工作台面的垂直度，并用垫纸片调整以确保垂直。

(3)用直角铁、螺栓压板装夹工件，粗铣平面 5、平面 6，铣削平面 5 时，应用直角尺找正平面 4，使其与工作台面垂直。铣削平面 6 时，将平面 5 紧贴工作台面，就可以铣出与平面 1、平面 4 垂直且与平面 5 平行的端面。

(4)换装 ϕ125 mm 的铣刀，以平面 1、平面 4 为基准，用机用虎钳装夹工件，粗铣平面 3。

2)精铣

(1)预检的内容主要是粗铣后各对应面的平行度、各相邻面的垂直度，以及尺寸余量。

(2)用游标卡尺或千分尺测量 100 mm、30 mm 和 200 mm 尺寸的实际余量。本例测得粗铣后实际尺寸为 100.85～100.90 mm、30.75～30.85 mm、200.92～201.05 mm。

(3)在标准平板上用三个千斤顶将工件顶起，测量 100 mm×200 mm 平面的平面度误差。三个千斤顶的分布位置应尽量拉开，并且不可以放置在一条直线上。测量时，用游标高度尺装夹指示表，调整千斤顶的高度，用指示表在千斤顶上方与被测平面接触，使三点的指示表示值相等，然后用指示表测量平面上其余的点，若测得的示值误差在 0.05 mm 以内，则表明被测平面的平面度误差在 0.05 mm 范围内。

(4)测量侧面、端面与大平面的垂直度，可将工件基准面与标准平板测量面贴合，然后将直角尺的尺座与平板测量面贴合，用尺身测量侧面与基准面的垂直度。侧面与端面的垂直度也可直接用直角尺测量，测量中可借助塞尺判断垂直度的误差值。

(5)检查可转位铣刀的刀尖质量、磨损情况，按精铣数据调整主轴转速和进给量。

(6)按粗铣步骤依次精铣平面 1、平面 2、平面 4、平面 5、平面 6、平面 3。对应地第一面的铣削层深度约为 0.3 mm，第二面铣削时以尺寸公差为依据，确定铣削余量。为避免换装刀具麻烦，精铣时也可以先加工两个大平面，但应在预检中注意选择与大平面垂直度较好的侧面为基准，才能保证平面 1、平面 3 的尺寸精度和平行度要求，然后按平面 2、平面 4、平面 5、平面 6 的顺序精铣。

***注意事项**

(1)基准大平面的铣削精度十分重要，因此，在加工中首先要使基准大平面达到平面度、平行度和尺寸精度的要求，然后才能依次完成侧面和端面的加工。

(2)本例采用硬质合金可转位铣刀，其铣削速度和进给量都比较大，并且转速高、自动进给快。铣削时操作要细心，避免引起撞刀等操作事故。

(3)本例中铣刀的换装、工件的装夹比较繁复，操作中应按照要求合理使用压板、C 字夹头等，使工件达到定位夹紧的精度要求。

3. 铣床的维护与保养

(1)在日常工作中，应当特别注意铣床的润滑工作，确保其各个部件能够顺畅运行，避免因润滑不足导致的磨损或故障。

(2)在启动铣床之前，务必仔细检查各个关键部件，包括操纵手柄、按钮等是否处于正确的位置，并确保它们的灵敏度符合要求，以保证设备的正常运行。

(3)操作员在使用机床时，必须严格遵守操作规程，合理使用机床，避免因操作不当导致设备损坏或发生人身安全事故。

(4)在铣削作业过程中，操作员应时刻保持高度的警觉性，密切观察铣削情况，一旦发现任何异常现象，应立即停机进行详细检查，确保铣床的正常运行和加工质量。

(5)工作结束后，操作员应彻底清理铣床上及周围的切屑和其他杂物，关闭电源，用干净的布擦拭机床表面，确保机床的清洁。同时，在滑动部位加注适量的润滑油，整理好工具、夹具和计量器具，做好交接班记录，确保机床下一次顺利运行。

(6)为了保证铣床的长期稳定运行，建议在铣床运转达到 500 h 后，进行一次全面的一级保养，包括检查和更换磨损的零件，调整机床的精度，确保设备处于最佳工作状态。

第6章 加工中心实习

6.1 安全操作规程

项目目标

(1)掌握加工中心的安全操作规程，减少设备故障和损坏。
(2)掌握加工中心的日常安全操作规程，防止意外事故的发生。
(3)注重质量意识，提高加工精度和质量。
(4)强化安全意识，确保操作过程安全。
(5)培养团队合作精神，提高协作能力。
(6)培养创新思维，勇于尝试和创新。

项目内容及任务

(1)掌握操作加工中心前的检查流程。
(2)掌握加工中心安全操作注意事项。
(3)提高操作者的安全素养，减少事故的发生，为安全生产创造良好的环境。
(4)了解加工中心的安全操作规程，强调生命至上的理念。

数控铣床及加工中心安全操作规程如下：

(1)操作者应熟悉所用数控铣床的组成、结构及其使用环境，并严格按机床的操作手册的要求正确操作，尽量避免因操作不当而引起的故障。

(2)操作机床时，应按要求正确着装。

(3)开机前清除工作台、导轨、滑动面上的障碍物及工具、量具等，并及时移去装夹工具。检查机械、液压、气动等操作手柄，阀门，开关等是否处于非工作位置上；检查刀架是否处于非工作位置上；检查箱体内的润滑油是否在规定的标尺范围内，并按润滑图表或说明书的规定加油。

(4)按顺序开机、关机，先开机床再开数控系统，先关数控系统再关机床。

(5)开机后进行返回参考点的操作，以建立机床坐标系。

(6)手动操作沿 X、Y 轴方向移动工作台时，必须使 Z 轴处于安全高度位置，并注意观察刀具移动是否正常。

(7)正确对刀，确定工件坐标系，并核对数据。

(8)程序输入后应认真核对，其中包括对代码、指令、地址、数值、正负号、小数点及语法的检查核对，保证无误。

(9)程序调试好后，在正式切削加工前，再检查一次程序、刀具、夹具、工件、参数等是否正确。

(10)刀具补偿值输入后，要对刀补号、补偿值、正负号、小数点进行认真核对。

(11)按工艺规程和程序要求装夹刀具。进行正式加工前，应仔细核对输入的程序和参数，并启动程序试运行，防止加工中刀具与工件碰撞而损坏机床和刀具。

(12)装夹工件，要检查夹具是否妨碍刀具运动。

(13)试切进刀时，进给倍率开关必须打到低挡位。在刀具运行至距工件 30～50 mm 处时，必须在进给保持下，验证 Z 轴剩余坐标值和 X、Y 轴坐标值与加工程序数据是否一致。

(14)刃磨刀具和更换刀具后，要重新测量刀长并修改刀补值和刀补号。

(15)程序修改后，对修改部分要仔细计算和认真核对。

(16)手动连续进给操作时，必须检查各种开关所选择的位置是否正确，确定正负方向，然后进行操作。

(17)开机后先让机床空运转 15 min 以上，使机床达到热平衡状态。

(18)加工完毕后，将 X、Y、Z 轴移动到行程的中间位置，并将主轴速度和进给速度的倍率开关都拨至低挡位，防止因误操作而使机床产生错误的动作。

(19)机床运行中一旦发现异常情况，应立即按红色急停按钮，终止机床所有运动和操作。待故障排除后，方可重新操作机床及执行程序。

(20)装卸刀具时应先用手握住刀柄，再按换刀开关；装刀时应在确认刀柄完全到位装紧后再松手，换刀过程中禁止运转主轴。

(21)机床出现报警时，应根据报警号查明原因，及时排除。

(22)未经老师允许不准将 U(硬)盘、光盘插到与数控机床联网的计算机内，不准修改或删除计算机内的程序。

(23)加工完毕后，清理现场，清扫数控机床的铁屑，擦干净导轨面，上油防锈，并做好工作记录。

6.2 FANUC-0iM 数控系统加工中心

项目目标

(1)掌握 FANUC-0iM 数控系统操作面板的各项功能，提升专业技能。

(2)理解 FANUC-0iM 数控系统操作面板的参数设置，培养严谨的工作态度。

(3)提高操作的准确性和效率，培养时间管理能力。

(4)增强对设备的安全操作意识，树立安全责任观念。

(5)培养自主学习能力，为终身学习奠定基础。

项目内容及任务

(1)学习 FANUC-0iM 数控系统操作面板的各个按钮和指示灯的功能及含义，培养细致观察的能力。

(2)了解 FANUC-0iM 数控系统参数设置的原理和方法，强调严谨求知的态度。

(3)进行实际操作练习，提高实践能力和动手能力。

(4)学习设备的安全操作规程，强化安全意识和责任感。

(5)分析操作失误的原因，培养反思和总结能力。

(6)探讨如何优化操作流程，培养创新思维和改进意识。

6.2.1 加工中心面板

加工中心面板是加工中心的重要组成部分，它不仅承载着各种操作按钮和开关，还集成了显示屏和数控系统。本节以 FANUC-0iM 数控系统加工中心为例进行介绍，其面板如图 6-1 所示。

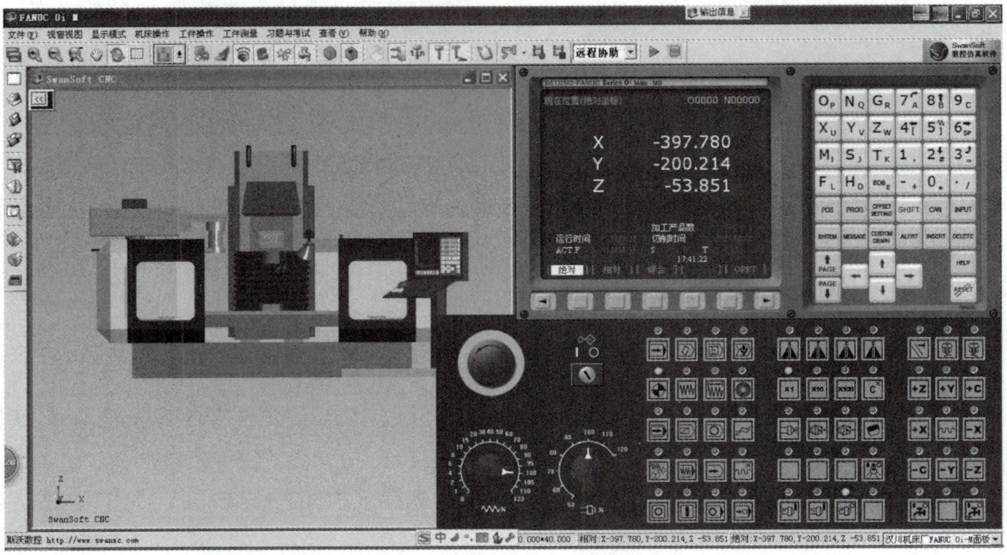

图 6-1 FANUC-0iM 数控系统加工中心面板

1. MDI 面板

FANUC-0iM 数控系统 MDI 面板如图 6-2 所示，各功能键基本功能与 FANUC-0iT 数控系统相同，参考 2.5.1 节。

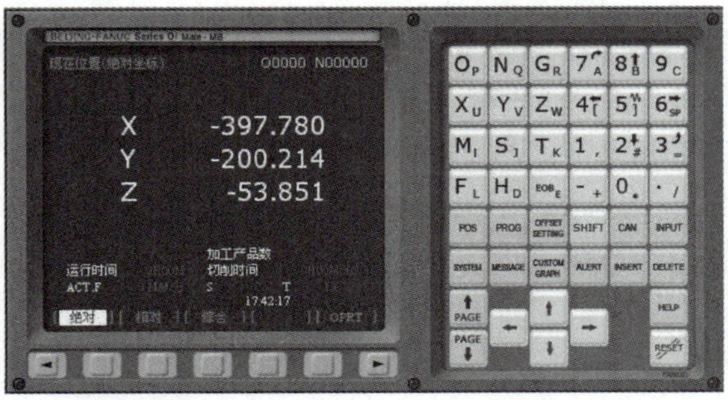

图 6-2 FANUC-0iM 数控系统 MDI 面板

2. 操作面板

操作面板是加工中心的重要组成部分，如图 6-3 所示，它集成了各种控制按钮和开关，使操作者能够方便地控制加工中心的运行。在现代加工中心上，操作面板的设计越来越人性化，功能也越来越强大。

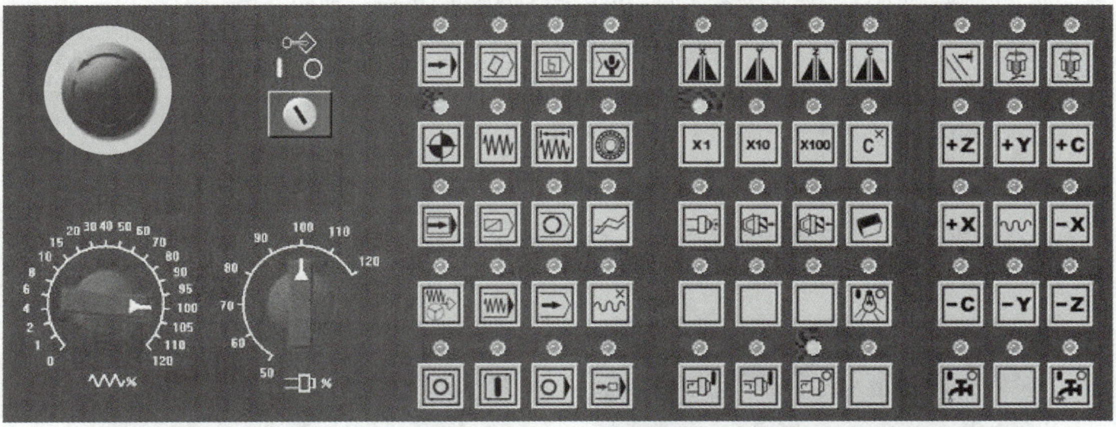

图 6-3　FANUC-0iM 数控系统操作面板

在现代设备中，操作面板是用户与机器进行交互的重要界面。

加工中心操作及寻边器分中

6.2.2　手动操作加工中心

1. 手动返回零点

(1)按“回原点”键，选择回原点操作方式。

(2)按手动轴向运动开关“+Z”，返回 Z 轴零点。

(3)按手动轴向运动开关“+Y”/“+X”，返回 X 轴和 Y 轴零点，回零界面如图 6-4 所示。

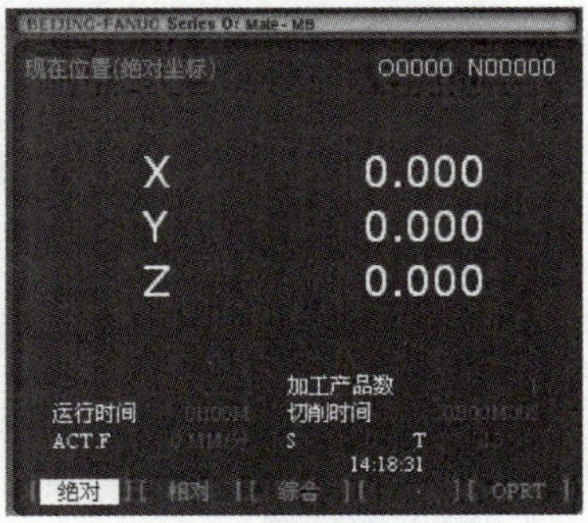

图 6-4　回零界面

2. 手动连续进给

(1)按“手动”键，选择手动操作方式。

(2)选择移动轴“+Y”/“+X”/“−Y”/“−X”/“+Z”/“−Z”，机床沿着选择轴方向移动。

注：手动方式为连续进给，速度由“进给倍率”控制，如果需要高速移动点，此时的速度由“快速倍率”控制。

3. 手轮进给

转动手轮，可以使机床微量进给。

(1)按“手轮”键，选择手轮操作方式。

(2)选择手轮运动轴：在手轮方式下，选择相应的移动轴键。

(3)选择移动量：选择适当的移动增量。

(4)旋转手轮，刀架移动：手轮顺时针旋转，刀架向正方向移动；手轮逆时针旋转，刀架向负方向移动。

4. MDI 方式主轴正转

(1)选择 MDI 方式。

(2)按“程序”键。

(3)按“翻页”键后，选择左上方显示“程式(MDI)”的界面，如图 6-5 所示。

(4)输入“M03 S500;”，若发现输入错误，可按 CAN 键，然后再次输入正确的数值。

(5)按 INSERT 键，将光标移动至程序开头。

(6)按“循环启动”键，主轴开始正转，转速为 500 r/min。

5. 运行程序

(1)按“编辑”键，选择编辑方式。

(2)按“程序”键，如图 6-6 所示。

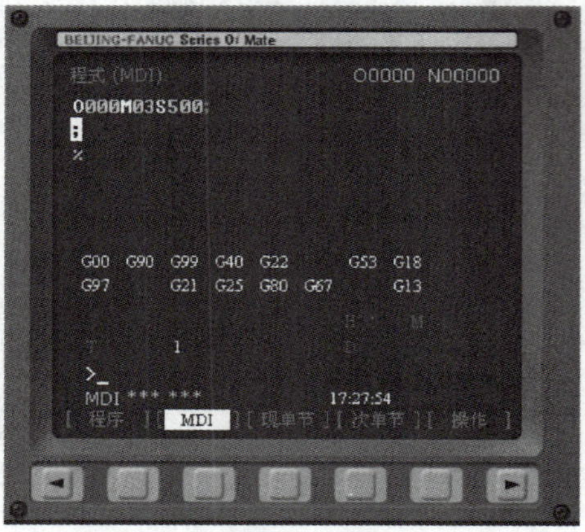

图 6-5 程序界面 MDI 模式

图 6-6 程序界面

(3)把程序存入存储器中，检查程序无误后，将光标移至程序开头。

(4)按“自动”键，选择保存自动方式的位置。

(5)按“循环启动”键。

6.2.3 程序存储、编辑操作前的准备

1. 输入新程序

(1)按“编辑”键，选择编辑方式。

(2)按“程序”键，进入程序内容界面。

(3)输入程序名，换 EOB 键，将程序名输入系统内。

(4)输入程序内容至结束。

注： 输入程序时灵活运用“删除”键、“取消”键、“插入/修改”键。

2. 调用已有的程序

(1)按“编辑”键，选择编辑方式。

(2)按“程序”键，进入程序内容界面。

(3)输入程序名，按界面软键或移动光标键进行操作。

3. 删除一个数控程序

(1)按“编辑”键，选择编辑方式。

(2)按“程序”键，进入程序内容界面。

(3)输入程序名，选择要删除的程序，按“删除”键。

4. 删除全部程序

(1)按“编辑”键，选择编辑方式。

(2)按“程序”键，进入程序内容界面。

(3)输入 0～9999，选择要删除的程序，按“删除”键。

6.3 FANUC-0iM 数控系统铣削编程与操作

项目目标

(1)熟练掌握 FANUC-0iM 数控系统编程技术，提高专业技能水平。

(2)培养创新思维和解决实际问题的能力。

(3)强化工程意识和质量意识。

(4)树立敬业精神和责任感。

项目内容及任务

(1)学习 FANUC-0iM 数控系统编程的基本理论知识，包括编程语言、坐标系等。

(2)进行实例编程练习，巩固所学知识。

(3)分析典型零件的加工工艺，培养工程思维。

(4)学习编程中的误差控制方法，增强质量意识。

(5)了解行业标准和规范，树立职业素养。

6.3.1 加工中心加工工艺路线的拟订

1. 数控加工的内容

数控加工流程主要包括分析图样、工件的定位与装夹、刀具的选择与装夹、数控加工程序的编制、试切削或试运行、数控加工、工件的验收与质量误差分析等。加工中心的加工流程如图 6-7 所示。

2. 零件结构工艺性分析

零件结构工艺性指的是根据加工工艺特点对零件设计提出的要求，即零件的结构设计的优劣会影响加工工艺的好坏。

(1)零件图样尺寸的正确标注。数控加工程序基于准确的坐标点进行编制，因此，各图形的几何要素及其相互关系必须明确。图样中应无多余尺寸或影响工序安排的封闭尺寸，以避免矛盾。

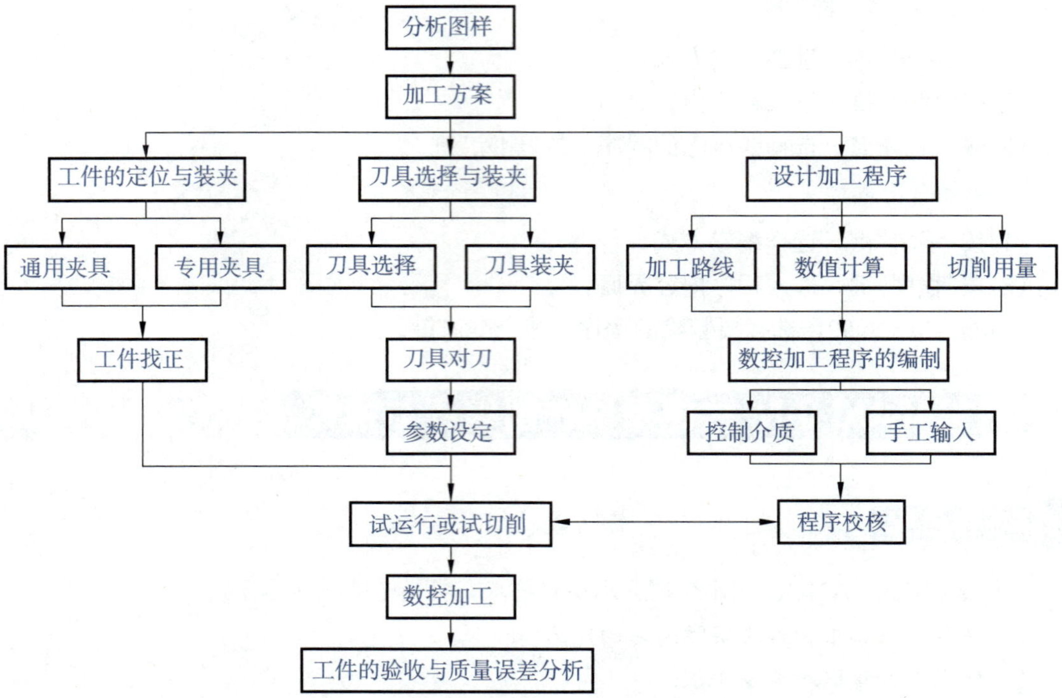

图 6-7 加工中心的加工流程

(2)保证基准统一。在数控加工零件图样上，应使用统一的基准标注尺寸或直接提供坐标尺寸，以确保加工的一致性。

(3)零件各加工部位的结构工艺性。需考虑各部位的结构设计如何影响加工过程，以优化工艺性。

①零件的内腔与外形最好采用统一的几何类型和尺寸，这样可以减少刀具规格和换刀次数，从而简化编程并提高生产率。

②内轮廓的最小内圆弧或外轮廓的内凹圆弧的半径 R 限制了刀具的半径。因此，圆弧半径 R 不能取得过小。此外，零件的结构工艺性还与 R/H(H 为零件轮廓面的最大加工高度)的值有关，当 $R/H>0.2$ 时，零件的结构工艺性较好，反之则较差。

③铣削槽底平面时，槽底圆角半径 R 不能过大。

④分析零件变形情况有助于解决数控铣加工中的变形问题。可在加工前采用热处理工艺，如调质、退火，或在加工时采用粗精加工分离、对称去余量等方法。

⑤毛坯结构工艺性要求保证加工余量充足且均匀，以及考虑毛坯定位与装夹的可靠性和方便性，以实现一次装夹、加工多个表面。

3. 加工路线的确定

1)加工路线的确定原则

在数控加工中，刀具的刀位点相对于零件的运动轨迹称为加工路线，其确定原则如下：

(1)加工路线应保证被加工零件的精度和表面粗糙度，且效率较高。

(2)使数值计算简便，以减少编程的工作量。

(3)应使加工路线最短，这样既可减少程序段，又可减少空刀时间。

(4)加工路线还应根据工件的加工余量和机床、刀具的刚度等具体情况确定。

2)孔加工路线

(1)孔加工导入量。孔加工导入量是指在孔加工过程中，刀具自快进转为工进时，刀尖点位置与孔上表面之间的距离。

孔加工导入量的具体数值是根据工件表面的尺寸变化量确定的。在大多数情况下，这个导入量通常会设定在 2～10 mm 之间。具体来说，如果孔的上表面已经经过了加工处理，那么导入量通常会选择一个较小的数值，范围为 2～5 mm。这样选择是确保在加工过程中能够更好地控制精度，避免对已加工表面造成不必要的损伤。相反，如果需要加工的是螺纹孔，或者孔的上表面尚未经过任何加工处理，那么导入量会取一个较大的数值，范围为 5～10 mm。这样选择是确保有足够的材料可以去除，以便在后续的加工过程中能够达到所需的尺寸精度和表面质量。总之，孔加工导入量的选择需要根据具体的加工要求和工件表面的实际情况综合考虑，以确保加工过程的顺利进行和最终产品的质量。

(2)孔加工超越量。钻加工不通孔时，孔加工超越量大于或等于钻尖高度 $Z_p=D/(2\cot\alpha)\approx0.3D$；通孔镗孔时，孔加工超越量取 1～3 mm；通孔铰孔时，孔加工超越量取 3～5 mm；钻加工通孔时，孔加工超越量等于 $Z_p+(1\sim3)$mm。

(3)在进行位置精度要求较高的孔系加工时，特别需要注意孔的加工顺序的合理安排。为了确保加工质量，必须避免在加工过程中将坐标轴的反向间隙带入，因为这会直接影响孔系的位置精度。因此，在制订加工路线时，应仔细考虑每个孔的加工顺序，确保在加工过程中不会因为反向间隙的引入而影响孔系的整体精度。通过合理安排加工顺序，可以最大限度地减少反向间隙对孔系位置精度的影响，从而保证加工出的孔系能够满足高精度的要求。

4. 轮廓铣削加工路线

在使用立铣刀进行侧刃铣削加工轮廓类零件的过程中，为了最大限度地减少接刀痕迹，确保零件表面的高质量，铣刀的切入点和切出点应当沿着零件轮廓曲线的延长线进行切向的切入和切出操作(如图 6-8 所示的路径 A—B—C—B—D)。这种操作方式可以有效地避免铣刀直接沿零件轮廓曲线的法向方向切入零件表面，从而防止在加工过程中产生明显的刀痕，确保零件的轮廓表面光滑无瑕。通过这种方式，可以显著提升零件的加工质量和表面精度，满足高精度加工的需求。

在铣削内轮廓表面的操作过程中，当遇到无法进行外延的情况时，为了确保加工质量、避免刀具损坏，应当尽量采用圆弧过渡方式进行切入和切出。这种圆弧过渡方式可以有效减少切削力的突变，从而降低刀具的磨损和工件的表面粗糙度值。然而，在某些特定情况下，圆弧过渡可能无法实现，此时可以考虑让铣刀沿着零件轮廓的法线方向进行切入和切出操作。为了进一步确保加工的精确性、减少误差，铣刀的切入点和切出点应当选择在零件轮廓上两个几何元素的交点处，这样可以最大限度地减少刀具在切入和切出过程中对工件表面的影响，从而确保加工精度。如图 6-8 所示，具体的切入点和切出点应位于几何元素的交点处，以便于操作者准确地定位和加工。

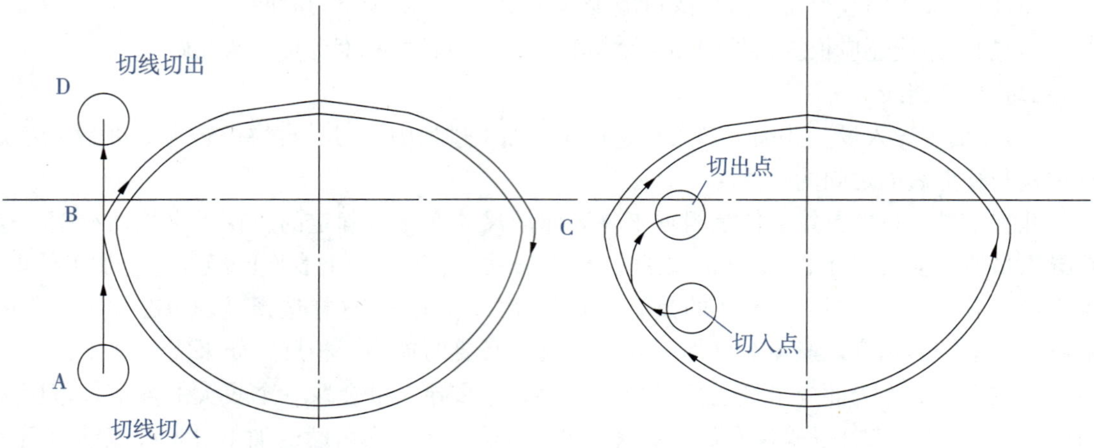

图 6-8　加工外轮廓与内轮廓的切入点和切出点

6.3.2　FANUC 系统指令

1. G 指令(准备功能)

加工中心 G 指令与数控车床 G 指令相比，有类似也有不同。下面以 FANUC 系统为例讲解加工中心 G 指令，如表 6-1 所示。

表 6-1　加工中心 G 指令

指令	组号	意义
G00 G01 G02 G03	01	快速定位 直线插补 顺圆插补 逆圆插补
G04	00	暂停
G07	16	虚轴设定
G09	00	准停核验
G17 G18 G19	02	$X-Y$ 平面选择 $Y-Z$ 平面选择 $Z-X$ 平面选择
G20 G21 G22	08	英寸输入 毫米输入 脉冲当量
G24 G25	03	镜像开 镜像关
G28 G29	00	返回到参考点 从参考点自动返回

指令	组号	意义
G43 G44 G49	10	刀具长度正向补偿 刀具长度负向补偿 刀具长度补偿取消
G50 G51	04	缩放关 缩放开
G52 G53	00	局部坐标系设定 直接机床坐标系编程
G54 G55 G56 G57 G58 G59	11	选择坐标系 1 选择坐标系 2 选择坐标系 3 选择坐标系 4 选择坐标系 5 选择坐标系 6
G60	00	单方向定位
G61 G64	12	精确停止校验方式 连续加工方式

指令	组号	意义
G73 G74 G76 G80 G81 G82 G83 G84 G85 G86 G87 G88 G89	06	深孔高速钻循环 反攻螺纹循环 精镗循环 固定循环取消 定心钻循环 带停顿的钻孔循环 深孔钻循环 攻螺纹循环 半精镗孔循环 粗镗孔循环 反镗循环 手动精镗循环 带停顿镗孔循环
G90 G91	13	绝对值编程 增量值编程
G92	00	坐标系设定

续表

指令	组号	意义	指令	组号	意义	指令	组号	意义
G40	09	刀具半径取消	G65	00	子程序调用	G94	14	每分钟进给
G41	09	刀具半径左补偿	G68	05	旋转变换	G95	14	每转进给
G42	09	刀具半径右补偿	G69	05	旋转取消	G98	15	固定循环后返回起始点
						G99	15	固定循环后返回 R 点

2. 孔循环指令

孔循环指令是一种在数控编程中常用的指令，主要用于控制机床进行重复加工操作。通过孔循环指令，程序员可以简化编程过程，提高编程效率和加工精度。加工中心孔加工指令如表 6-2 所示。

表 6-2 加工中心孔加工指令

指令	孔加工行程($-Z$)	孔底动作	返回行程($+Z$)	用途
G73	断续进给	—	快速进给	高速深孔往复排屑钻
G74	切削进给	主轴正转	切削进给	攻左螺纹
G76	切削进给	主轴准停刀具移位	快速进给	精镗
G80	—	—	—	取消指令
G81	切削进给	—	快速进给	钻孔
G82	切削进给	暂停	快速进给	钻孔
G83	断续进给	—	快速进给	深孔排屑钻
G84	切削进给	主轴反转	切削进给	攻右螺纹
G85	切削进给	—	切削进给	镗削
G86	切削进给	主轴停转	切削进给	镗削
G87	切削进给	刀具移位主轴启动	快速进给	背镗
G88	切削进给	暂停、主轴停转	手动操作后快速返回	镗削
G89	切削进给	暂停	切削进给	镗削

3. M 指令(或辅助功能)

M 指令(或辅助功能)在现代数控机床编程中扮演着至关重要的角色。它们不仅提高了生产率，还确保了加工过程的精确性和可靠性。通过这些指令，操作者可以轻松地控制机床的各种功能，如启动、停止、速度调整和切削液开关等。加工中心常用 M 指令如表 6-3 所示。

表 6-3 加工中心常用 M 指令

指令	用途
M00	程序暂停，程序执行到此指令时，进给停止，主轴停转，用于程序中的临时暂停
M01	程序选择性暂停，与 M00 指令类似，但需要在控制面板上激活“选择停止”键才能生效

续表

指令	用途
M02	程序结束，执行到此指令时，进给停止，主轴停止，切削液关闭
M03	主轴正转，指示机床主轴以正常速度旋转
M04	主轴反转，指示主轴以相反方向旋转
M05	主轴停止，指示主轴停止旋转
M06	刀具交换，用于自动更换刀具
M08	切削液开启，启动切削液系统
M09	切削液关闭，关闭切削液系统
M19	主轴定向，用于设定主轴的角度
M29	刚性攻螺纹，用于控制刚性攻螺纹操作
M30	程序结束并返回程序头，与 M02 指令类似，但程序光标会返回程序开头位置

4. 其他功能

1)坐标功能

坐标功能(又称尺寸功能)用来设定机床各坐标的位移量。它一般使用 X、Y、Z、U、V、W、P、Q、R(用于指定直线坐标尺寸)和 A、B、C、D、E(用于指定角度坐标)及 I、J、K(用于指定圆心坐标点位置尺寸)等作为地址码，在地址符后紧跟“＋”或“－”号及一串数字，如 X100.0、A＋30.0、1－10.0 等。

2)刀具功能

刀具功能是指数控系统进行选刀或换刀的功能指令，又称 T 功能。在数控铣床与加工中心中一般用 T 和其后两位数值来指定刀具号，刀具存储器号则由其他代码(如 D 或 H 代码)进行选择。同样，刀具号与刀具补偿存储器号不一定相同。

例如，T15 D01；表示选用 15 号刀具及选用 1 号刀具补偿存储器号中的补偿值。

3)进给功能

进给功能用来指定刀具相对于工件的运动速度，由地址 F 及其后缀的数字组成。根据加工需要，进给功能分为每分钟进给和每转进给两种。

(1)每分钟进给：直线运动的单位为 mm/min；如果主轴是回转轴，则其单位为°/min。每分钟进给通过准备功能 G94 指令(FANUC-0TD 车床用 G98 指令)来指定，其值为大于零的常数。

例如，G94 G01 X20.0 F100；表示进给速度为 100 mm/min。

(2)每转进给：在加工螺纹、镗孔过程中，常使用每转进给来指定进给速度，其单位为 mm/r，通过准备功能 G95 指令来指定。

例如，G95 G01 X20.0 F0.2；表示进给速度为 0.2 mm/r。

4)主轴功能

主轴功能用来控制主轴转速，又称 S 功能，由地址 S 及其后缀数字组成。根据加工需要，主轴的转速分为线速度 v 和转速 S 两种。

(1)转速 S：单位为 r/min，用准备功能 G97 指定，其值为大于 0 的常数。

例如，G97 S1000；表示主轴转速为 1 000 r/min。

(2)恒线速度 v_c：有时，在加工过程中为了保证工件表面的加工质量，转速常用恒线速度来指定，恒线速度的单位为 m/min，用准备功能 G96 指定。采用恒线速度与转速进行编程时，为防止转速 S 过高引起的事故，有很多系统都设有最高转速限定指令。

例如，G96 S100；表示主轴转速为 100 m/min。

为了避免程序员出现指令遗漏，数控系统对每一组的指令都选取其中的一个作为开机默认指令，该指令在开机或系统复位时可以自动生效，因而在程序中允许不再编写。

常见的开机默认指令有 G01、G17、G40、G49、G54、G80、G90、G95、G97 等。如果程序中没有 G96 或 G97 指令，则用指令“M03 S200;”，表示指定的正转转速是 200 r/min。

5. 编程规则

1)绝对坐标与增量坐标

(1)绝对坐标指令(G90)：ISO 代码中，绝对坐标用 G90 指令表示。程序中坐标功能字后面的坐标是以原点作为基准，表示刀具终点的绝对坐标。

例如，图 6-9 中 AB、CD 用 G90 指令编程的程序段分别如下：

```
G90 G01 X10.0 Y10.0 F100;               //AB
G02 X0 Y20.0 R20.0 F100;                //CD，G90 为开机默认指令，编程时可省略
```

(2)增量坐标指令(G91)：ISO 代码中，增量坐标用 G91 指令表示。程序中坐标功能字后面的坐标是以刀具当前点作为基准，表示刀具终点相对于刀具当前点坐标值的增量。

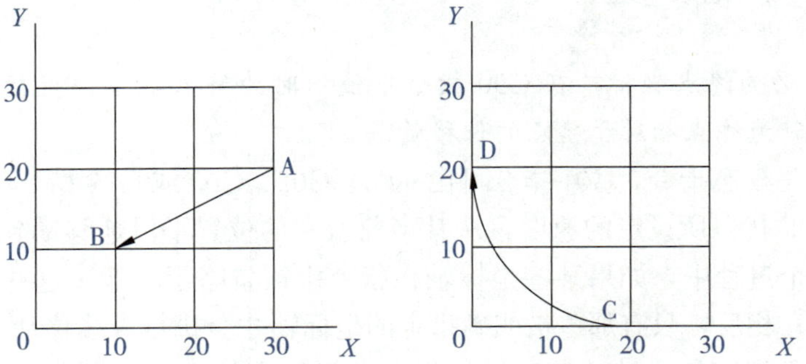

图 6-9 绝对坐标与增量坐标

例如，图 6-9 中 AB、CD 用 G91 指令编程时，其程序段分别如下：

```
G91 G01 X-20.0 Y-10.0 F100;            //AB
G91 G02 X-20.0 Y20.0 R20.0 F100;       //CD
```

G90 与 G91 指令属于同组模态指令，在程序中可根据需要随时变换。在实际编程中，是采用 G90 指令还是采用 G91 指令进行编程，要根据具体的零件及某标注确定。

2)米制与英制编程

坐标功能字是使用米制还是英制，多数系统用准备功能字设置，如 FANUC 系统采用 G21/G20 指令进行米制、英制的切换。

3)小数点编程

数字单位分为两种，一种是以 mm 为单位，另一种是以脉冲当量(机床的最小输入单位)为单位，现在大多数机床的脉冲当量为 0.001 mm。

对于数字的输入，有些系统可省略小数点，有些系统可以通过系统参数来设定是否可以省略小数点，但大部分系统中的小数点不可省略。对于不可省略小数点编程的系统，当使用小数点进行编程时，数字以 mm(英制为 in；角度为°)为输入单位，而当不用小数点编程时，则以机床的最小输入单位作为输入单位。

G90 与 G91 指令的区别

6.3.3 基本编程指令

1. G00 快速定位指令

指令格式：

```
G00 X_ Y_ Z_ ;
```

注： X、Y、Z 为快速定位终点坐标，在 G90 指令中使用时为终点在工件坐标系中的坐标；在 G91 指令中使用时为终点相对于起点的位移量。

G00 为模态指令，可由 G01、G02、G03 或 G33 指令注销，机床移动示意如图 6-10 所示。

2. G01 直线切削进程指令

指令格式：

```
G01 X_ Y_ Z_ F_ ;
```

注： X、Y、Z 为终点坐标，在 G90 指令中使用时为终点在工件坐标系中的坐标；在 G91 指令中使用时为终点相对于起点的位移量。

G01 和 F 都是模态指令，G01 指令可由 G00、G02、G03 或 G33 指令注销。

按照程序中 F 代码所设定的速度，从其当前所在的位置平滑地移动到指令要求到达的目标位置。在这个过程中，如果某些坐标轴在指令中被省略了，那么这些坐标轴将不会进行任何移动操作；相反，只有那些被明确指定的坐标轴才会执行直线移动。至于位移速度，它是根据指令中所指定各个轴的速度进行复合计算得出的。进行如图 6-11 所示的直线插补，程序如下：

```
G01 G90 X150. Y200. F100;
G01 G91 X200. Y20. F100;
```

3. G02/G03 与 G17/G18/G19 圆弧切削指令

指令格式：

$$\left\{\begin{matrix} G17 \\ G18 \\ G19 \end{matrix}\right\} \left\{\begin{matrix} G02 \\ G03 \end{matrix}\right\} \left\{\begin{matrix} X\_\ Y\_ \\ X\_\ Z\_ \\ Y\_\ Z\_ \end{matrix}\right\} \left\{\begin{matrix} I\_\ J\_ \\ I\_\ K\_ \\ J\_\ K\_ \\ R\_ \end{matrix}\right\} F\_ ;$$

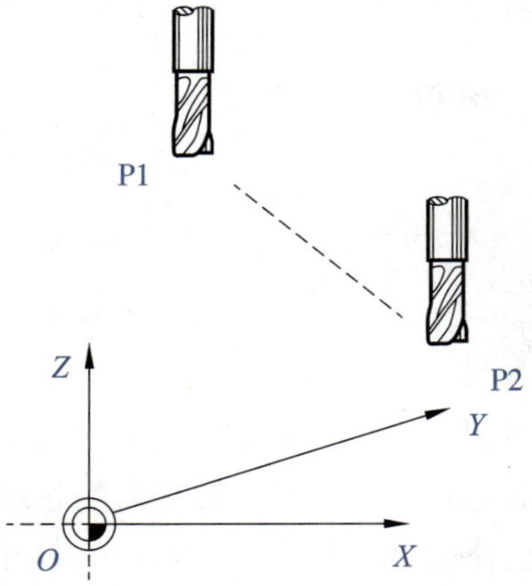

图 6-10　G00 快速定位

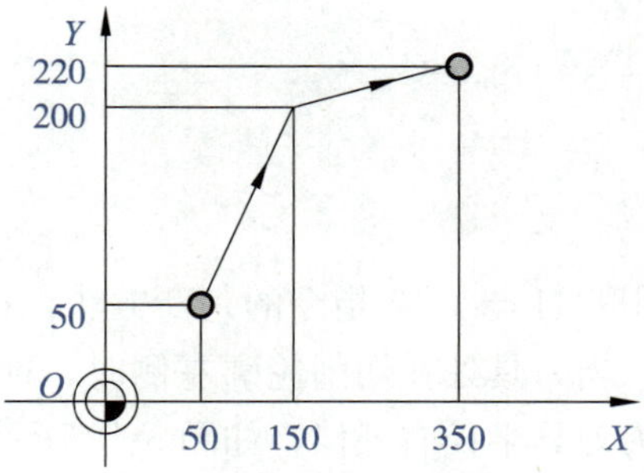

图 6-11　G01 直线插补

注： X、Y、Z 为终点坐标，I、J、K 分别表示 *X*(*U*)、*Y*(*V*)、*Z*(*W*)轴的圆心坐标减去圆弧起点坐标。在 G90 指令中使用时为终点在工件坐标系中的坐标；在 G91 指令中使用时为终点相对于起点的位移量。

圆弧所在的平面用 G17、G18 和 G19 指令指定。在圆弧回转方向指定后，指派切削终点坐标。G90 是指定在绝对坐标方式下使用的指令；而 G91 是指定在增量坐标方式下使用的指令。如果 G90/G91 指令已经在先前程序块里给出过，可以省略。

圆弧的终点用包含在命令施加的平面里的两个轴的坐标值指定(例如，在 *XY* 平面里，G17 指令用 *X* 轴、*Y* 轴坐标值)。终点坐标能够像 G00 和 G01 指令一样设置。圆弧中心的位置或者其半径应当在设定圆弧终点之后设置。圆弧中心设置为从圆弧起点的相对距离，并且对应于 *X* 轴、*Y* 轴和 *Z* 轴表示为 I、J 和 K。圆弧起点坐标值减去圆弧中心对应的坐标值得到的结果对应分配给 I、J、K，如图 6-12 所示。

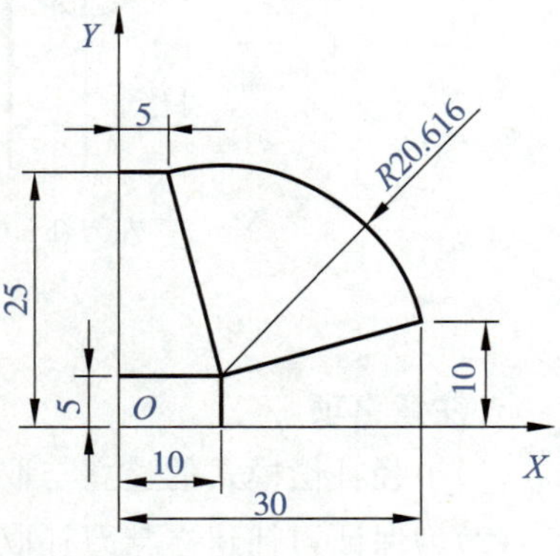

图 6-12　G02、G03 圆弧插补

***注意事项**

(1)当圆弧圆心角小于 180°时，*R* 为正值。

(2)当圆弧圆心角大于 180°时，*R* 为负值。

(3)整圆编程时不可以使用 *R*，只能用 I、J、K。

(4)F 为编程的两个轴的合成进给速度。

4. 刀具补偿功能指令

在数控编程过程中，为了方便操作员编程，通常将数控刀具假想成一个点，该点称为刀位点或刀尖点。

1)刀具半径补偿

在编制轮廓切削加工程序的场合，一般以工件的轮廓尺寸作为刀具轨迹进行编程，而实际的刀具运动轨迹则与工件轮廓有一偏移量(刀具半径)。数控系统的这种编程功能称为刀具半径补偿功能。

指令格式:

```
G41 G01 X__Y__F__D__;          //刀具半径左补偿
G42 G01 X__Y__F__D__;          //刀具半径右补偿
G40;                           //取消刀具半径补偿
```

使用 G41 与 G42 指令的判断方法:在补偿平面外另一根轴的正方向上,沿刀具的移动方向看,当刀具处在切削轮廓左侧时,称为刀具半径左补偿;当刀具处在切削轮廓的右侧时,称为刀具半径右补偿,如图 6-13 所示。刀具半径补偿过程共分三步,即刀补建立、刀补进行和刀补取消。

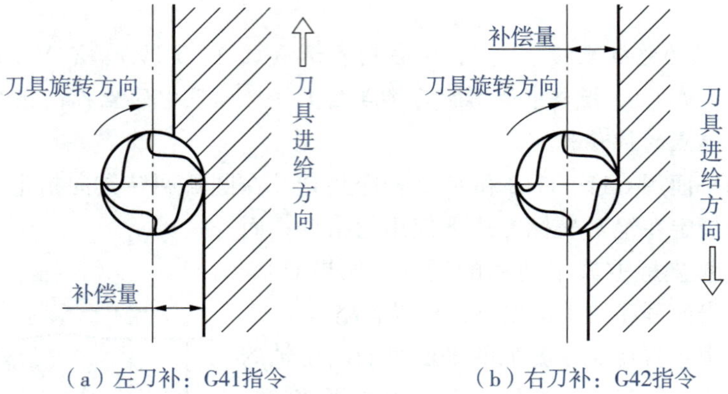

图 6-13 G41、G42 刀具补偿

***注意事项**

(1)半径补偿模式的建立与取消程序段只能在 G00 或 G01 指令模式下才有效。

(2)为保证刀补建立与刀补取消时刀具与工件的安全,通常采用 G01 运动方式来建立或取消刀补。

(3)为了便于计算坐标,采用切线切入方式或法线切入方式来建立或取消刀补。

(4)刀具半径补偿建立与取消程序段的起始位置与终点位置最好与补偿方向在同一侧。

(5)一般不允许存在连续两段以上的非补偿平面内的移动指令。

2)刀具长度补偿

刀具长度补偿指令是用来补偿假定的刀具长度与实际的刀具长度之间差值的指令。

指令格式:

```
G43 H_ ;              //刀具长度补偿"+"
G44 H_ ;              //刀具长度补偿"-"
G49;或 H00;           //取消刀具长度补偿
```

注: H 用于指定偏置存储器的偏置号。

G43、G44 为模态指令，可以在程序中保持连续有效。G43、G44 指令的撤销可以使用 G49 指令或选择 H00(“刀具偏置值”H00 规定为 0)进行。

首先用一把铣刀作为基准刀，并且利用工件坐标系的 *Z* 轴，把它定位在工件表面上，其位置设置为 Z0。如果程序所用的刀具较短，那么即便机床移动到位置 Z0，在加工时刀具也不可能接触到工件；反之，如果刀具比基准刀具长，有可能导致刀具与工件碰撞而损坏机床。为了防止出现这种情况，应将每一把刀具与基准刀具的相对长度差输入刀具偏置内存，并且在程序里让数控机床执行刀具长度偏置功能。

G43 指令：把指定的刀具偏置值加到命令的 *Z* 坐标值上。

G44 指令：把指定的刀具偏置值从命令的 *Z* 坐标值上减去。

G49 指令：取消刀具偏置值。

在实际编程中，为避免产生混淆，通常采用 G43 而非 G44 的指令格式进行刀具长度补偿。使用 G43 指令进行刀具长度补偿时，如果刀具短于基准刀具，偏置值会被设置为负值；如果长于基准刀具则为正值。在实际工作现场，用 G43 指令进行刀具长度偏置，如图 6-14 所示，编程举例如下。

刀具补偿

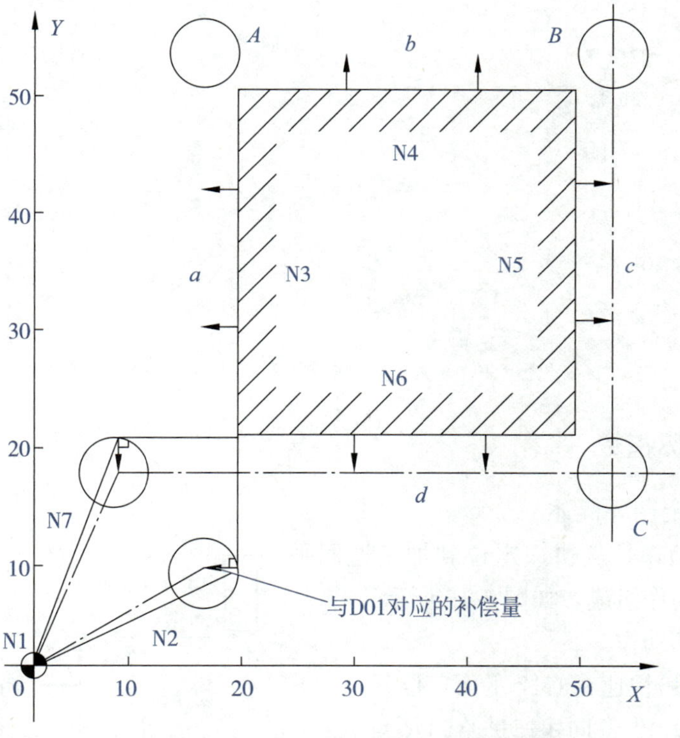

图 6-14　用 G43 指令进行刀具长度偏置

按增量坐标方式编程，代码如下：

```
N10 G92 X0.0 Y0.0 Z50
N20 G91 G17                    //由 G17 指定刀补平面
N30 G41 G00 X20.0 Y10.0 D01    //由刀补号码 D01 指定刀补——刀补启动
```

```
N35 Z-48 M03 S500
N38 G01 Z-12 F200
N40 G01  Y40.0 F100         //进入刀补状态
N50 X30.0
N60 Y-30.0
N70 X-40.0
N80 G00 Z60 M05
N85 G40 X-10.0 Y-20.0       //解除刀补
N90 M30
```

按绝对坐标方式编程，代码如下：

```
N10 G92 X0.0 Y0.0 Z50
N20 G90 G17 G00             //由 G17 指定刀补平面
N30 G41 X20.0 Y10.0 D01     //启动刀补
N35 Z2 M03 S500
N38 G01 Z-10 F200
N40 G01 Y50.0 F100          //刀补状态
N50 X50.0
N60 Y20.0
N70 X10.0
N80 G00 Z50 M05
N85 G40 X0 Y0               //解除刀补
N90 M30
```

6.3.4 固定循环指令

1. 孔加工固定循环概述

孔加工循环动作，从快速定位到加工返回平面，由 6 个基本动作组成，如图 6-15 所示。

1)孔加工循环动作

动作 1(*AB* 段)快速在 G17 平面定位。

动作 2(*BR* 段)沿 *Z* 向快速进给到 *R* 点。

动作 3(*RZ* 段)沿 *Z* 轴切削进给，进行孔加工。

动作 4(*Z* 点)加工至孔底。

动作 5(*ZR* 段)沿 *Z* 轴退刀。

动作 6(*RB* 段)沿 *Z* 轴快速回到起始位置。

2)孔加工固定循环的基本格式

孔加工循环的通用指令格式：

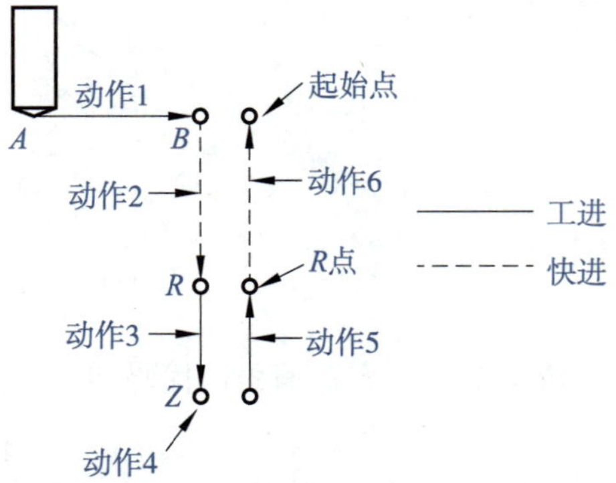

图 6-15 孔加工循环示意

```
G73～G89 X_ Y_ Z_ R_ Q_ P_ F_ K_ ;
```

注： X _ Y _ 表示指定孔在 XY 平面内的定位；Z _ 表示孔底平面的位置；R _ 表示 R 点平面所在位置；Q _ 表示当有间隙进给时，刀具每次加工的深度；P _ 表示指定刀具在孔底的暂停时间，数字不加小数点，单位为 ms；F _ 表示孔加工切削进给时的进给速度；K _ 表示指定孔加工循环的次数。

3)孔加工固定循环的平面

(1)初始平面是为安全进刀而规定的一个平面。

(2)*R* 点平面是刀具下刀时，快速进给转至切削进给的高度平面，一般情况下取 2～5 mm。

(3)加工非通孔时，孔底平面就是孔底的 *Z* 轴高度。加工通孔时，除了要考虑孔底平面的位置外，还要考虑刀具的超越量(图 6-16 中 *Z* 点)，以保证所有孔深都加工到尺寸，各平面如图 6-16 所示。

4)刀具从孔底的返回方式

当刀具加工到孔底平面后，刀具从孔底平面以两种方式返回，即返回到 *R* 点平面和返回到初始平面，分别用 G98 与 G99 指令确定，如图 6-17 所示。

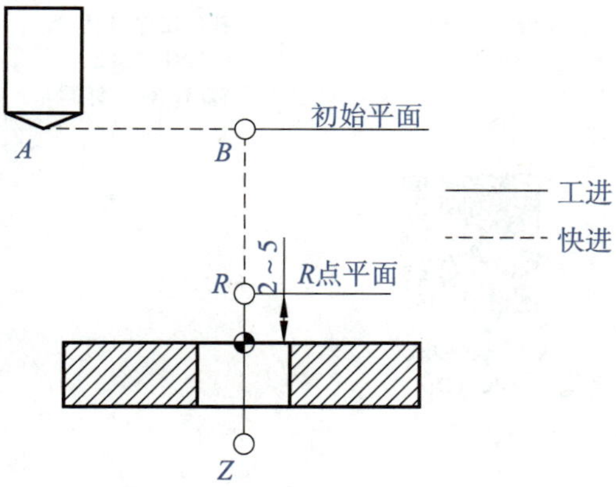

图 6-16 孔加工循环起始平面

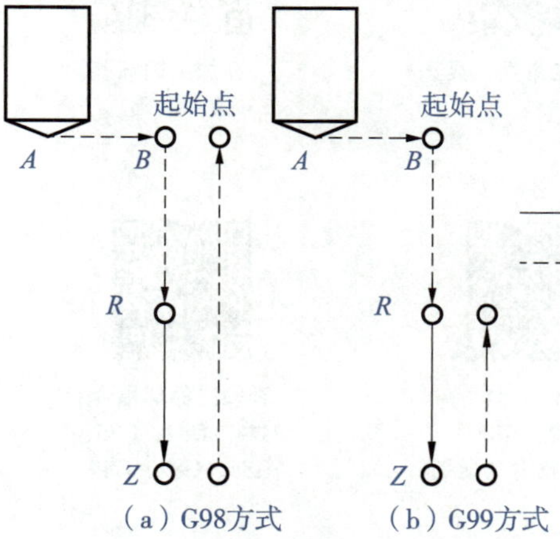

图 6-17 孔加工循环返回方式

(1)G98 指令：返回到初始平面，其编程格式如下。

```
G98 G81 X__Y__Z__R__F__K__;
```

(2)G99 指令：返回到 *R* 点平面，其编程格式如下。

```
G99 G81 X__Y__Z__R__P__F__K__;
```

5)绝对坐标与增量坐标

(1)G90 指令：*R* 值与 *Z* 值是指相对于工件坐标系的 *Z* 向坐标值，此时 *R* 值一般为正值，而 *Z* 值一般为负值。

(2)G91 指令：*R* 值是指从初始点到 *R* 点的矢量值，而 *Z* 值是指从 *R* 点到孔底平面的矢量值，如图 6-18 所示。

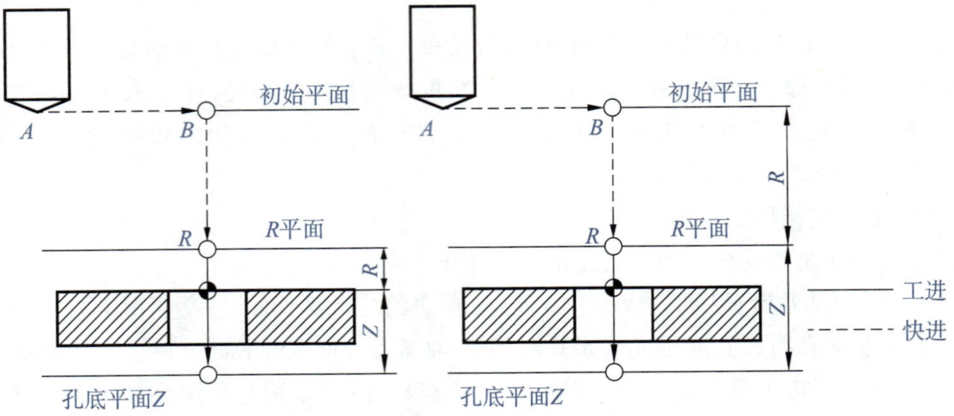

图 6-18　孔加工循环的增量坐标与绝对坐标

孔加工常用刀具

孔加工循环指令基础

G98、G99 指令

孔加工循环指令 G81、G82、G73、G83 详解

G73、G81、G82、G83 孔加工指令的区别

孔加工循环指令 G74、G84、G85、G86、G87、G89

镗孔基础知识 G85 G76

2. G81 定点钻孔循环指令

指令格式：

```
G81 X__ Y__ Z__ R__ F__ K__;
```

注： X __ Y __为孔位数据；Z __为孔底深度（绝对坐标）；R __为每次的下刀点或抬刀点（绝对坐标）；F __为切削进给速度；K __为重复次数（可能需要）。

该指令常用于普通孔及中心孔的加工，动作如图 6-19 所示。

3. G82 钻孔循环指令

指令格式：

```
G82 X__ Y__ Z__ R__ P__ F__ K__;
```

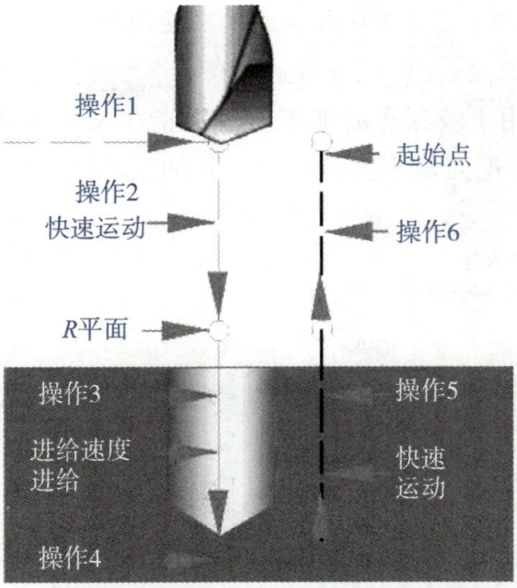

图 6-19 G81 指令孔加工动作

注：X＿ Y＿为孔位数据；Z＿为孔底深度(绝对坐标)；R＿为每次的下刀点或抬刀点(绝对坐标)；P＿为在孔底的暂停时间(单位为 ms)；F＿为切削进给速度；K＿为重复次数（可能需要）。

该指令常用于锪孔或加工台阶孔，其加工轨迹如图 6-20 所示。

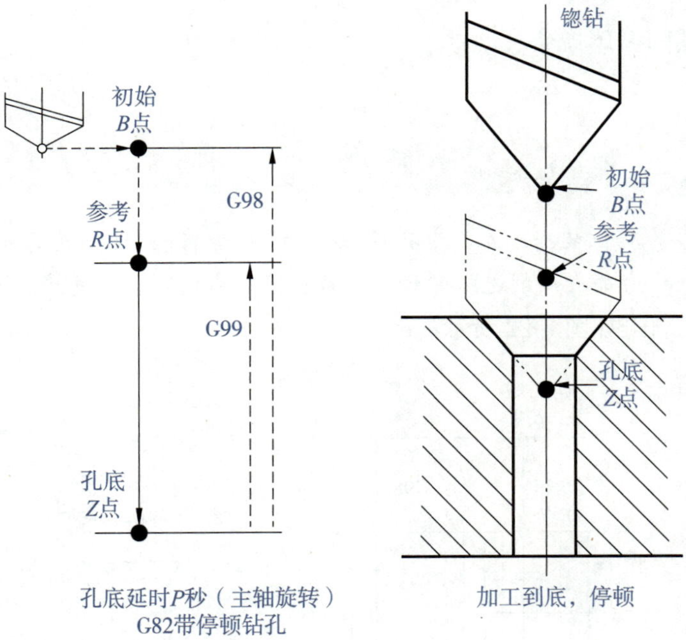

图 6-20 G82 指令钻孔循环的加工轨迹

4. G73 高速深孔加工循环指令

指令格式：

```
G73 X__Y__Z__R__Q__P__F__K__;
```

注： X__Y__为孔位数据；Z__为从 *R* 点到孔底的距离；R__为从初始位置到 *R* 点的距离；Q__为每次切削进给的切削深度；P__为暂停时间；F__为切削进给速度；K__为重复次数。

G73 和 G83 指令一般用于较深孔的加工，G73 指令又称为啄式孔加工指令，具有易断屑、易排屑、易加切削液、退刀量不大的优势，其加工轨迹如图 6-21 所示。

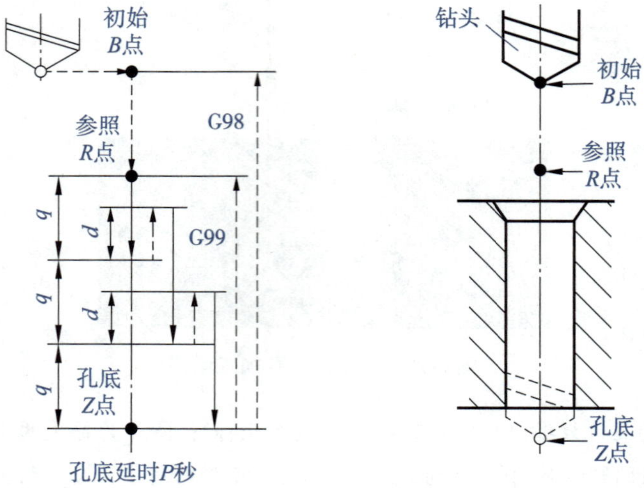

图 6-21　G73 指令钻孔循环的加工轨迹

5. G83 深孔钻削循环指令

指令格式：

```
G83 X__Y__Z__R__Q__F__K__;
```

注： X__Y__为孔位数据；Z__为孔底深度(绝对坐标)；R__为每次的下刀点或抬刀点(绝对坐标)；Q__为每次切削进给的切削深度；F__为切削进给速度；K__为重复次数。

该指令的加工轨迹如图 6-22 所示。

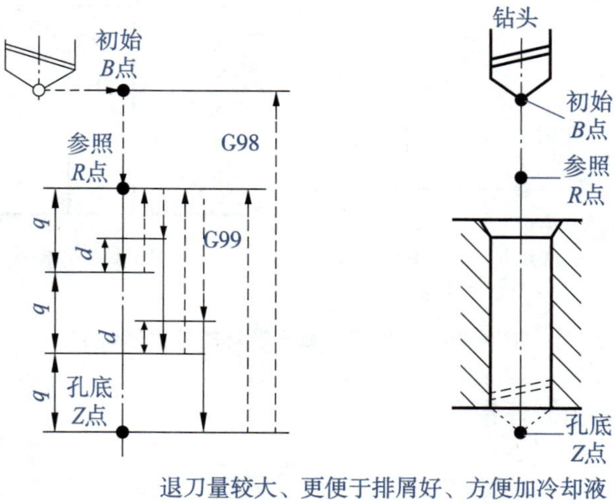

图 6-22　G83 指令钻孔循环的加工轨迹

6. G84 攻螺纹循环指令

指令格式：

```
G84 X__ Y__ Z__ R__ P__ F__ K__;
```

注： X__ Y__为孔位数据；Z__为孔底深度(绝对坐标)；R__为每次的下刀点或抬刀点(绝对坐标)；P__为暂停时间；F__为切削进给速度；K__为重复次数。

该指令用于攻正螺纹，主轴正转攻螺纹，到孔底时主轴停止旋转，主轴反转退回，如图 6-23 所示。攻螺纹时速度倍率不起作用。使用进给保持时，在全部动作结束前也不停止。

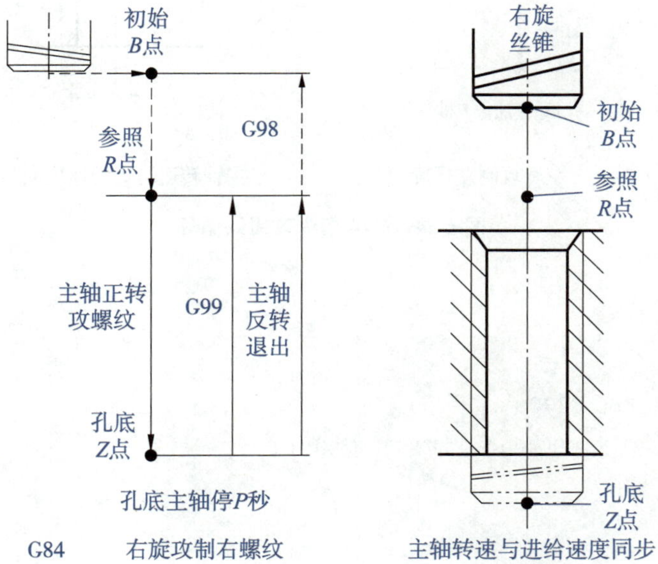

图 6-23 G84 攻螺纹循环

主轴顺时针旋转攻螺纹，当到达孔底时，为了回退，主轴以相反方向旋转，这个过程生成螺纹。

在攻螺纹期间进给倍率被忽略，进给暂停时不停止机床，直到返回动作完成。

7. G74 左螺旋切削循环指令

指令格式：

```
G74 X__ Y__ Z__ R__ Q__ P__ F__ K__;
```

注： X__ Y__为孔位数据；Z__为从 R 点到孔底的距离；R__为从初始位置到 R 点的距离；Q__为每次切削进给的切削深度；P__为暂停时间；F__为切削进给速度；K__为重复次数。

该指令用于攻反螺纹，主轴反转攻螺纹，到孔底时主轴停止旋转，主轴正转退回，如图 6-24 所示。攻螺纹时速度倍率不起作用。使用进给保持时，在全部动作结束前也不停止。

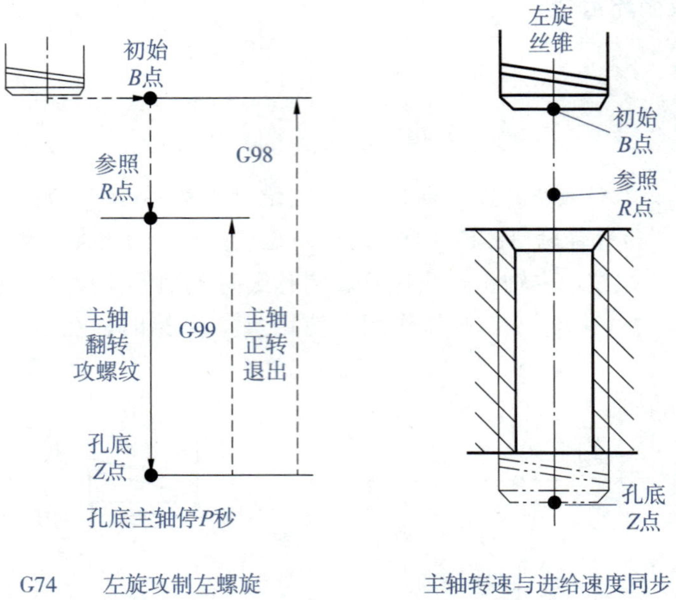

图 6-24 G74 指令攻螺纹循环

编程示例：

```
O0074
N10 G92 X0 Y0 Z80 F200
N20 G98 G74 G91 X100 G90 R40 P10 G90 Z0 F1
N30 G0 X0 Y0 Z80
N40 M30
```

注：如果 Z 向移动量为零，则该指令不执行。

8. G85 镗孔循环指令

常用的粗镗孔循环指令有 G85/G86/G88/G89 四种，其指令格式与孔加工动作基本相同。

指令格式：

```
G85 X__ Y__ Z__ R__ F__ K__;
```

注：X__ Y 为孔位数据；Z__为孔底深度(绝对坐标)；R__为每次的下刀点或抬刀点(绝对坐标)；F__为切削进给速度；K__为重复次数。

该指令主要用于精度要求不太高的镗孔加工，其动作：以 F 速度工进镗孔，孔底延时，以 F 速度工退，全过程主轴旋转，如图 6-25 所示。

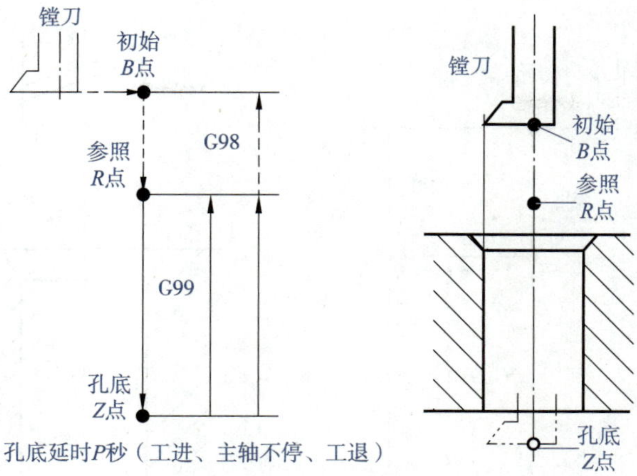

图 6-25　G85 镗孔循环

编程示例：

```
O0076
N10 G92 X0 Y0 Z80
N15 G00
N20 G99 G85 G91 X100 G91 R-40 G91 Z-40 F200
N30 G00 X0 Y0 Z80
N40 M30
```

＊注意事项

如果 Z 向的移动量为零，该指令不执行。

9. G86 镗孔循环指令

指令格式：

```
G86 X__ Y__ Z__ R__ F__ L__;
```

注： X__ Y__为孔位数据；Z__为孔底深度(绝对坐标)；R__为每次的下刀点或抬刀点(绝对坐标)；F__为切削进给速度；K__为重复次数。

该指令动作：半精镗循环，快速返回，如图 6-26 所示。

此指令与 G81 指令相同，但在孔底时主轴停止，然后快速退回。

编程示例：

```
O0086
N10 G92 X0 Y0 Z80
N15 G00
N20 G98 G86 G90 X100 G90 R40 Q-10 K5 P2 G90 Z0 F200
N30 G90 G00 X0 Y0 Z80
N40 M30
```

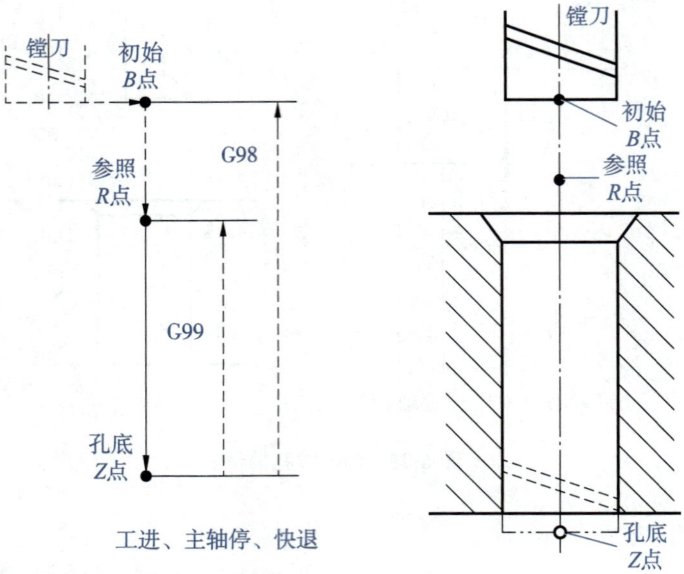

图 6-26 G86 半精镗孔循环

10. 孔加工的编程练习

加工图 6-27 所示零件的各孔。

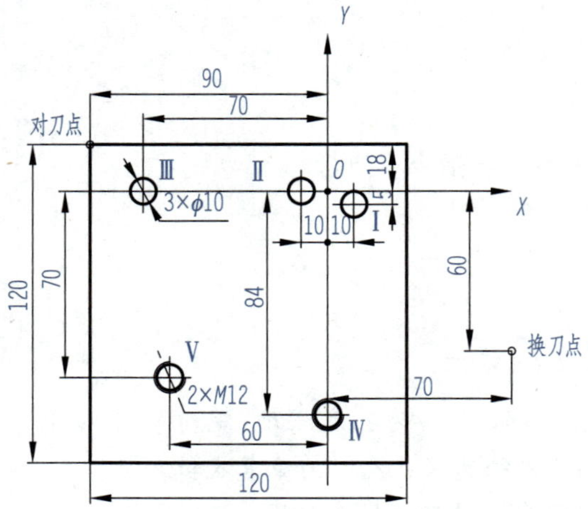

图 6-27 孔加工练习图

1)技术要求

①工件为普通钢板，厚 15 mm。

②钻、铰 3×ϕ10 mm 通孔，攻 2×M12 螺纹。

2)工艺分析

①工件零点设在工件上表面 O 点，对刀点设在左上角，换刀点设在工件外部(70，−60)处。

②工件用机用虎钳装夹，上表面高出钳口 2～3 mm，中间用平垫块垫起。

3)工具、量具、刀具清单

工具、量具、刀具清单如表 6-4 所示。

表 6-4　工具、量具、刀具清单

名称	规格	精度	数量
钻头	ϕ9.8 mm 钻头 ϕ10.3 mm 钻头		各 1
铰刀	ϕ10H7 铰刀		1
丝锥	M12 丝锥		1
机用虎钳			1
游标卡尺	0～150 mm	0.02 mm	1

刀具采用直接对刀法，求出刀具补偿尺寸，并设定相应的数据。

加工中心操作

4)参考程序

钻 3×ϕ10 mm 孔采用钻孔循环指令 G81，螺纹加工采用攻螺纹指令 G84。钻头、铰刀、丝锥等刀具的长度补偿都采用 G43 指令(正向偏置)，如果当前刀具长度短于标准刀具长度，应将补偿值设置为负。参考程序如表 6-5 所示。

表 6-5　参考程序

```
O0002;                                //程序名
G90 G54 X-90.0 Y18.0 Z50.0;           //设置工件坐标系
M03 S530;                             //主轴正转，选 1 号刀(φ9.8 mm)
G00 X10.0 Y-5.0 Z10.0;                //快速定位到Ⅰ号孔上方
G98 G81 Z-20.0 R10.0 F80;             //钻Ⅰ号孔
G98 G81 X 10.0 Y0;                    //钻Ⅱ号孔
G98 G81 X-70.0 Y0;                    //钻Ⅲ号孔
G00 X70 Y -60.0 Z50;                  //移到换刀点
M05;                                  //主轴停止
M00;                                  //程序暂停，手动换 3 号刀(φ10H7 铰刀)
M03 S530;                             //主轴正转
G43 Z15.0 H03;                        //调用 3 号刀具长度补偿
G00 X10.0 Y-5.0 Z10.0;                //快速定位到Ⅰ号孔上方
G01 Z-15.0 F100;                      //铰Ⅰ号孔
G01 Z10.0;                            //退刀
G00 X-10.0 Y0;                        //铰Ⅱ号刀
G01 Z-15.0;
G01 Z10.0;                            //铰Ⅲ号孔


G00 X-70.0 Y0;
G01 Z-15.0;                           //取消刀具长度补偿
G01 Z10.0;
```

续表

G00 X70 Y—60.0 Z50.0;	//手动换 2 号刀(ϕ10.3 mm 钻头)
Z50.0 H00;	//主轴正转
M05;	//调用 2 号刀具长度补偿
M00;	//快速定位到Ⅳ号螺纹孔上方
M03 S530;	//钻Ⅳ号孔
G43 Z15.0 H02;	
G00 X0 Y—84.0 Z10.0;	//钻Ⅴ号孔
G01 Z—15.0 F50;	
G00 Z10.0;	
G00 X—60.0 Y—70.0;	//取消刀具补偿
G01 Z—15.0;	//手动换 4 号刀
G00 Z10.0;	//主轴正转
G00 X70.0 Y—60.0 Z50.0;	
Z50.0 H00;	
M05;	//攻Ⅳ号螺纹孔
M00;	//攻Ⅴ号螺纹孔
M03 S85;	
G43 Z15.0 H04;	//快速移动到起刀点
G00 X0 Y—84.0 Z10.0;	
G98 G84 Z—15.05 R5 F148.75;	
G98 G84 X—60.0 Y—70.0 Z—15.0 R5 F148.75;	//程序结束
G00 X—90.0 Y18.0 Z50.0;	
Z50.0 H00;	
M05;	
M30;	

6.4 加工案例

项目目标

(1)熟练掌握加工中心的操作技能，提高实践能力。

(2)理解加工工艺，提升工艺设计水平。

(3)培养严谨的工作态度和责任心。

(4)增强安全意识，确保加工过程的安全性。

(5)提升创新能力，勇于尝试新方法。

项目内容及任务

(1)学习加工中心的操作规程和安全注意事项。

(2)进行基本操作练习，如刀具装夹、工件夹紧等。

(3)选择合适的加工参数，进行加工模拟。

(4)完成实际零件的加工，保证加工质量。

(5)分析加工过程中出现的问题，并提出解决方案。

(6)参与团队合作项目，共同完成复杂零件的加工。

6.4.1 凸台加工案例 1

图 6-28 所示的凸台零件外形尺寸为 100 mm×80 mm×20 mm，材料为 45 钢，需要加工上表面轮廓及 4 个直径为 10 mm 的通孔。按图样要求制订正确的工艺方案(包括定位、夹紧方案和工艺路线)，选择合理的刀具和切削工艺参数，编写数控加工程序。

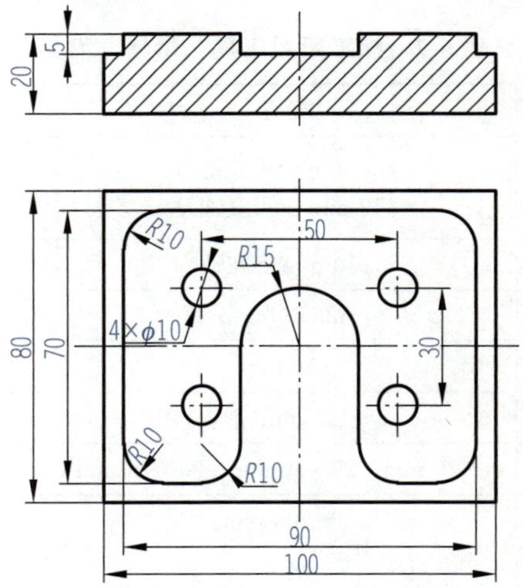

图 6-28 凸台加工案例 1

1. 工艺分析

选用机用平口钳夹紧工件，校正平口钳，固定钳口并使其与工作台 X 轴方向平行，在工件下表面与平口钳之间放入精度较高且厚度适中的平行垫板，工件露出钳口表面的距离不低于 7 mm，利用木锤或铜锤敲击工件，确保平行垫板不能移动后夹紧工件。利用寻边器找正工件的 X、Y 轴零点，使其位于工件中心的对称位置，设 Z 轴零点与机械原点重合，刀具长度补偿利用 Z 轴定位器设定(有时也可以不使用刀具长度补偿功能，而是根据不同刀具设定多个工件坐标系零点进行编程加工)。工件表面为执行刀具长度补偿后的 Z 表面。具体工艺过程如下：

(1)粗铣外形轮廓。使用 T01 号 ϕ20 mm 立铣刀粗铣外形轮廓，留出精加工余量。

(2)精铣外形轮廓。使用 T02 号 ϕ12 mm 立铣刀精加工各外形轮廓，达到图纸的尺寸和表面质量要求。

(3)钻孔。调用 T03 号 A2.5 中心钻，钻出四个中心孔位置后调用 T04 麻花钻钻孔。

(4)检验。去毛刺，按图纸尺寸检验加工零件。

2. 切削参数的选择

各工序及刀具的切削参数如表 6-6 所示。

表 6-6　工序及刀具的切削参数

工步	工步内容	刀具类型	切削用量		
			主轴转速/(r·min^{-1})	进给速度/(r·min^{-1})	切削深度/mm
1	粗铣外形轮廓	ϕ20 mm 立铣刀	400	120	5
2	精铣外形轮廓	ϕ12 mm 立铣刀	800	110	5
3	点中心孔	A2.5 中心钻	1 000	60	
4	麻花钻钻孔	ϕ10 mm 麻花钻	800	50	

3. 工具、量具、刀具清单

加工所用工具、量具、刀具如表 6-7 所示。

表 6-7　加工所用工具、量具、刀具

名称	规格	精度	数量
立铣刀	ϕ20 mm 四刃立铣刀 ϕ12 mm 三刃立铣刀		各 1 把
麻花钻	ϕ10 mm 麻花钻		1 把
中心钻	A2.5 中心钻		1 把
偏心寻边器	ϕ10 mm	0.02 mm	1 个
游标卡尺	0～150 mm(带表)	0.02 mm	各 1 把
千分尺	0～25 mm，25～50 mm，50～75 mm	0.01 mm	各 1 把
深度游标卡尺	0～200 mm	0.02 mm	1 把
垫块，拉杆，压板，螺钉	M16		若干
扳手	12″，10″		各 1 把
锉刀	平锉刀		1 套
毛刷	50 mm		1 把
铜皮	0.2 mm		若干
棉纱			若干
机用平口钳			1 个

4. 加工程序

加工程序如表 6-8 所示。

表 6-8　加工程序

```
O0002;                       //程序名
G40 G69 G49;                 //机床模态信息初始化
G90 G54 G00 X0 Y0 S400;      //使用绝对坐标编程方式，采用 G54 坐标系，以 G00 方式快速定位
G43 H01 Z100;                //执行刀具长度正补偿，补偿号为 01 号
X-65 Y-65;                   //X、Y 轴定位
Z3 M03;                      //Z 轴接近工件表面，打开主轴旋转
```

续表

G01 Z−5 F100；	//以 G01 方式切削进给下刀
G41 X−45 D01 F120；	//执行刀具半径左补偿，补偿号为 01
G02 X−35 Y35 R10；	//走顺圆
G01 X35；	//走直线
G02 X45 Y25 R10；	//走顺圆
G01 Y−25；	//走直线
G02 X−35 Y−35 R10；	//走顺圆
G01 X25；	//走直线
G02 X15 Y25 R10；	//走顺圆
G01 Y0；	//走直线
G02 X−15 Y0 R15；	//走顺圆
G01 Y−25；	//走直线
G02 X−25 Y−35 R10；	//走顺圆
G01 X−35；	//走直线
G02 X−45 Y−25 R10；	//走顺圆
G01 Y65；	//走直线
G40；	//撤销刀具半径补偿
G00 Z5；	//快速抬刀
G91 G30 Z0；	//返回到换刀点
M00；	//手动换刀，使用 ϕ12 mm 三刃立铣刀
G43 H02 Z100；	//执行长度正补偿，补偿号为 0 号并快速定位至 Z 轴 100 处
X−65 Y−65；	//X、Y 轴定位
Z3 M03；	//Z 轴接近工件表面，打开主轴旋转
G01 Z−5 F100；	//以 G01 方式切削进给下刀
G41 X−45 D01 F120；	//执行刀具半径左补偿，补偿号为 01
G02 X−35 Y35 R10；	//走顺圆
G01 X35；	//走直线
G02 X45 Y25 R10；	//走顺圆
G01 Y−25；	//走直线
G02 X−35 Y−35 R10；	//走顺圆
G01 X25；	//走直线
G02 X15 Y25 R10；	//走顺圆
G01 Y0；	//走直线
G02 X−15 Y0 R15；	//走顺圆
G01 Y−25；	//走直线
G02 X−25 Y−35 R10；	//走顺圆
G01 X−35；	//走直线

续表

G02 X－45 Y－25 R10；	//走顺圆
G01 Y65；	//走直线
G40；	//撤销刀具半径补偿
G00 Z5；	//快速抬刀
G91 G30 Z0；	//返回到换刀点
M00；	//手动换刀，使用 A2.5 中心钻
G90 G00 X－25 Y15 S1 000；	//X、Y 轴定位到左上角孔的位置，并赋予主轴转速
G43 H03 Z100	//执行刀具正补偿，补偿号为 03 号，定位到 Z 轴 100 处
Z10 M03；	//快速接近工件表面，打开主轴旋转
G82 Z－5 R5 F60；	//使用 G82 固定循环指令钻中心孔，在该程序中因为 X、Y 值都是从上面 //模态下来的，故可以省略不写
Y－15；	//钻左下角的孔
X25 Y15；	//钻右上角的孔
Y－15；	//钻右下角的孔
G00 Z100；	//快速退刀
M05；	//主轴停止
M30；	//程序结束且复位

6.4.2 凸台加工案例 2

图 6-29 所示的凸台零件外形尺寸为 100 mm×100 mm×13 mm，材料为 45 钢，需要加工上表面轮廓及 4 个直径为 12 mm 的通孔。按图样要求制订正确的工艺方案(包括定位、夹紧方案和工艺路线，类似凸台加工案例 1)、选择合理的刀具和切削工艺参数，编写数控加工程序。

1. 加工工艺路线及切削用量

当铣削平面零件外轮廓时，一般使用立铣刀的侧刃铣削。铣削外轮廓时应沿着外轮廓曲线采用圆弧方式进退刀，这样的切入切出方式可以避免切入切出时产生刀痕，保证零件侧壁的表面质量。

此零件需要切削的深度为 3 mm，可以一刀完成，在切削时应降低主轴转速，同时降低进给量，本次加工选用 50 mm 立铣刀，主轴转速 S 取 900 r/min，进给量 F 取 80 mm/min，切削方向为顺铣。外轮廓加工完成后使用 ϕ12 mm 的麻花钻，对四个直径为 12 mm 的孔进行加工，钻头参数为 S 取 700 r/min，F 取 80 mm/min。

2. 工具、量具、刀具清单

加工所用工具、量具、刀具如表 6-9 所示。

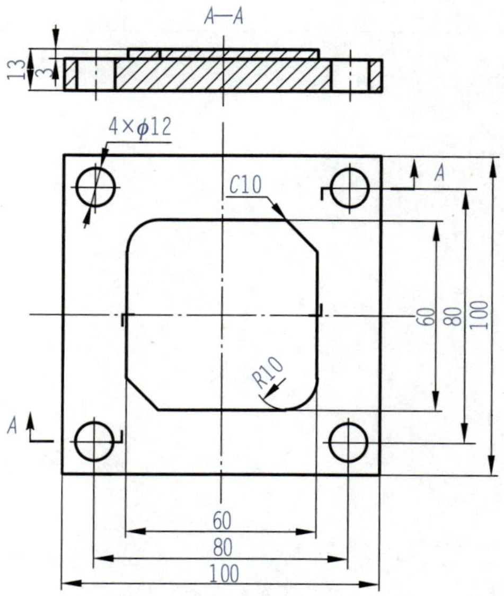

图 6-29 凸台加工案例 2

表 6-9 加工所用工具、量具、刀具

名称	规格	精度	数量
立铣刀	ϕ50 mm		1把
麻花钻	ϕ12 mm		1把
游标卡尺	0～150 mm	0.02 mm	1把
深度游标卡尺	0～200 mm	0.02 mm	1把
机用平口钳			1个

3. 加工程序

加工程序如表 6-10 所示。

表 6-10 加工程序

O0001	//程序号
G17 G40 G49 G80 G90；	//初始化程序
G54 G00 X0.0 Y0.0；	//调用 G54 坐标系
G91 G28 Z0.0；	//移动至 Z 轴方向机械零点
T01 M06；	//换 1 号刀，50 mm 铣刀
G00 G90 X−82.5 Y−27.5 S800 M03；	//主轴正转，转速 800 r/min
G43 Z20. H01；	//移动至工件坐标 Z20，执行刀长补偿
Z0.0；	
G01 Z−3. F80. M08；	//切削液开，加工进给速度设为 80 mm/min
G03 X−55. Y0.0 I0.0 J27.5；	//圆弧进刀
G01 Y20.；	//加工外轮廓

续表

G02 X−20. Y55. I35. J0.0;	
G01 X20.;	
G02 X37.678 Y47.678 I0.0 J−25.;	
G01 X47.678 Y37.678;	
G02 X55. Y20. I−17.678 J−17.678;	
G01 Y−20.;	
G02 X20. Y−55. I−35. J0.0;	
G01 X−20.;	
G02 X−37.678 Y−47.678 I0.0 J25.;	
G01 X−47.678 Y−37.678	
G02 X−55. Y−20. I17.678 J17.678;	
G01 Y0.0;	
G03 X−82.5 Y27.5 I−27.5 J0.0;	//外轮廓加工完成，圆弧退刀
G01 Z0.0;	
G00 Z20.;	//刀具沿 Z 轴方向抬升至 20 mm
M05;	//主轴停转
G91 G28 Z0.0;	//移动至 Z 轴方向机械零点
T02 M06;	//换 2 号刀，12 mm 钻头
G00 G90 X38. Y−38. S700 M03;	//主轴正转 700 r/min
G43 Z20. H02;	//移动至工件坐标 Z20，执行刀长补偿
G83 X38. Y−38. Z−18.105 R3. F80. Q2.;	//执行 G83 深孔钻指令
Y38.;	
X−38.;	
Y−38.;	
G80;	
G00 Z20.;	//钻孔结束沿 Z 轴移动 20 mm
M05;	//主轴停止
M30;	//程序结束

第7章 NX CAM 自动编程实习

7.1 数控加工通用知识

项目目标

(1)掌握 NX CAM 自动编程方法，提高编程效率和质量。

(2)培养创新能力和实践能力。

(3)培养团队合作精神和沟通能力。

(4)增强质量意识和责任感。

项目内容及任务

(1)学习 NX CAM 自动编程的基本原理和操作方法。

(2)进行简单零件的自动编程练习。

(3)分析不同加工策略对零件质量的影响。

(4)学习如何优化编程参数，提高加工效率。

7.1.1 数控加工模块介绍

NX CAM 的制造模块涵盖了多种功能，适用于各种复杂零件的加工，包括平面铣、型腔铣、固定轴曲面轮廓铣、点位加工、切削仿真及后处理等十余个子模块。每个子模块都提供了不同的加工方式和功能，具体包括如下内容。

(1)CAM 基础：连接所有加工模块的核心。用户可图形化查看和编辑刀具轨迹，支持轨迹的延伸、缩短和修改。操作模板可提升用户的操作水平，如创建粗加工、半精加工样板子程序，还可以标准化加工方法和参数。

(2)平面铣削：包括多次走刀轮廓铣削、仿形内腔铣、Z 字形走刀铣削等功能。可设定避开夹具的安全余量，进行型腔分层切削、凹腔底面加工，并提供操作机床辅助运动的指令。

(3)型腔铣削：支持粗切单个或多个型腔、去除大量毛坯材料及加工型芯。能为复杂形状生成刀具运动轨迹，实现型芯和型腔加工的全自动化。

(4)固定轴曲面轮廓铣削：提供生成 3 轴运动刀具路径的综合工具。

(5)切削仿真：此模块采用人机交互的方式，能够模拟、检验和显示刀具的路径，是一种成本低、效率高且不需要数控机床即可验证数控程序的方法，节省了试切样件、机床调用的时间，减少了刀具磨损和机床清理工作。

7.1.2 初始化加工环境

在“CAM 设置”对话框的列表框中可以选择在制造方式中指定加工设定的默认值的文件。选择的模板文件将决定加工环境初始化后可以选用的操作类型，也决定在生成程序、刀具、方法、几何时可选择的父节点类型。各加工模块的内容如表 7-1 所示。

表 7-1 各加工模块的内容

设置	初始设置的内容	可以创建的内容
Mill _planar（平面铣）	包括 MCS、工件、程序，以及用于粗铣、铣半精加工和精铣的方法	平面铣的操作、程序组、刀具组、加工几何组、加工方法组
Mill _contour（轮廓铣）	包括 MCS、工件、程序，以及用于钻、粗铣、半精铣和精铣的方法	型腔铣与固定轴轮廓铣的操作、程序组、刀具组、加工几何组、加工方法组
Mill _multi－axis（多轴铣）	包括 MCS、工件、程序，以及用于粗铣、半精铣和精铣的方法	可变轴轮廓铣的操作、程序组、刀具组、加工几何组、加工方法组
Drill（钻孔）	包括 MCS、工件、程序，以及用于粗铣、铣半精加工和精铣的方法	孔加工的操作、程序组、刀具组、加工几何组、加工方法组

7.1.3 NX CAM 界面介绍

NX CAM 加工模块的工作界面与其他模块的工作界面基本相同，除了显示常用的工具按钮外，还将显示加工模块中特有的操作导航器和 4 个工具条，分别为加工创建工具条、加工操作工具条、视图工具条和对象工具条。

图 7-1 加工创建工具条

1. 加工创建工具条

加工创建工具条如图 7-1 所示，它可以新建数据模板。加工创建工具条包含创建刀具、创建几何体、创建工序等命令，也可以在如图 7-2 所示的“插入”菜单下选择相应的命令。

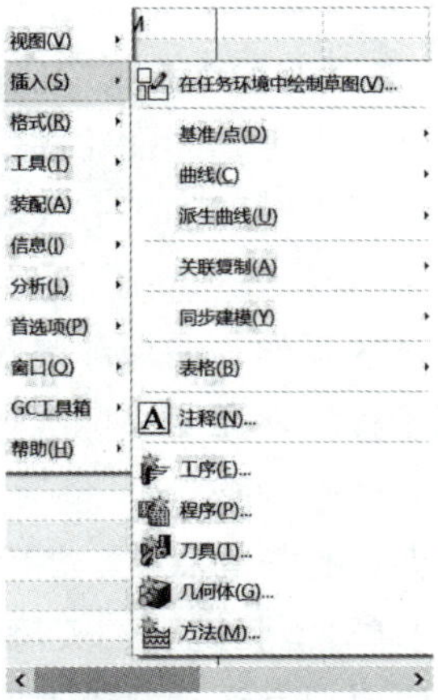

图 7-2 “插入”菜单

2. 加工操作工具条

加工操作工具条提供与刀位轨迹有关的功能，方便用户针对选取的操作生成其刀位轨迹，或者针对已生成的刀位轨迹进行操作，如进行编辑、删除、重新显示或设置切削模式。

3. 视图工具条

视图工具条用于确定操作导航器的显示视图，也可以通过在操作导航器的空白处右击进行选择。视图工具条中共有 4 种视图可供选择。

（1）程序顺序视图是系统默认视图，此视图会分别列出每个程序组下面的操作。

(2)机床视图是按刀具对操作进行排序显示，即按所使用的刀具组织视图排列。

(3)几何体视图是按几何体和加工坐标列出操作。

(4)加工方法视图是对应用相同加工参数值的操作进行排序显示，即按粗加工、精加工和半精加工方法分组列出。

4. 对象工具条

对象工具条如图 7-3 所示，此工具条提供操作导航窗口中所选择对象的生成刀轨、确认刀轨、机床仿真、后处理、车间文档等功能。

图 7-3 对象工具条

5. 操作导航器

操作导航器用于管理创建的操作及其他组对象。在操作导航器中的空白处右击，系统将会弹出快捷菜单，通过该菜单可以进行加工视图切换或编辑程序等操作。

7.1.4 数控加工的一般步骤

数控编程的过程：加载毛坯，定义工序加工的对象；选择刀具，定义加工方式并生成相应的加工程序；依据加工程序的内容，如加工对象的具体参数、切削方式、切削步距、主轴转速、进给量、切削角度、进退刀点及安全平面等详细内容确立刀具轨迹的生成方式；继而仿真加工，对刀具轨迹进行相应的修改、复制等；待所有的刀具轨迹设计合格后，最后进行后处理，生成相应数控系统的加工代码，进行 DNC 传输与数控加工。

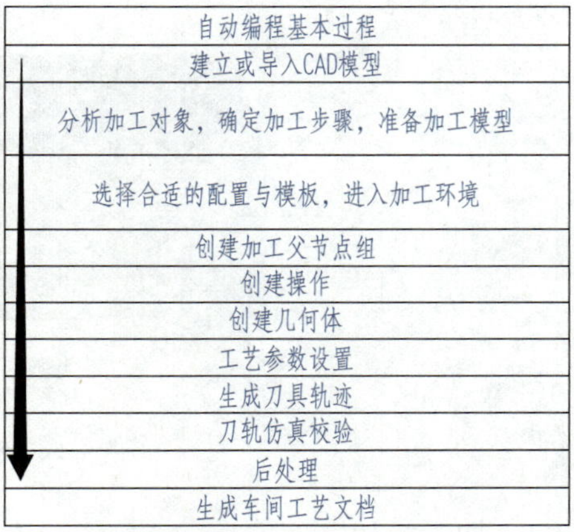

图 7-4 数控编程的基本过程及内容

数控编程的基本过程及内容如图 7-4 所示。

1. 加工前的准备工作

在进行加工编程操作之前，要先进行一些准备工作，包括模型分析、创建毛坯、创建加工装配模型和设置加工默认参数等。

1)模型分析

模型分析主要是分析模型的大小、结构和圆角半径等。模型的大小决定了应使用的刀具的大小，模型的结构决定了是否需要采用线切割加工等其他加工方式，圆角半径的大小决定了精加工时需要使用的刀倾角大小。

(1)分析模型尺寸及加工深度，如图 7-5 所示。

①测量模型尺寸。

②测量加工深度。

(2)分析模型圆角半径。

2)创建毛坯

毛坯主要用于定义加工区域，以便控制加工区域，使系统生成简洁、高效的刀具轨迹以及在模拟刀具路径时观察零件的成型过程，如图 7-6 所示。

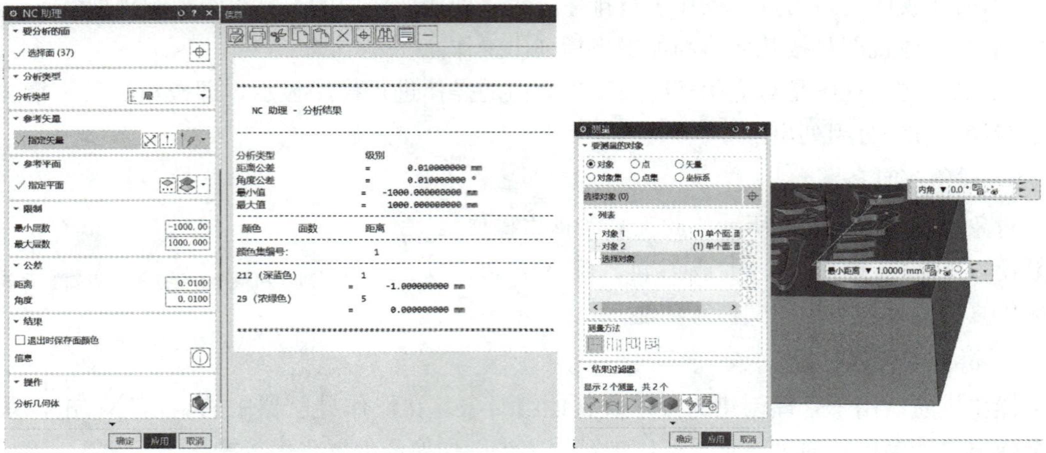

图 7-5　模型分析

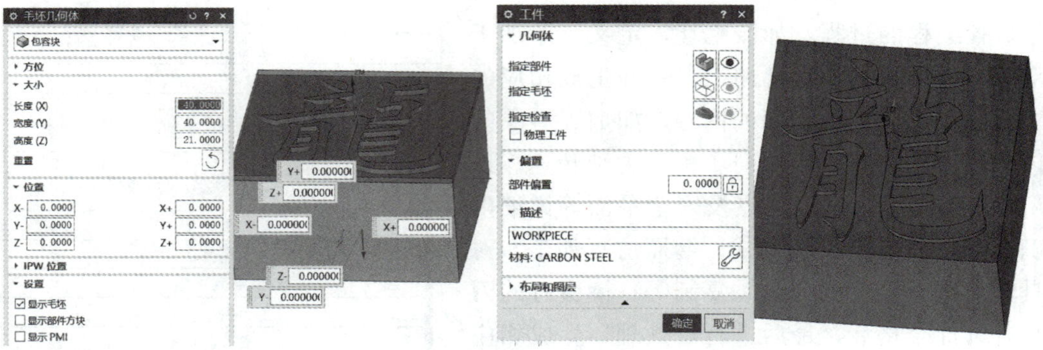

图 7-6　创建毛坯与工件

2. 加工模块

在 NX CAM 中，加工模块提供了 4 个参数组，即程序组、刀具组、几何组和加工方法组。创建操作前完成前三个组的内容，加工方法组可以在创建操作时完成。

1)程序组的创建

一个复杂的零件往往需要在不同数控机床上进行加工，可以将同一数控机床上加工的操作合成程序组，以便刀具路径的输出。直接选择这些操作所在的父节点组即可完成操作，如图 7-7 所示。

2)刀具组的创建

在 NX CAM 加工过程中，刀具是从毛坯上切除材料的工具，在创建铣削、孔加工等操作时必须创建刀具组或从刀具库中选取刀具。创建刀具组或选取刀具时，应考虑加工类型、加工表面形状和加工部位尺寸等因素，如图 7-8 所示。

3)几何组的创建

创建几何体主要是在零件上定义要加工的几何对象和指定零件在机床上的加工位置。几何体包括加工坐标系、部件和毛坯，其中机床坐标属于父级，部件和毛坯属于子级。几何体的创建如图 7-9 所示。

(1)创建加工坐标系和参考坐标系。

MCS，即加工坐标系，是所有后续刀轨输出点的基准位置。在刀具路径中，所有坐标点的坐标值均与加工坐标系相关联，如果移动加工坐标系，则后续刀具路径输出的坐标的基准位置都将重新定位，如图 7-10 所示。

图 7-7 程序组的创建

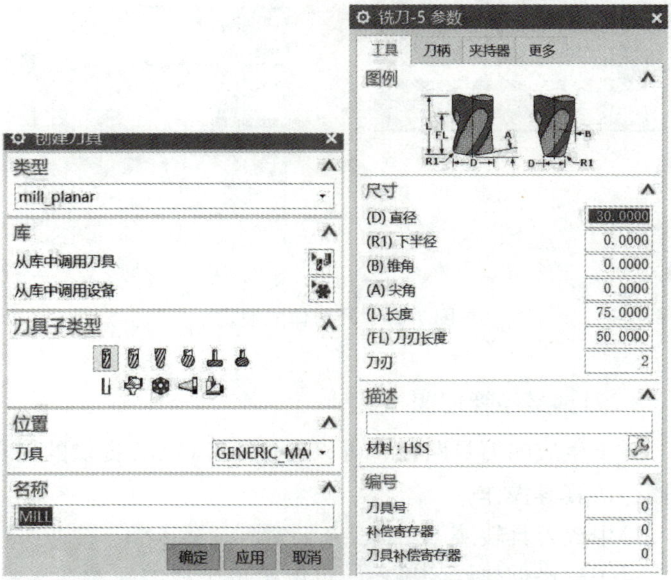

图 7-8 刀具组的创建

图 7-9 几何体的设定界面

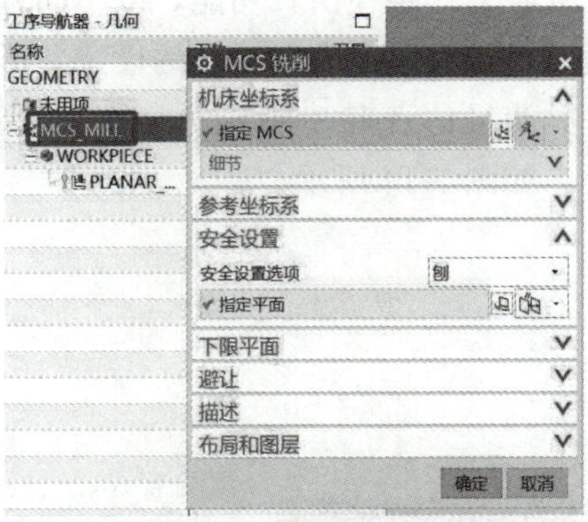

图 7-10 加工坐标系的设定

(2)创建铣削几何体。

在平面铣和型腔铣中，铣削几何体用于定义加工时的零件几何体、毛坯几何体和检查几何体；在固定轴曲面轮廓铣和多轴铣中，用于定义要加工的轮廓表面，如图 7-11 所示。

4)操作的创建

创建操作包含操作子类型、位置中的 4 个参数组、程序名称等，如图 7-12 所示。

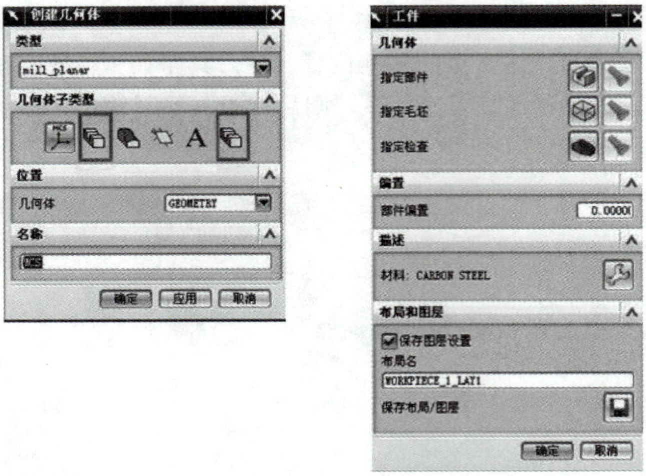

图 7-11 几何体的设定

图 7-12 创建操作

3. 刀具路径管理

对于生成的刀具路径，可以通过 NX CAM 提供的刀具路径管理的相关方法，对其进行重播、仿真等操作。

1)生成刀具轨迹

对于已经创建好的操作，可以单击生成刀轨按钮来显示刀轨路径，“刀轨生成”对话框及效果如图 7-13 所示。

2)仿真刀具路径

可查看刀具路径仿真功能，以不同方式进行刀轨的动画模拟。

通过“刀轨可视化”对话框的设定，可以看到走刀路线，方便修改。

刀具路径仿真有 3 种方式，即重播刀具路径、3D 动态显示刀具路径和 2D 动态显示刀具路径，如图 7-14 所示。

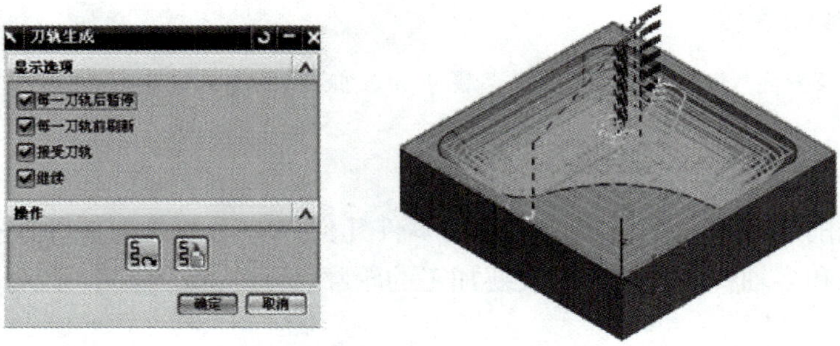

图 7-13 “刀轨生成”对话框及效果

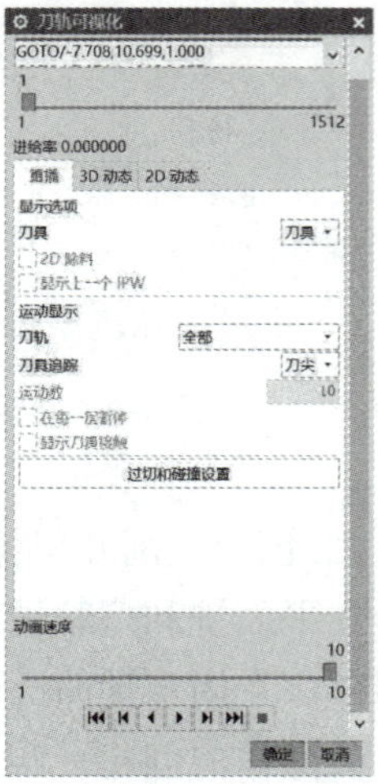

图 7-14 刀具路径仿真

7.2 加工案例

项目目标

(1)掌握 NX CAM 自动编程的技巧，提高加工效率和质量。

(2)通过定义工艺参数、选择刀具和材料，利用软件的智能算法快速生成数控程序。

(3)通过 NX CAM 自动编程，减少手动编程的时间和复杂性。

(4)不断更新知识，扩大自己的知识面，培养终身学习的理念。

项目内容及任务

(1)自动计算最佳刀具路径，以提高加工效率。

(2)根据工件特征自动推荐适合的刀具。

(3)NX CAM 根据用户输入的材料类型、切削条件等参数，自动调整加工策略。

(4)将生成的刀具路径转换为特定数控机床所需的程序。

7.2.1 NX CAM 自动编程

对刀及传输程序

1. 对刀及传输程序

(1)使用寻边器对刀，四边分中，对 X/Y 轴，主轴转速调整为 200～500 r/min，转速过高将损伤寻边器。使用手轮功能，将寻边器靠近毛坯右侧(左侧)，直至寻边器上下重合，如图 7-15 所示。

(2)按 POS 键，进入位置界面，选择相对坐标，如图 7-16 所示。

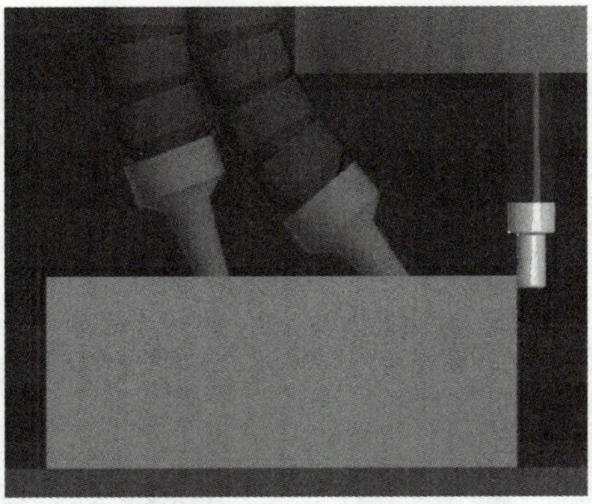

图 7-15 寻边器上下重合

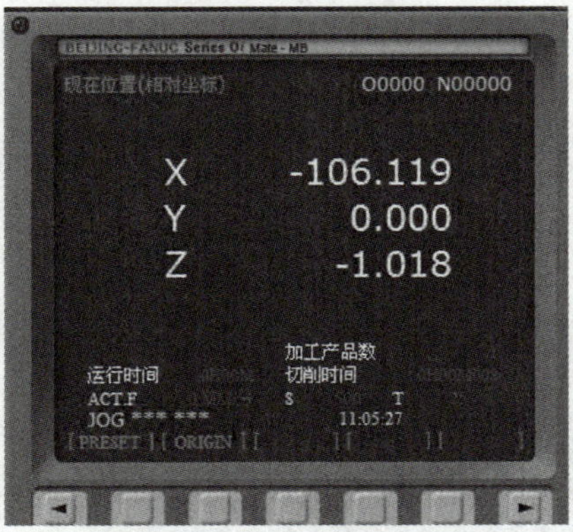

图 7-16 选择相对坐标

(3)选择“操作”→“起源”→“全轴”命令，使相对坐标的各坐标轴归零，如图 7-17 所示。

(4)移动寻边器至毛坯左侧(右侧)，移动过程中尽量不要移动 Y 轴，将寻边器靠近毛坯左侧(右侧)，直至寻边器上下重合。记录相对坐标值 X 为 106.119，将相对坐标值除以

2($X-106.119/2=X-53.056$)，记录该数值，该数值即为刀具中心 X 坐标值，如图 7-18 所示。

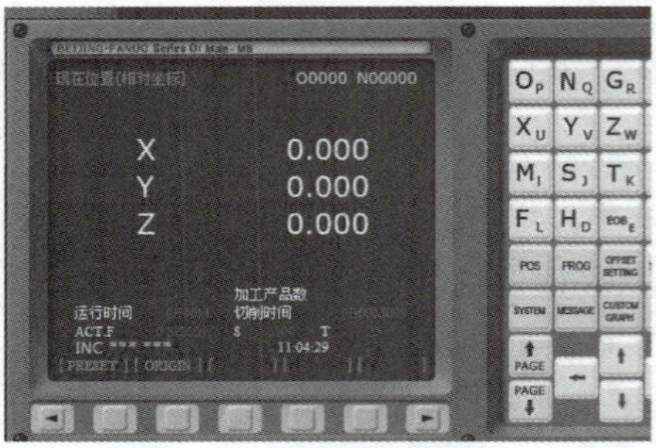

图 7-17　各坐标轴清零

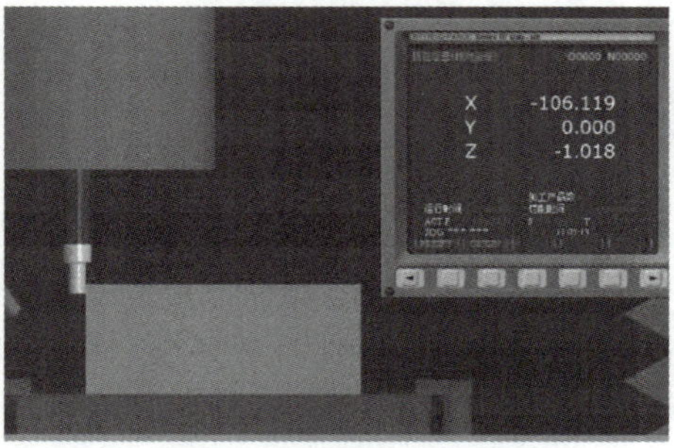

图 7-18　测量 X 方向长度

(5)先按 OFFSET 键，再按“工件系”键，进入对刀界面，移动光标至 G54 输入“X－53.056”，按对刀界面上“测量”下方对应的键，X 轴对刀完成，如图 7-19 所示。

(6)移动寻边器至毛坯前侧(后侧)，直至寻边器上下重合，如图 7-20 所示。

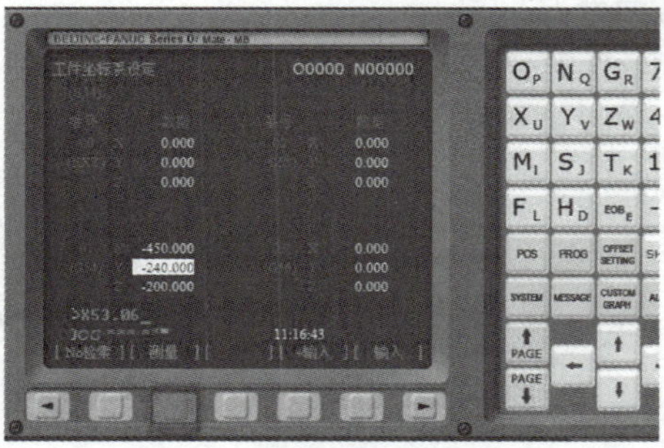

图 7-19　测量 X 轴当前位置

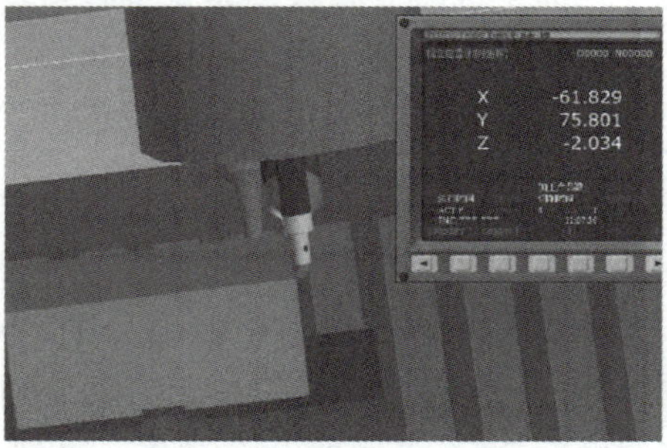

图 7-20　Y 轴寻边器上下重合

(7)返回相对坐标界面，选择 Y 坐标值，按“软件归零”键，如图 7-21 所示。

(8)移动寻边器至毛坯后侧(前侧)，移动过程中尽量不要移动 X 轴，将寻边器靠近毛坯后侧(前侧)，直至寻边器上下重合。记录相对坐标值 Y 为－105.436，将相对坐标值除以 2($Y-105.436/2=Y-52.718$)，记录该数值，该数值即为刀具中心 Y 坐标值，如图 7-22 所示。

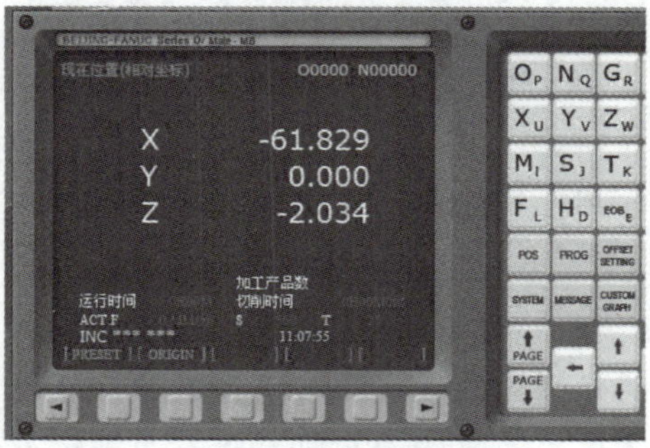

图 7-21　相对坐标 Y 轴清零

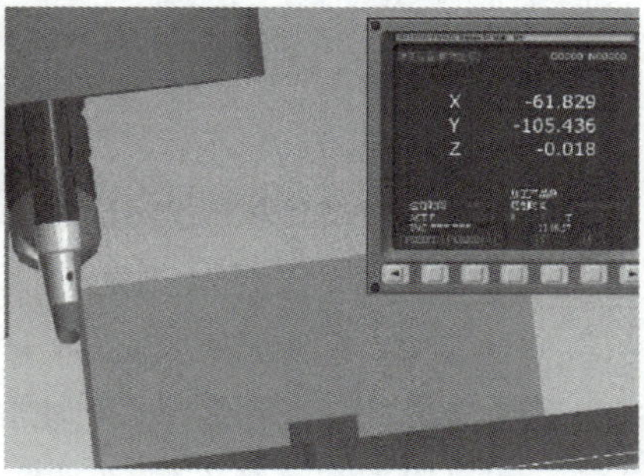

图 7-22　测量 Y 方向长度

(9)先按 OFFSET 键，再按“工件系”键，进入对刀界面，移动光标至 G54，输入“Y－52.718”，按对刀界面上“测量”下方对应的键，Y 轴对刀完成，如图 7-23 所示。

(10)换刀，将寻边器换成加工刀具，对 Z 轴。将刀具移动至工件上方，靠近工件表面，用验棒(直径为 10 mm)检测刀具与工件之间的缝隙，验棒刚好通过的时候，刀具与工件表面间距为 10 mm，如图 7-24 所示。Z 坐标值为 Z10.(注意用小数编程)。

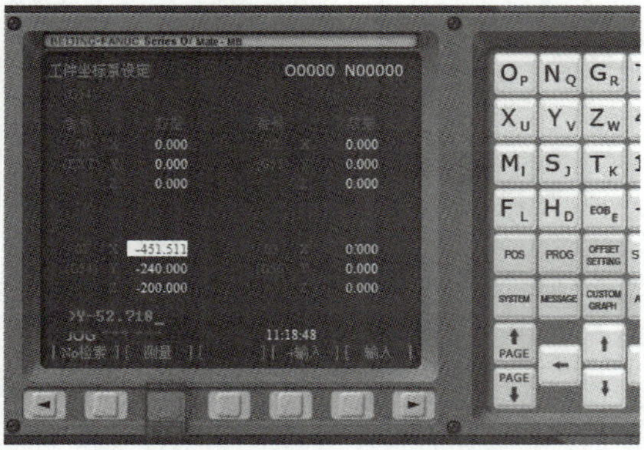

图 7-23 测量 Y 轴当前位置

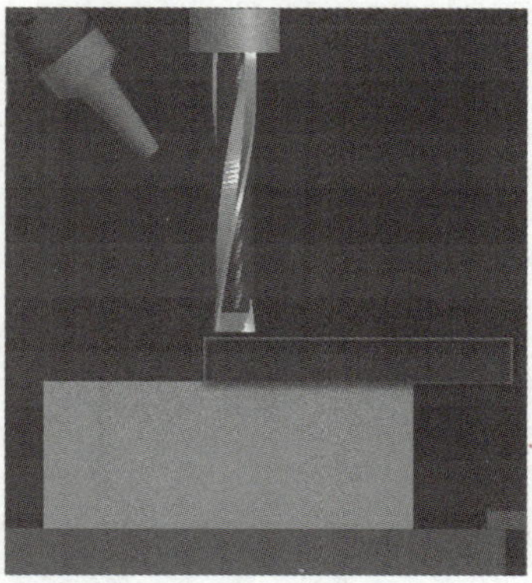

图 7-24 对刀长

(11)先按 OFFSET 键，再按“工件系”键，进入对刀界面，移动光标至 G54，输入“Z10.”，按对刀界面上“测量”下方对应的键，Z 轴对刀完成，如图 7-25 所示。

(12)传输程序。先按 PROG 键，再按 DNC 文件传输键、“单段”键、“进给倍率调零”键、“循环启动”键，显示屏右下角出现闪烁的“LSK”，用计算机传输文件，发送程序至数控系统，如图 7-26 所示。

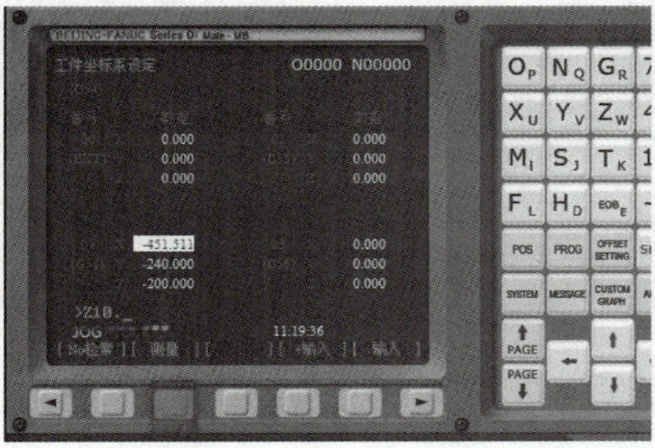

图 7-25 输入刀长信息

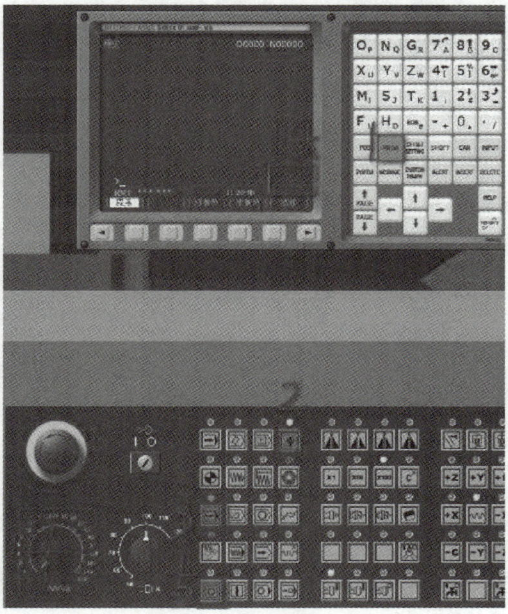

图 7-26 传输程序

2. 平面铣编程

根据图 7-27 所示的尺寸为 150 mm×120 mm×20 mm 的毛坯，进行建模、自动编程。

表面铣

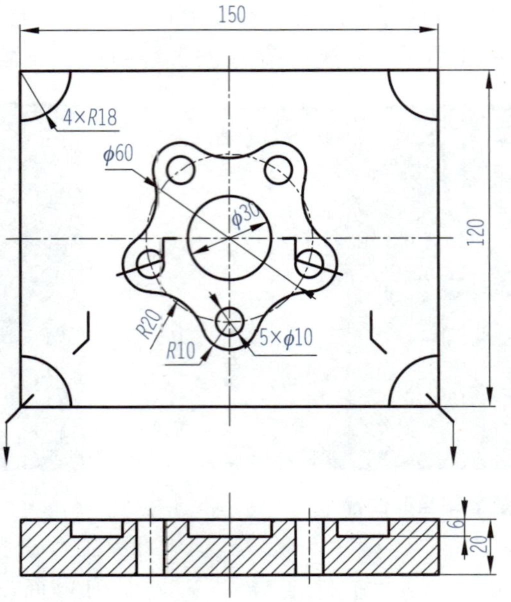

图 7-27　毛坯零件图

(1)根据图纸，在 NX CAM 软件建模环境中对零件建模，如图 7-28 所示。

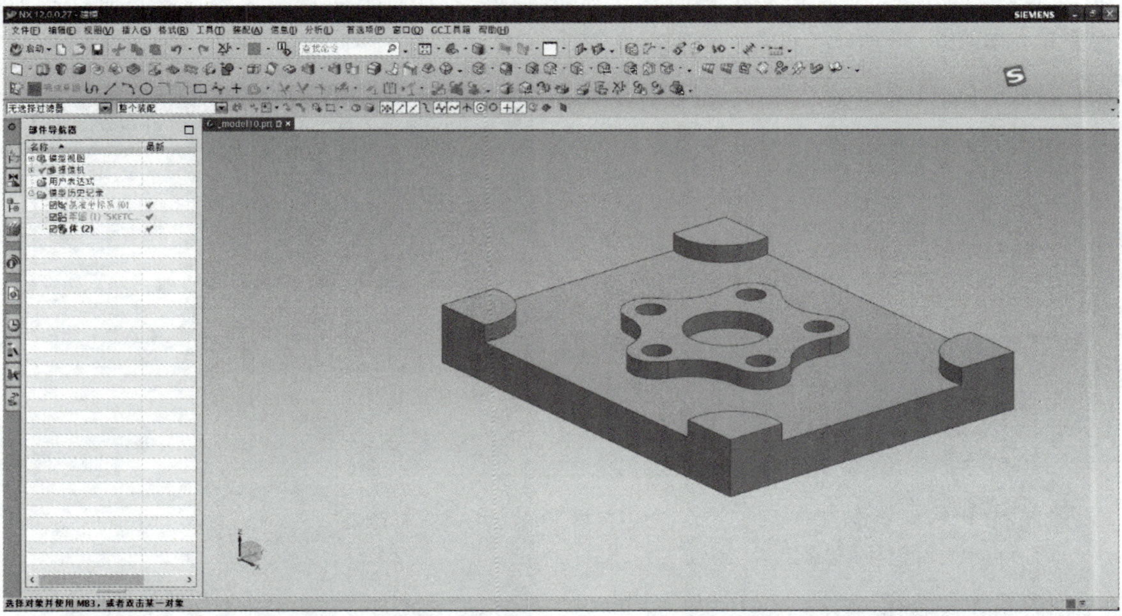

图 7-28　零件建模

（2）选择“加工”命令，进入 NX CAM 软件中的加工模块，显示“加工环境”对话框，如图 7-29 所示。

刻字——平面铣

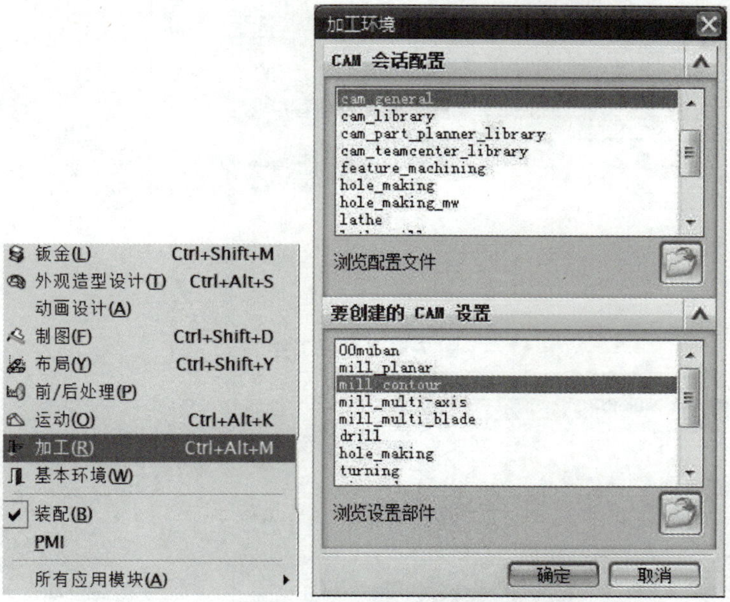

图 7-29 选择“加工”命令并显示“加工环境”对话框

（3）在工序导航器空白处右击切换为几何视图，在几何视图中设置工件坐标系、工件、毛坯（MCS—MILL，WORKPIECE）。

①根据实际情况合理设置加工坐标系、安全平面，如图 7-30 所示。

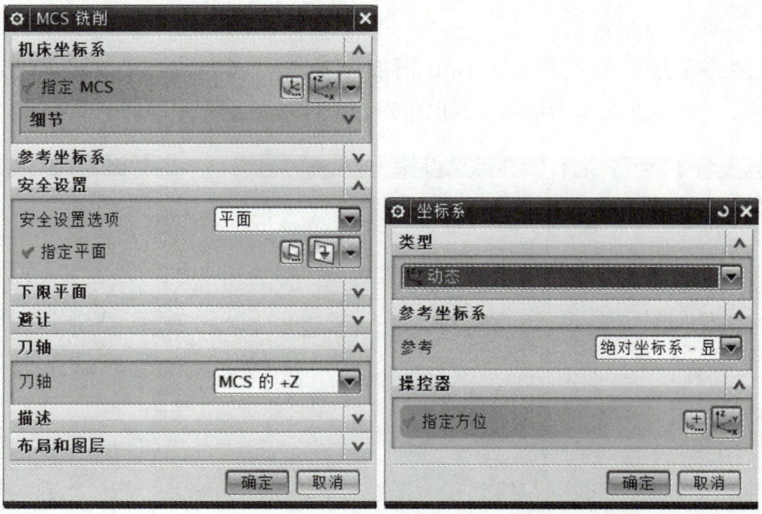

图 7-30 设置加工坐标系、安全平面

②设置工件如图 7-31 所示，设置毛坯如图 7-32 所示。

（4）在工序导航器空白处右击切换为机床视图，在机床视图中设置加工所需的刀具，即一把 16 mm 铣刀，一把 10 mm 钻头。设置铣刀和钻头如图 7-33 所示。

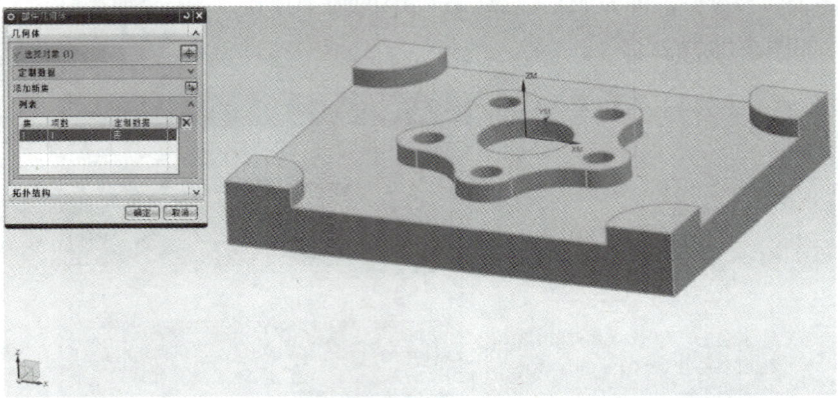

图 7-31　设置工件

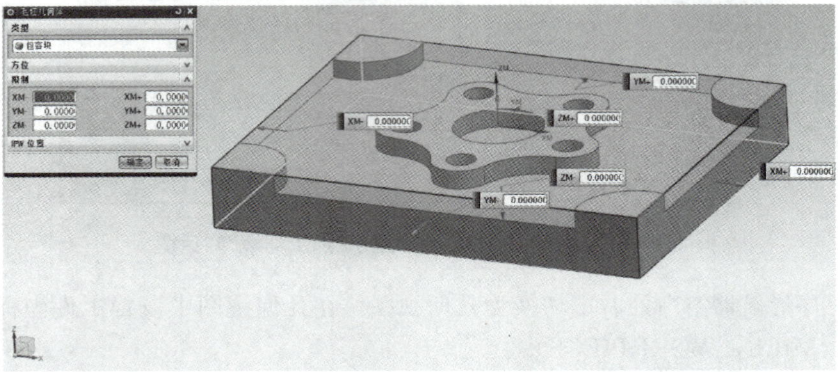

图 7-32　设置毛坯

(5)设置粗加工工序，侧面留 0.2 mm 精加工余量，底面留 0.3 mm 精加工余量。

①创建工序，子类型选择型腔铣，如图 7-34 所示。选择“刀具”，如图 7-33 所示。

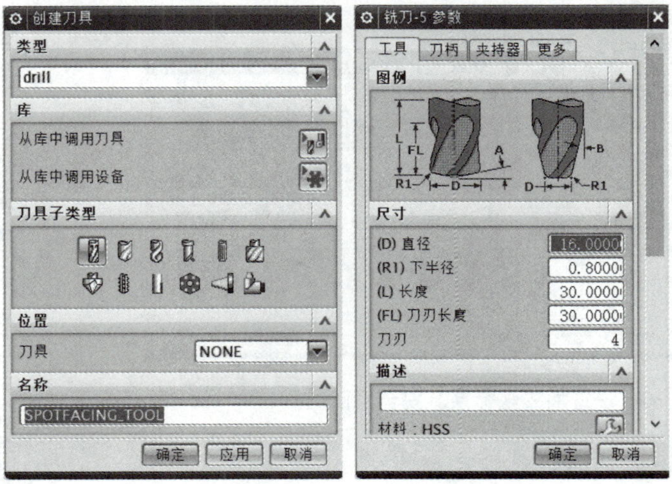

图 7-33　设置铣刀和钻头

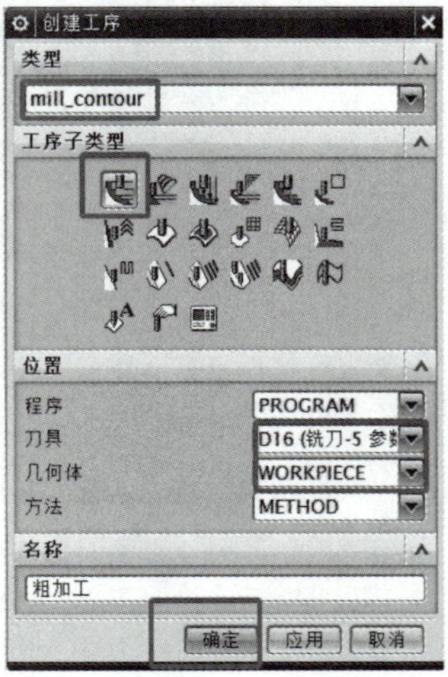

图 7-34　创建工序

②刀轨设置，包括设置切削模式、步距、公共每刀切削深度等，如图 7-35 所示。

③设置切削参数，更改切削方向、余量，如图 7-36 所示。

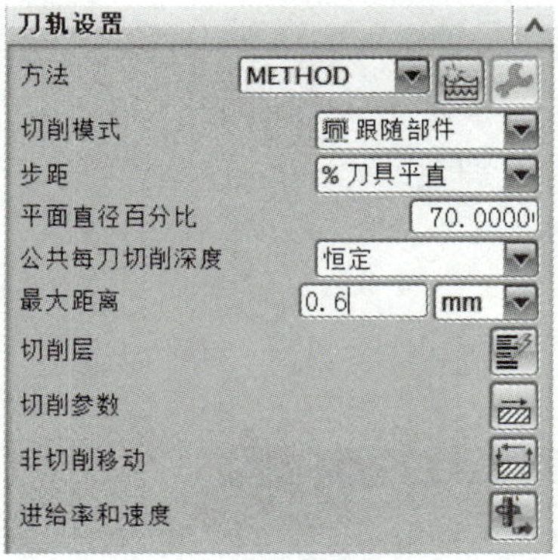

图 7-35 更改刀轨设置

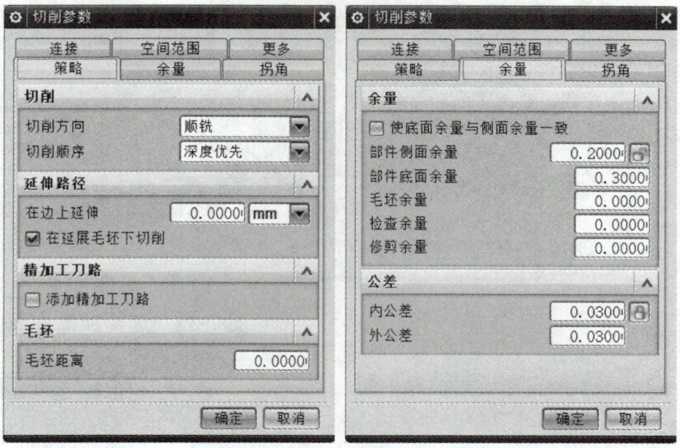

图 7-36 设置切削参数

④单击“生成”按钮，生成粗加工刀具路径，如图 7-37 所示。

(6)设置精加工底面工序。

①创建精加工工序，选择二维加工中的面铣，如图 7-38 所示。

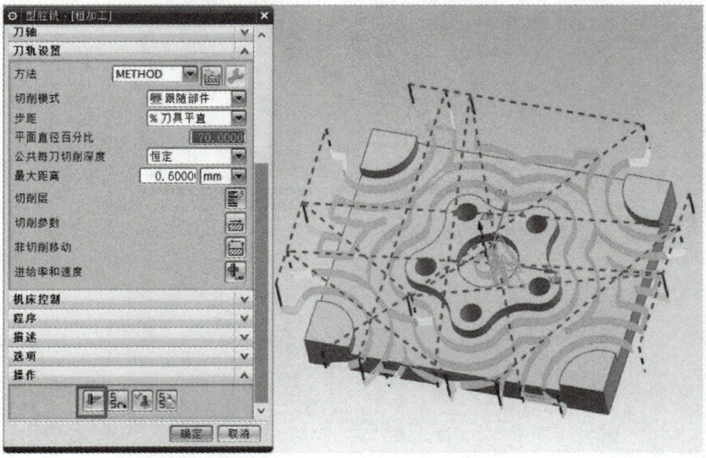

图 7-37 粗加工刀具路径

图 7-38 创建精加工工序

②选择要加工的底面，如图 7-39 所示。

③设置精加工切削参数，更改切削模式、余量，如图 7-40 所示。

④生成底面精加工刀具路径，如图 7-41 所示。

(7)完成底面精加工刀具路径后，对侧面进行精加工。侧面精加工时，加工策略与底面精加工相同，都是用面铣策略；选择与底面精加工相同的加工边界，只需要将切削模式更改为轮廓，并修改余量。

①修改切削模式，改为轮廓，将侧壁的余量设置为 0，如图 7-42 所示。

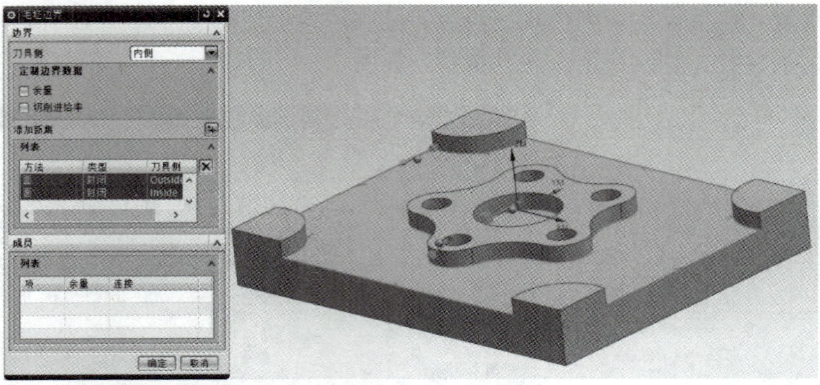

图 7-39 选择加工底面

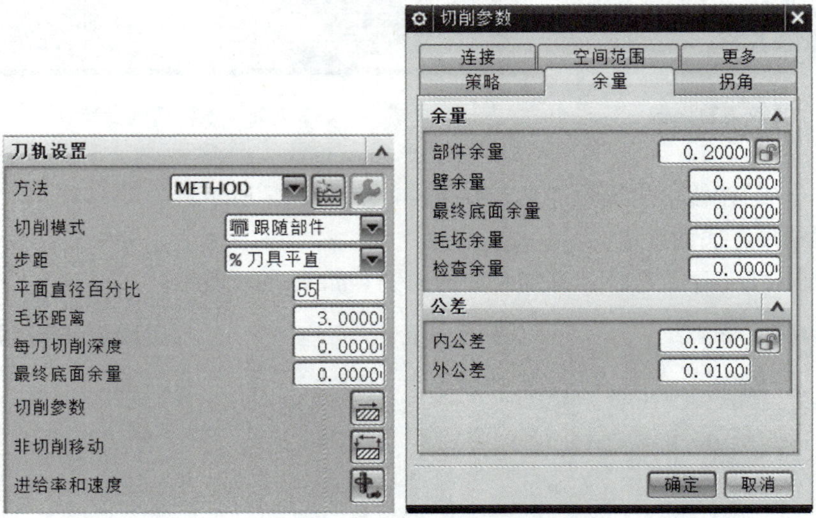

图 7-40 设置精加工切削参数

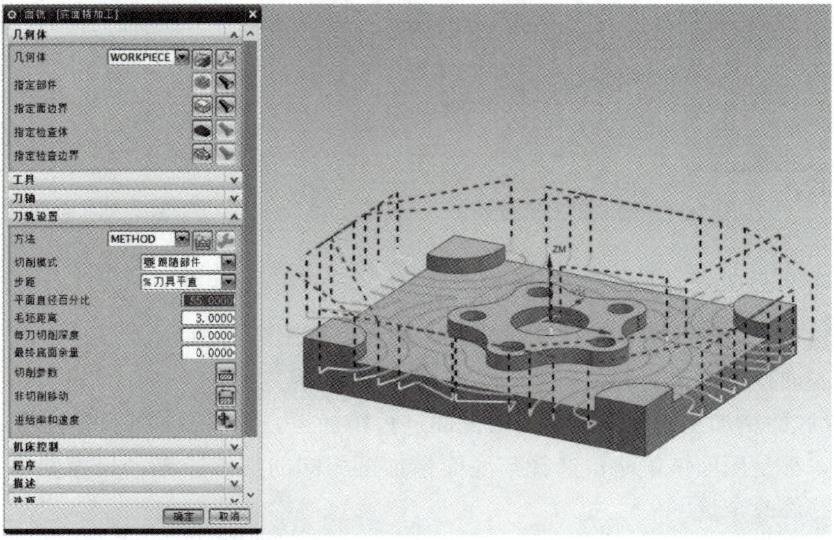

图 7-41 生成底面精加工刀具路径

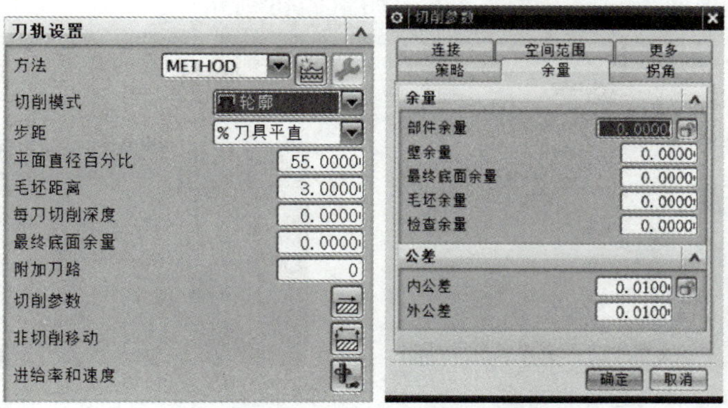

图 7-42 设置侧面精加工参数

②生成侧面精加工刀具路径，如图 7-43 所示。

(8)完成轮廓加工后，钻孔。

①创建钻孔工序，如图 7-44 所示。

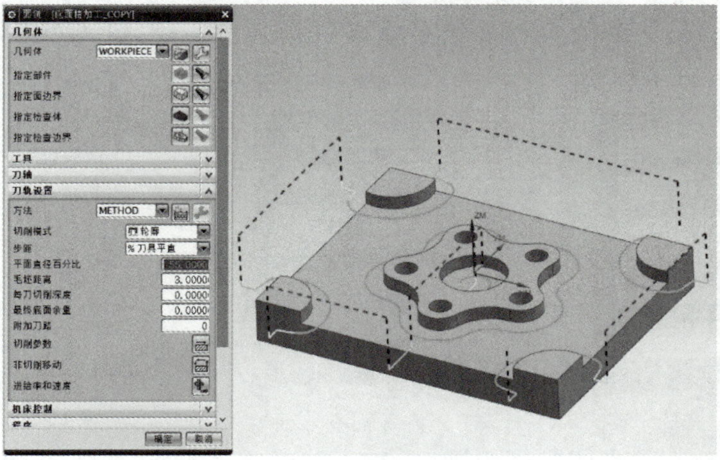

图 7-43 生成侧面精加工刀具路径

图 7-44 创建钻孔工序

②指定要加工的孔，如图 7-45 所示。

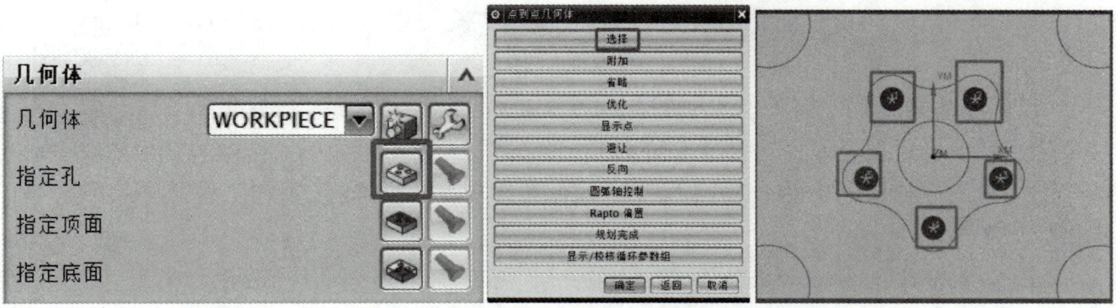

图 7-45 指定要加工的孔

首先指定加工顶面，选择工件最高处，如图 7-46 所示。

最后生成钻孔刀具路径，如图 7-47 所示。

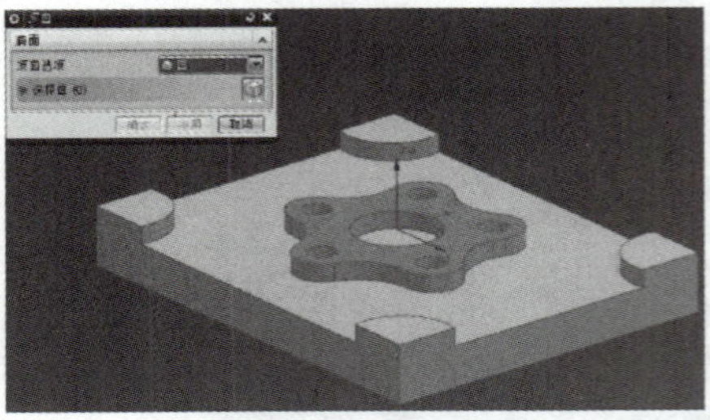

图 7-46 指定加工顶面

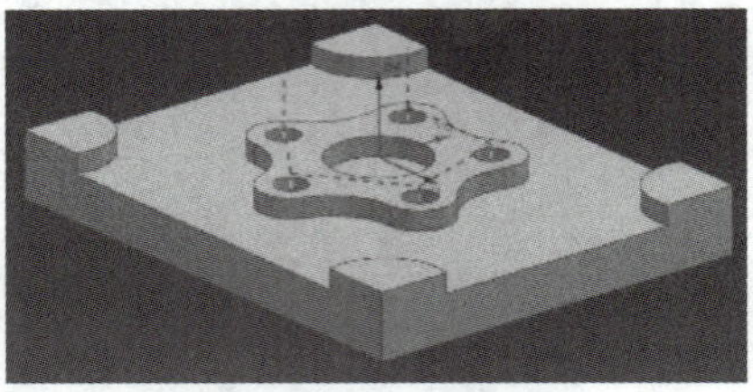

图 7-47 生成孔加工刀具路径

7.2.2 型腔铣练习

以刻字为例进行型腔铣的练习。

(1)为“国”字选择新宋体，完成凸字、凹字建模，毛坯尺寸为 50 mm×50 mm，如图 7-48 所示。

型腔铣

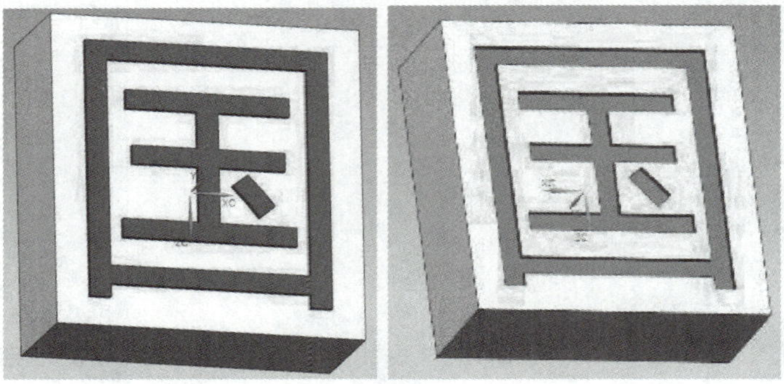

（a）凸字　　（b）凹字

图 7-48 完成凸字、凹字建模

(2)进入加工环节，选择“开始”→“加工”命令，进入加工环境，用默认选项，如图 7-49 所示，单击“确定”按钮。

(3)创建刀具，单击“创建刀具”按钮，创建 D2 铣刀(机床视图界面)，如图 7-50 所示。

(4)创建凸面“国字”加工模块中的几何视图，此过程分为三步，即设置加工坐标系、设置安全平面、设置毛坯与几何体。

①双击工序导航器中的 MCS _ MILL(几何视图界面)命令，设置加工坐标系，如图 7-51 所示。

高级工练习题

②设置安全平面，选取工件上表面为基准，在距离上表面 30 mm 的位置建立安全平面，此平面为快进与工进的转化平面，如图 7-52 所示。

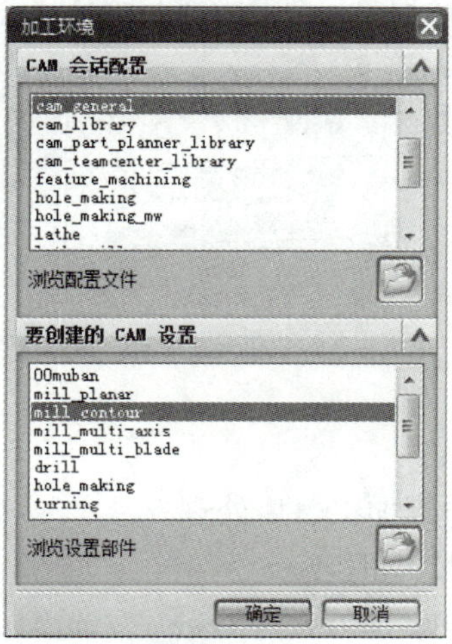

图 7-49 进入加工模块

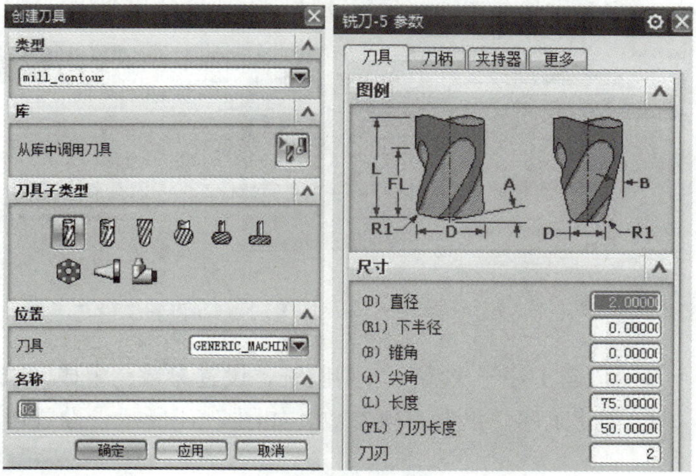

图 7-50 创建铣刀

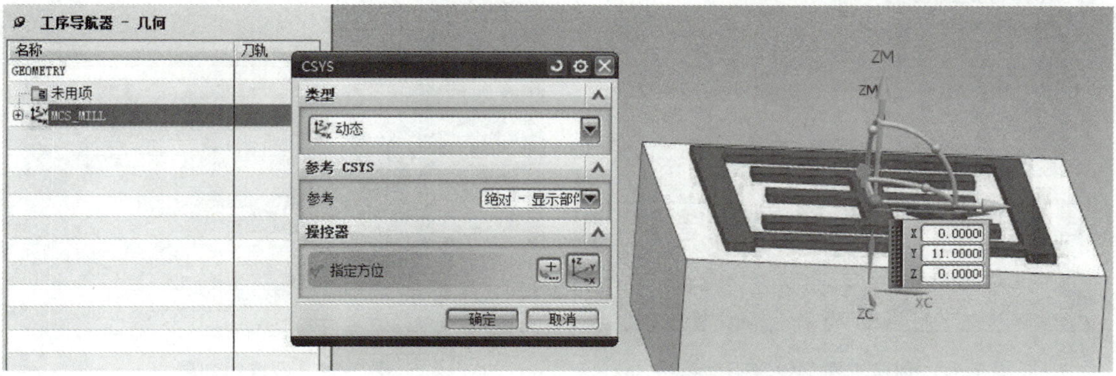

图 7-51 设置加工坐标系

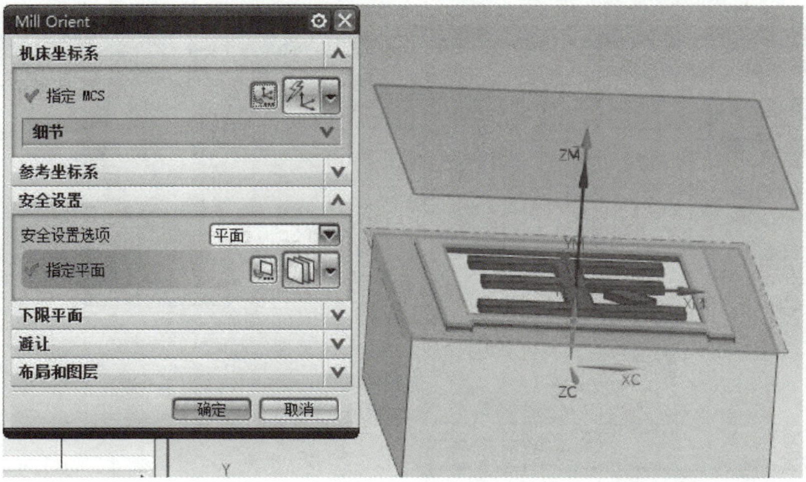

图 7-52 设置安全平面

③设置毛坯几何体，指定部件，毛坯选择包容块，部件选择模型，如图 7-53 所示。

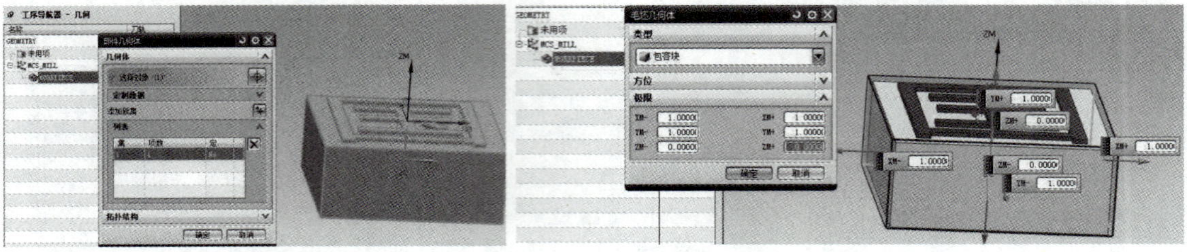

图 7-53　设置工件与毛坯

(5)创建工序子类型——型腔铣，设置参数、生成刀轨、仿真加工、后处理。

①创建工序，设置刀轨参数，如图 7-54 所示，设置切削层，如图 7-55 所示。

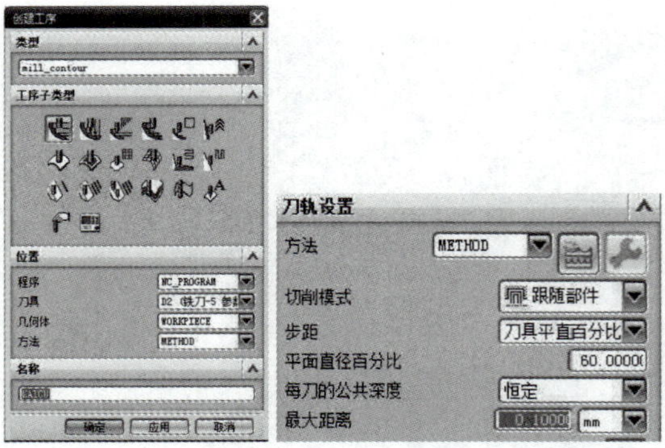

图 7-54　创建工序、设置刀轨参数

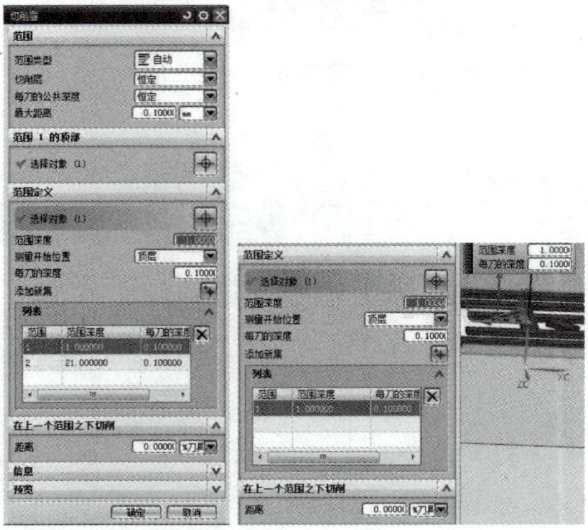

图 7-55　设置切削层

②设置切削参数中的策略与余量，如图 7-56 所示。

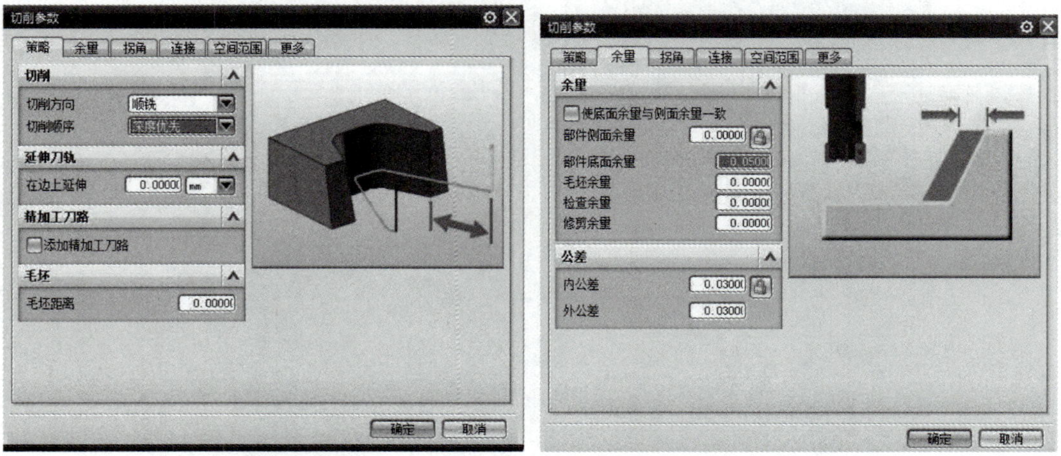

图 7-56　设置策略与余量

③设置切削参数中的连接，进行刀轨优化，如图 7-57 所示。

④设置非切削移动中的进刀，进刀类型设置为沿形状斜进刀；斜坡角设置为 1°～2°；高度设置为 0.5～1 mm；高度起点选择前一层；开放区域同封闭区域；其他设置默认，如图 7-58 所示。

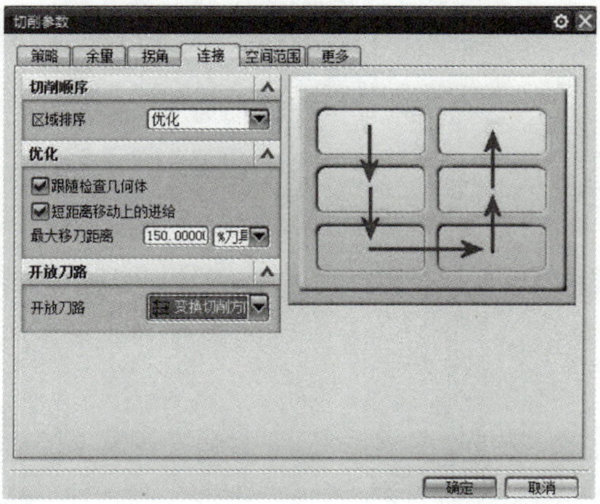

图 7-57 设置连接

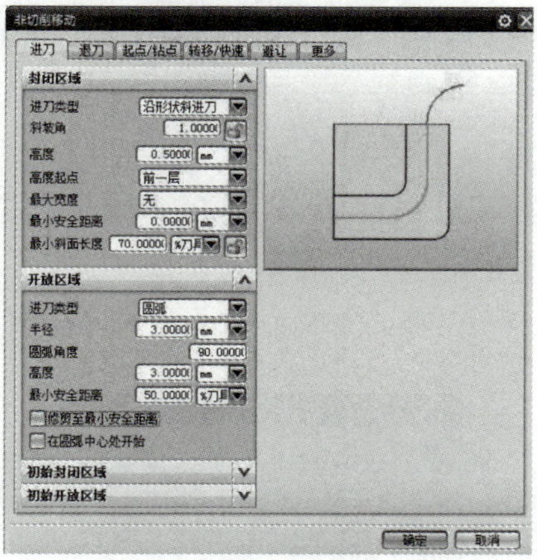

图 7-58 设置进刀方式

⑤设置非切削移动中的转移/快速，设置进给率和速度，如图 7-59 所示。

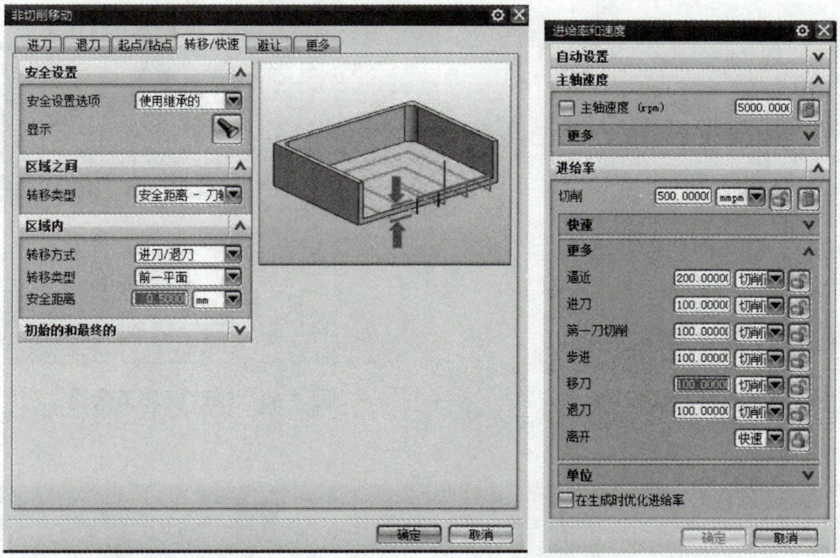

图 7-59 设置转移/快速、进给率和速度

⑥生成刀轨，完成粗加工，如图 7-60 所示。

⑦复制粗加工程序，设置精加工程序，修改切削层，选择仅在范围底部，如图 7-61 所示。

⑧修改精加工余量，如图 7-62 所示。

⑨生成精加工刀轨，完成精加工，如图 7-63 所示。

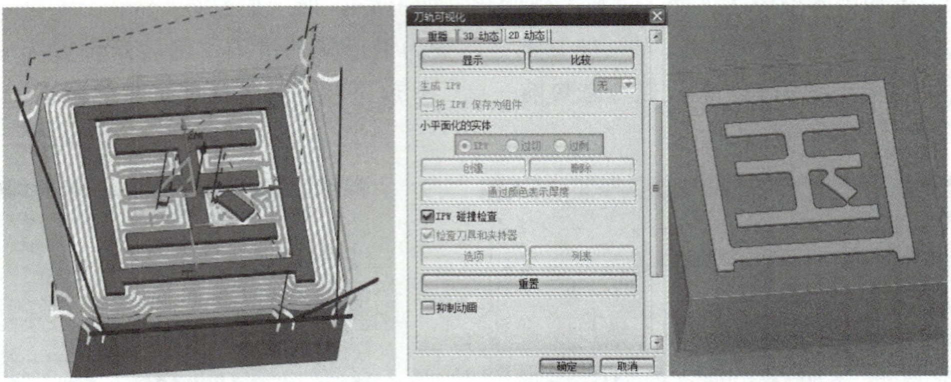

图 7-60 完成粗加工

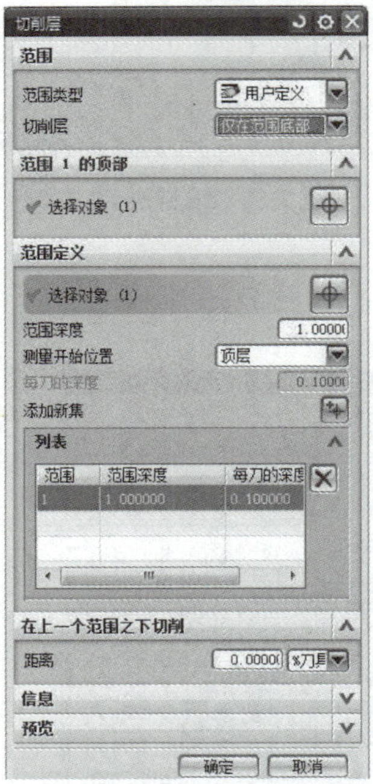

图 7-61 修改精加工参数

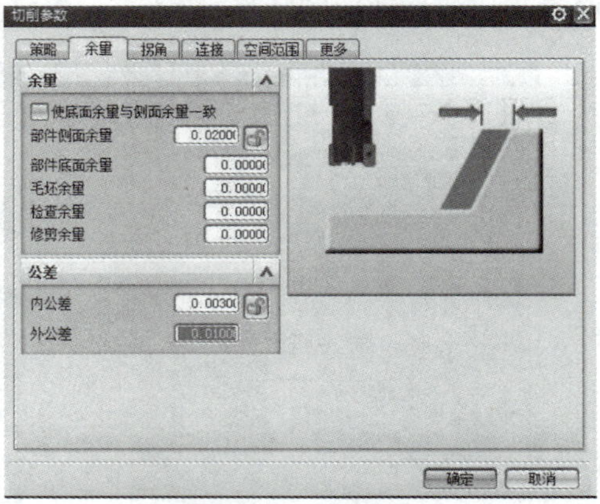

图 7-62 修改精加工余量

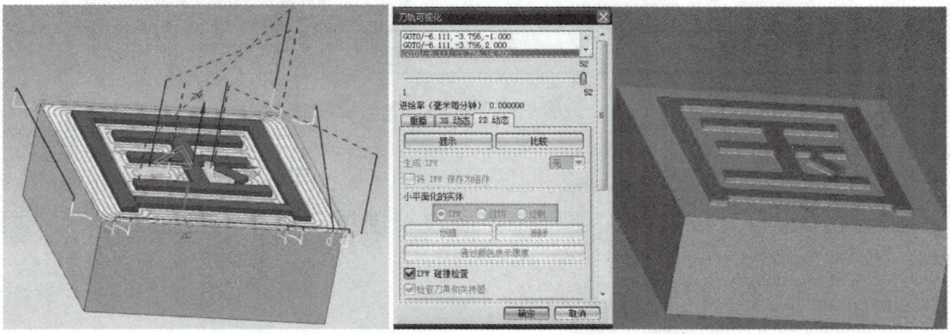

图 7-63 完成精加工

⑩查找后处理器，将后处理文件另存为 Zi11111111_step. prt，如图 7-64 所示。

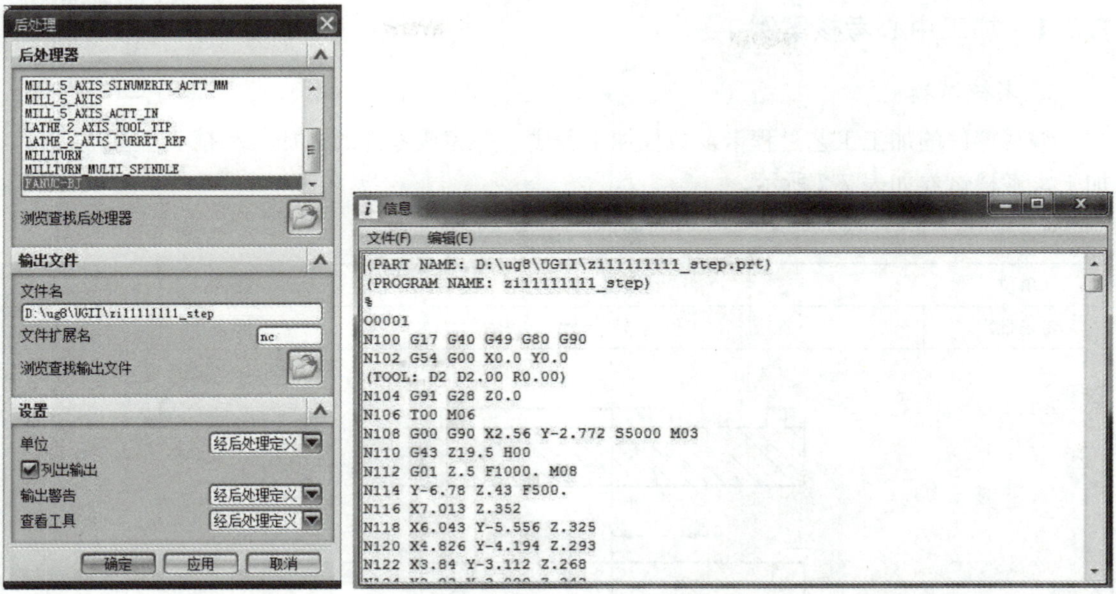

图 7-64 选择后处理器

7.3 加工中心考核

项目目标

(1)熟练掌握加工中心的基本操作，包括开机、停机、刀具更换、程序输入等。

(2)深入理解加工中心的工作原理和结构，了解其各个部件的功能与作用。

(3)学习并掌握数控编程的基本知识，能够独立编写和修改加工程序。

(4)具备识别和解决常见故障的能力，确保设备正常运行。

(5)掌握优化加工参数的方法，以提高加工精度和效率，降低生产成本。

(6)强化安全操作意识，确保在操作过程中遵循安全规程，减少事故的发生。

项目内容及任务

(1)学习加工中心的相关理论知识，包括数控技术基础、机械加工工艺等。

(2)进行实际操作训练，熟悉加工中心的各项操作流程和注意事项。

(3)通过模拟和实际操作，进行编程与调试练习，熟悉各种编程语言和命令。

(4)学习不同刀具的特性及选择原则，掌握刀具的管理与保养方法。

(5)学习如何进行工件的测量与质量控制，确保加工的产品符合要求。

(6)自我评估，提高应试能力。

(7)强调工匠精神，培养对工作的认真负责和精益求精的态度。

7.3.1 加工中心考核案例 1

加工中心
考核案例 1

1. 考核试卷

编写零件的加工工艺过程卡及数控加工程序，并完成零件的粗加工和精加工，考核试卷如表 7-2 所示。

表 7-2 考核试卷

<table>
<tr><td colspan="2">单位</td><td colspan="2"></td><td colspan="2">准考证号</td><td colspan="2"></td><td>姓名</td><td></td></tr>
<tr><td colspan="2">考场批次</td><td colspan="2"></td><td colspan="2">工位编号</td><td colspan="2"></td><td>工件编号</td><td></td></tr>
<tr><td colspan="10">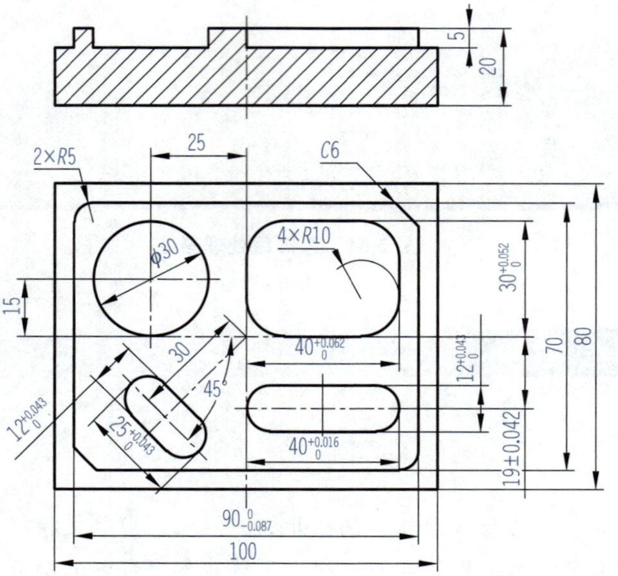
</td></tr>
<tr><td>项目名称</td><td>考件 1</td><td>材料</td><td>6061</td><td>毛坯</td><td colspan="3">110 mm×90 mm×25 mm</td><td>考核时间</td><td>300 min</td></tr>
</table>

2. 考核内容

考试采用现场操作的方式，以批量加工中的试切件为考核项目，完成以下考核任务。

(1)职业素养与操作安全。(10 分)

①规范操作设备。

②正确使用工具、量具。

③考核工位达到 6S 管理要求。

④现场安全与文明生产。

(2)按照工艺文件进行零件加工。(6 分)

①按照数控加工工艺过程卡进行加工。

②正确使用刀具，合理装夹，完成零件加工。

(3)完成零件编程及加工。(84 分)

①按照任务书要求，完成零件的加工。(79 分)

②根据自检表完成零件的部分尺寸自检。(5 分)

3. 评分标准

生产完成后，按表 7-3 进行成绩评定。

表 7-3 技能考核试卷评分表

序号	项目	考核内容		配分	评分标准	检测结果	扣分	得分	备注
1	外形	$5^{+0.05}_{0}$	IT	4	超差 0.01 扣 2 分				
			Ra	4	降一级扣 2 分				
		19 ± 0.042	IT	4	超差 0.01 扣 2 分				
			Ra	4	降一级扣 2 分				
		$30^{+0.052}_{0}$	IT	4	超差 0.01 扣 2 分				
			Ra	4	降一级扣 2 分				
		$40^{+0.062}_{0}$	IT	4	超差 0.01 扣 2 分				
			Ra	4	降一级扣 2 分				
		$90^{0}_{-0.087}$	IT	4	超差 0.01 扣 2 分				
			Ra	2	降一级扣 2 分				
2	槽	$40^{+0.016}_{0}$	IT	4	超差 0.01 扣 1 分				
			Ra	4	降一级扣 2 分				
		$25^{+0.043}_{0}$	IT	4	超差 0.01 扣 1 分				
			Ra	4	降一级扣 2 分				
		$12^{+0.043}_{0}$	IT	4	超差 0.01 扣 1 分				
			Ra	4	降一级扣 2 分				
3	编制程序	建立工作坐标系		2	出现错误不得分				
		程序代码正确		4	出现错误不得分				
		刀具轨迹显示正确		3	出现错误不得分				
		程序要完整		4	出现错误不得分				
4	机床操作	开机及系统复位		3	出现错误不得分				
		装夹工件		2	出现错误不得分				
		输入及修改程序		5	出现错误不得分				
		正确设定对刀点		3	出现错误不得分				
		建立刀补		4	出现错误不得分				
		自动运行		3	出现错误不得分				
5	工具、量具、刀具的正确使用	执行操作规程		2	违反规程不得分				
		使用工具、量具、刀具		3	选择错误不得分				
6	加工时间	超过定额时间 5 min 扣 1 分；超过 10 min 扣 5 分，以后每超过 5 min 加扣 5 分，超过 30 min 则停止考试							
7	文明生产	按有关规定，每违反一项从总分中扣 3 分，发生重大事故则取消考试。扣分不超过 10 分							
监考人			检验员			考评员			

7.3.2 加工中心考核 2

1. 考核试卷

编写零件的加工工艺过程卡及数控加工程序，并完成零件的粗加工和精加工，考核试卷如表 7-4 所示。

表 7-4 考核试卷

<table>
<tr><td colspan="2">单位</td><td colspan="2"></td><td colspan="2">准考证号</td><td colspan="2"></td><td>姓名</td><td></td></tr>
<tr><td colspan="2">考场批次</td><td colspan="2"></td><td colspan="2">工位编号</td><td colspan="2"></td><td>工件编号</td><td></td></tr>
<tr><td colspan="10">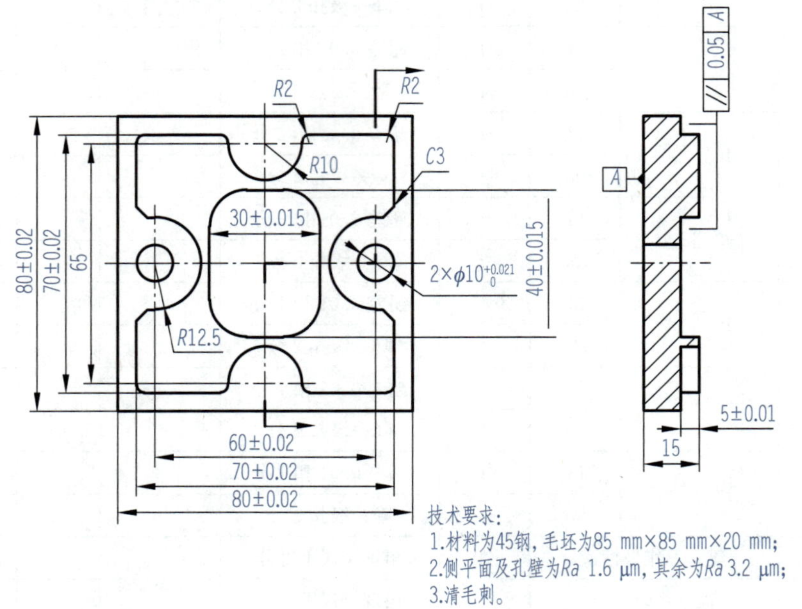
</td></tr>
<tr><td>项目名称</td><td>考件 2</td><td>材料</td><td>45 钢</td><td>毛坯</td><td colspan="3">85 mm×85 mm×20 mm</td><td>考核时间</td><td>300 min</td></tr>
</table>

2. 考核内容

考试现场操作的方式，以批量加工中的试切件为考核项目，完成以下考核任务。

(1)职业素养与操作安全。(10 分)

①规范操作设备。

②正确使用工具、量具。

③考核工位达到 6S 管理要求。

④现场安全与文明生产。

(2)按照工艺文件进行零件加工。(6 分)

①按照数控加工工艺过程卡进行加工。

②正确使用刀具，合理装夹，完成零件加工。

(3)完成零件编程及加工。(84 分)

①按照任务书要求，完成零件的加工。(79 分)

②根据自检表完成零件的部分尺寸自检。(5 分)

3. 评分标准

生产完成后，按表 7-5 进行成绩评定。

表 7-5 技能考核试卷评分表

序号	项 目	考核内容		配分	评分标准	检测结果	扣分	得分	备注
1	外形	80±0.02	IT	4	超差 0.01 扣 1 分				
			Ra	2	降一级扣 1 分				
		70±0.02	IT	4	超差 0.01 扣 1 分				
			Ra	2	降一级扣 1 分				
		30±0.015	IT	4	超差 0.01 扣 1 分				
			Ra	2	降一级扣 1 分				
		5±0.01	IT	4	超差 0.01 扣 1 分				
			Ra	2	降一级扣 1 分				
		40±0.015	IT	4	超差 0.01 扣 1 分				
			Ra	2	降一级扣 1 分				
		*R*2	IT	2	超差 0.01 扣 1 分				
			Ra	2	降一级扣 1 分				
		*R*4	IT	2	超差 0.01 扣 1 分				
			Ra	2	降一级扣 1 分				
		*R*12.5	IT	2	超差 0.01 扣 1 分				
			Ra	2	降一级扣 1 分				
		*R*10	IT	2	超差 0.01 扣 1 分				
			Ra	2	降一级扣 1 分				
2	孔	$\phi 10^{+0.021}_{0}$	IT	4	超差 0.01 扣 1 分				
			Ra	4	降一级扣 1 分				
		60±0.02	IT	4	超差 0.01 扣 1 分				
			Ra	4	降一级扣 1 分				
3	编制程序	建立工作坐标系		2	出现错误不得分				
		程序代码正确		4	出现错误不得分				
		刀具轨迹显示正确		3	出现错误不得分				
		程序要完整		4	出现错误不得分				
4	机床操作	开机及系统复位		3	出现错误不得分				
		装夹工件		2	出现错误不得分				
		输入及修改程序		5	出现错误不得分				
		正确设定对刀点		3	出现错误不得分				
		建立刀补		4	出现错误不得分				
		自动运行		3	出现错误不得分				

续表

序号	项　目	考核内容	配分	评分标准	检测结果	扣分	得分	备注
5	工具、量具、刀具的正确使用	执行操作规程	2	违反规程不得分				
		使用工具、量具、刀具	3	选择错误不得分				
6	加工时间	超过定额时间 5 min 扣 1 分；超过 10 min 扣 5 分，以后每超过 5 min 加扣 5 分，超过 30 min 则停止考试						
7	文明生产	按有关规定每违反一项从总分中扣 3 分，发生重大事故则取消考试。扣分不超过 10 分						
监考人			检验员		考评员			

7.3.3 1+X 数控车铣职业技能考核试题(初级)

1. 考核试卷

数控铣初级试题如表 7-6 所示。

表 7-6 数控铣初级试题

序号	零件名称	材料	规格	数量	备注
1	端盖	2A12 铝合金	80 mm×80 mm×25 mm	1	方料

注明：每名考生每次考试过程中只允许使用一个毛坯。

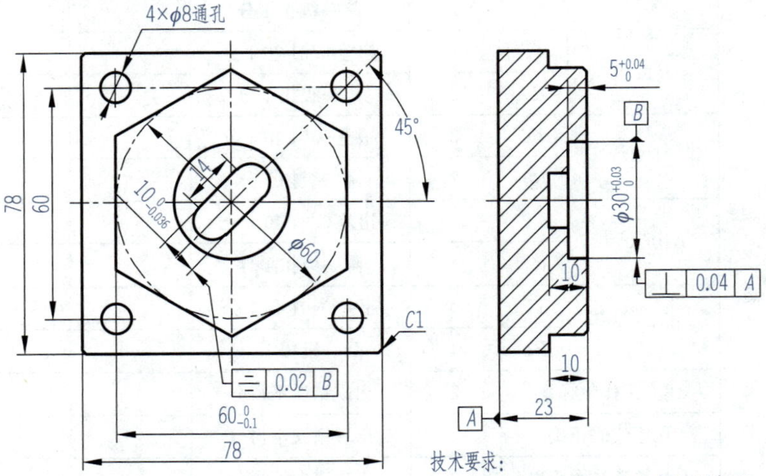

技术要求：
1.六边形直角边倒角C1，其余未注倒角C0.5；
2.未注公差按±0.1加工；
3.不准使用锉刀、砂布修整零件表面；
4.表面粗糙度按Ra 3.2 μm加工。

2. 考核内容

考试现场操作的方式，以批量加工中的试切件为考核项目，完成以下考核任务。

(1)职业素养与操作安全。(10 分)

①规范操作设备。

②正确使用工具、量具。
③考核工位达到6S管理要求。
④现场安全与文明生产。
(2)按照工艺文件进行零件加工。(6分)
①按照数控车加工工艺过程卡进行加工。
②按照数控铣加工工艺过程卡进行加工。
③正确使用刀具，合理装夹，完成零件加工。
(3)完成零件编程及加工。(84分)
①按照任务书要求，完成零件的加工。(79分)
②根据自检表完成零件的部分尺寸自检。(5分)

3. 机械加工工艺过程卡

分析零件加工工艺，填写机械加工工艺过程卡，如表7-7所示。

表7-7 机械加工工艺过程卡

<table>
<tr><td rowspan="2">零件名称</td><td rowspan="2" colspan="2">端盖</td><td rowspan="2" colspan="2">机械加工工艺过程卡</td><td colspan="2">毛坯种类</td><td>方料</td><td>共1页</td></tr>
<tr><td colspan="2">材料</td><td>2A12铝</td><td>第1页</td></tr>
<tr><td>工序号</td><td>工序名称</td><td colspan="5">工序内容</td><td>设备</td><td>工艺装备</td></tr>
<tr><td>10</td><td>备料</td><td colspan="5">尺寸为80 mm×80 mm×25 mm，材料为2A12铝</td><td></td><td></td></tr>
<tr><td>20</td><td>铣两面及外轮廓</td><td colspan="5">粗、精铣两面及外轮廓，使其尺寸达到图纸要求</td><td>VMC850</td><td>机用虎钳</td></tr>
<tr><td>30</td><td>铣二级凸台等特征</td><td colspan="5">精铣二级凸台、键槽及其他特征，使其尺寸达到图纸要求，注意保证 $\phi30^{+0.03}_{0}$ mm的精孔尺寸</td><td>VMC850</td><td>机用虎钳</td></tr>
<tr><td>40</td><td>钻孔</td><td colspan="5">点位孔，钻4×ϕ8 mm通孔，倒角</td><td>VMC850</td><td>机用虎钳</td></tr>
<tr><td>50</td><td>倒角</td><td colspan="5">倒角</td><td>VMC850</td><td>机用虎钳</td></tr>
<tr><td>60</td><td>钳</td><td colspan="5">锐边倒钝，去毛刺</td><td>钳台</td><td>台虎钳</td></tr>
<tr><td>70</td><td>清洗</td><td colspan="5">用清洁剂清洗零件</td><td></td><td></td></tr>
<tr><td>80</td><td>检验</td><td colspan="5">按图样尺寸检测</td><td></td><td></td></tr>
<tr><td>编制</td><td></td><td>日期</td><td></td><td>审核</td><td colspan="2"></td><td>日期</td><td></td></tr>
</table>

4. 零件自检表

考生根据加工件自行测量并填写在表7-8中。

表7-8 零件自检表

<table>
<tr><td>零件名称</td><td colspan="5">端盖</td><td colspan="2">允许读数误差</td><td>±0.007 mm</td></tr>
<tr><td rowspan="2">序号</td><td rowspan="2">项目</td><td rowspan="2">尺寸要求</td><td rowspan="2">使用的量具</td><td colspan="4">测量结果</td><td rowspan="2">项目判定</td></tr>
<tr><td>NO.1</td><td>NO.2</td><td>NO.3</td><td>平均值</td></tr>
<tr><td>1</td><td>凹槽直径</td><td>$\phi30^{+0.03}_{0}$ mm</td><td></td><td></td><td></td><td></td><td></td><td>合格/否</td></tr>
<tr><td>2</td><td>键槽宽度</td><td>$10^{0}_{-0.036}$ mm</td><td></td><td></td><td></td><td></td><td></td><td>合格/否</td></tr>
<tr><td>3</td><td>凹槽深度</td><td>$5^{+0.04}_{0}$ mm</td><td></td><td></td><td></td><td></td><td></td><td>合格/否</td></tr>
</table>

续表

零件名称	端盖	允许读数误差	±0.007 mm
结论(对上述三个测量尺寸进行评价)	合格品	次品	废品
处理意见			

7.3.4 1+X 数控车铣职业技能考核试题(中级)

1. 考核试卷

数控铣中级试题如表 7-9 所示。

表 7-9 数控铣中级试题

零件名称	材料	规格	数量	备注
轴承座	2A12 铝合金	80 mm×80 mm×25 mm	1	方料

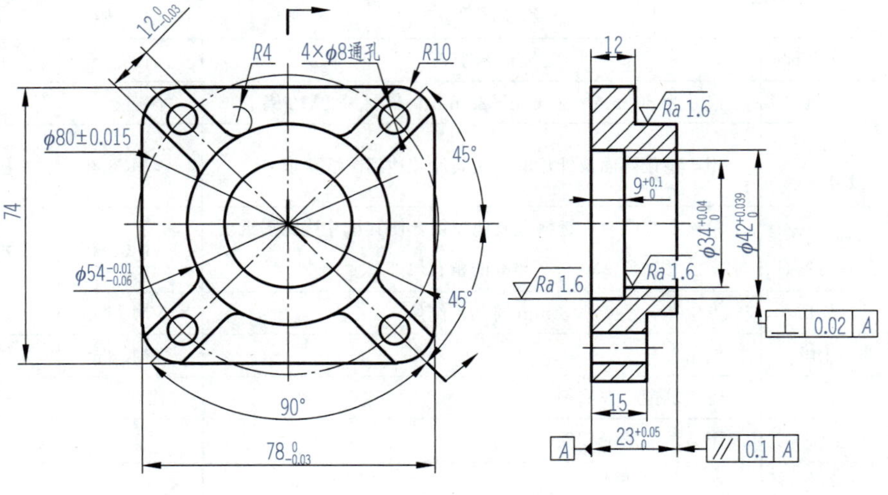

技术要求:
1.未注倒角C0.5;
2.未注公差按±0.1加工;
3.不准使用锉刀、砂布修整零件表面;
4.表面粗糙度按Ra 3.2 μm加工。

2. 考核内容

考试现场操作的方式，以批量加工中的试切件为考核项目，完成以下考核任务：

(1)职业素养。(8 分)

(2)根据机械加工工艺过程卡，完成指定零件的机械加工工序卡、数控加工刀具卡、数控加工程序单。(12 分)

(3)零件编程及加工。(80 分)

①按照任务书要求，完成零件的加工。(70 分)

②根据自检表完成零件的部分尺寸自检。(5 分)

③按照任务书完成零件的装配。(5 分)

3. 机械加工工艺过程卡

分析零件加工工艺，填写机械加工工艺过程卡，如表 7-10 所示。

表 7-10 机械加工工艺过程卡

mm

<table>
<tr><td rowspan="2">零件
名称</td><td colspan="2" rowspan="2">轴承座</td><td colspan="2" rowspan="2">机械加工
工艺过程卡</td><td colspan="2">毛坯种类</td><td>方料</td><td>共 1 页</td></tr>
<tr><td colspan="2">材料</td><td>2A12 铝</td><td>第 1 页</td></tr>
<tr><td>工序号</td><td>工序名称</td><td colspan="5">工序内容</td><td>设备</td><td>工艺装备</td></tr>
<tr><td>10</td><td>备料</td><td colspan="5">尺寸为 80 mm×80 mm×25 mm，材料为 2A12 铝</td><td></td><td></td></tr>
<tr><td>20</td><td>数铣</td><td colspan="5">粗、精铣反面平面，达到 78 mm×74 mm×12 mm 的外形，钻 ϕ42mm、ϕ34 mm 内孔至图纸要求并倒角</td><td>VMC850</td><td>机用虎钳</td></tr>
<tr><td>30</td><td>数铣</td><td colspan="5">粗、精铣正面平面，ϕ54 mm 的圆台，12 mm 加强筋，钻 4×ϕ8 mm 通孔至图纸要求并倒角</td><td>VMC850</td><td>机用虎钳</td></tr>
<tr><td>40</td><td>钳</td><td colspan="5">锐边倒钝，去毛刺</td><td>钳台</td><td>台虎钳</td></tr>
<tr><td>50</td><td>清洗</td><td colspan="5">用清洁剂清洗零件</td><td></td><td></td></tr>
<tr><td>60</td><td>检验</td><td colspan="5">按图样尺寸检测</td><td></td><td></td></tr>
<tr><td>编制</td><td></td><td>日期</td><td></td><td>审核</td><td colspan="2"></td><td>日期</td><td></td></tr>
</table>

4. 数控加工程序单

根据机械加工工艺过程卡，填写如表 7-11 所示的机械加工工序卡。

表 7-11 机械加工工序卡

<table>
<tr><td colspan="2" rowspan="2">数控加工程序单</td><td>产品名称</td><td></td><td>零件名称</td><td></td><td>共 页</td></tr>
<tr><td>工序号</td><td></td><td>工序名称</td><td></td><td>第 页</td></tr>
<tr><td>序号</td><td>程序编号</td><td>工序内容</td><td>刀具</td><td>切削深度
(相对最高点)</td><td colspan="2">备注</td></tr>
<tr><td></td><td></td><td></td><td></td><td></td><td colspan="2"></td></tr>
<tr><td></td><td></td><td></td><td></td><td></td><td colspan="2"></td></tr>
<tr><td></td><td></td><td></td><td></td><td></td><td colspan="2"></td></tr>
<tr><td></td><td></td><td></td><td></td><td></td><td colspan="2"></td></tr>
<tr><td colspan="4">装夹示意图：</td><td colspan="3">装夹说明：</td></tr>
<tr><td colspan="2">编程/日期</td><td></td><td>审核/日期</td><td colspan="3"></td></tr>
</table>

5. 零件自检表

考生对加工件自行测量并填写在表 7-12 中。

表 7-12　零件自检表

零件名称	轴承座					允许读数误差	±0.007 mm		考评师评价(填写 T/F)
序号	项目	尺寸要求	使用的量具	测量结果				项目判定	
				NO. 1	NO. 2	N0. 3	平均值		
1	内孔	$\phi42^{+0.039}_{0}$ mm						合/否	
2	长度	$78^{0}_{-0.03}$ mm						合/否	
3	深度	$23^{+0.05}_{0}$ mm						合/否	
结论(对上述三个测量尺寸进行评价)				合格品		次品	废品		
处理意见									

7.3.5　练习题

运用 UG NX 10.0 进行建模，合理选择刀具、优化刀具路径、后处理并仿真加工，练习题 1～7 分别如图 7-65～图 7-71 所示。

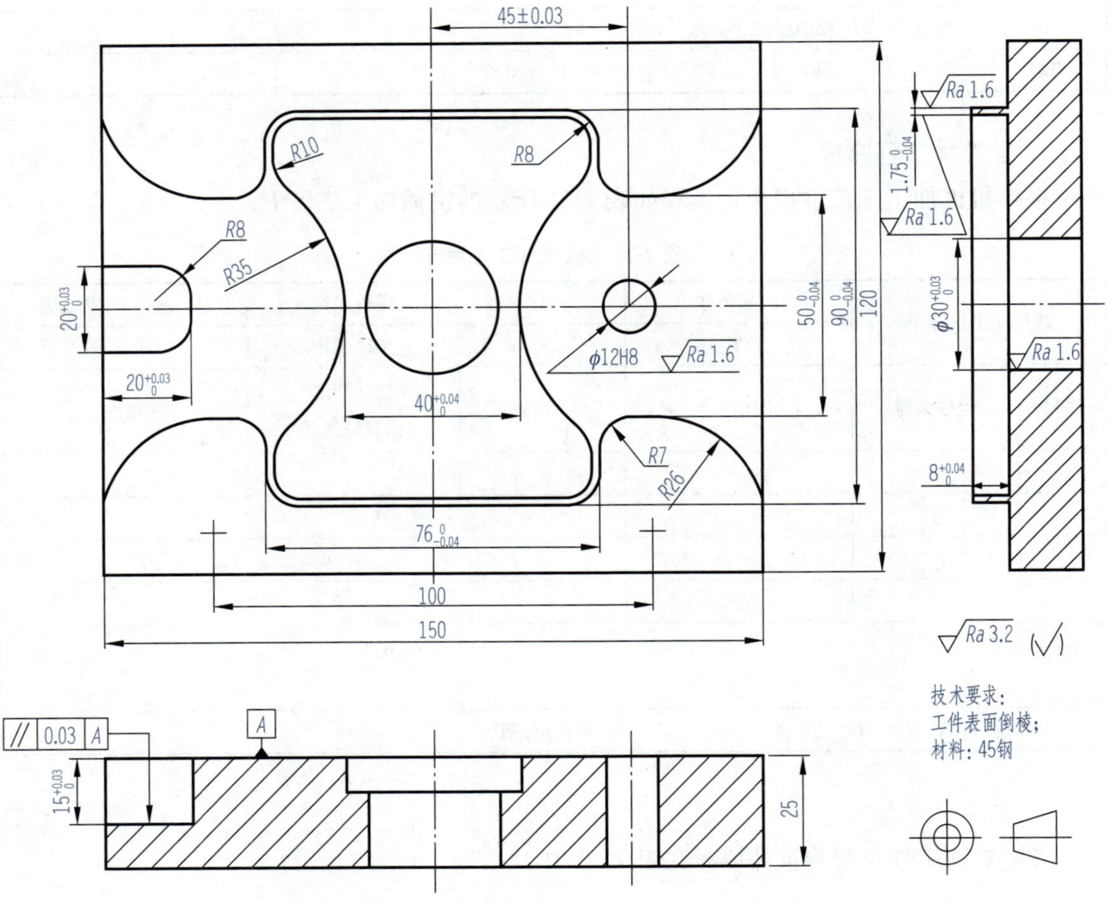

图 7-65　练习题 1

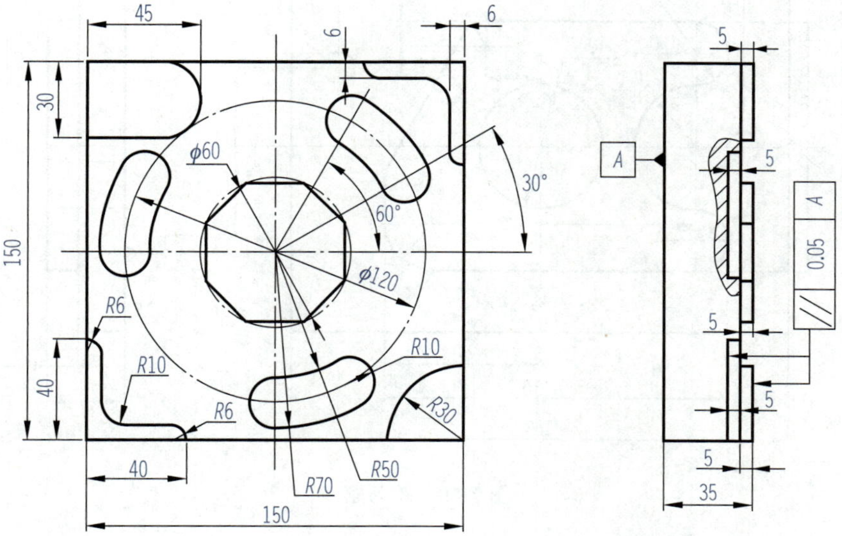

图 7-66 练习题 2

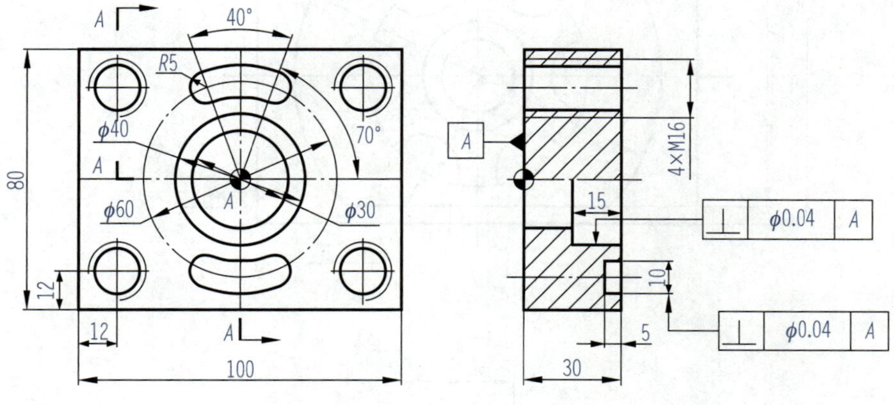

图 7-67 练习题 3

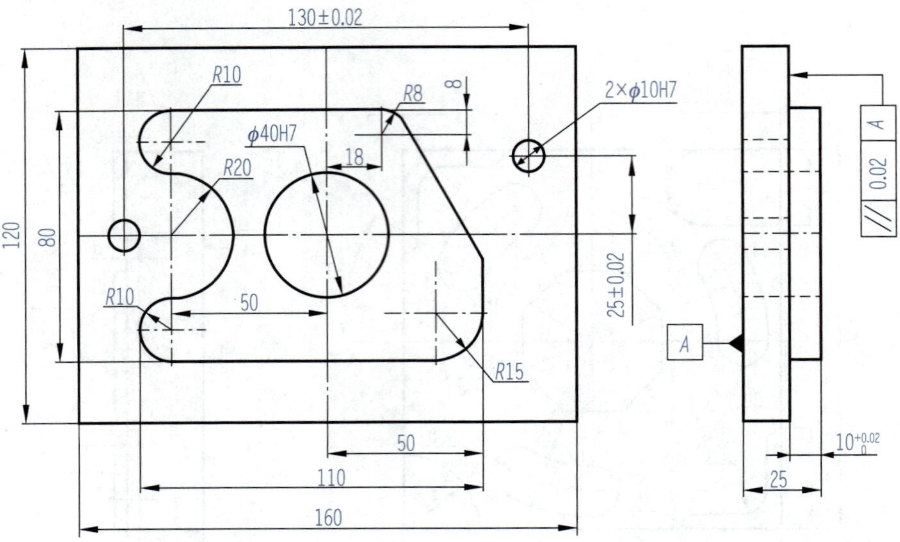

图 7-68　练习题 4

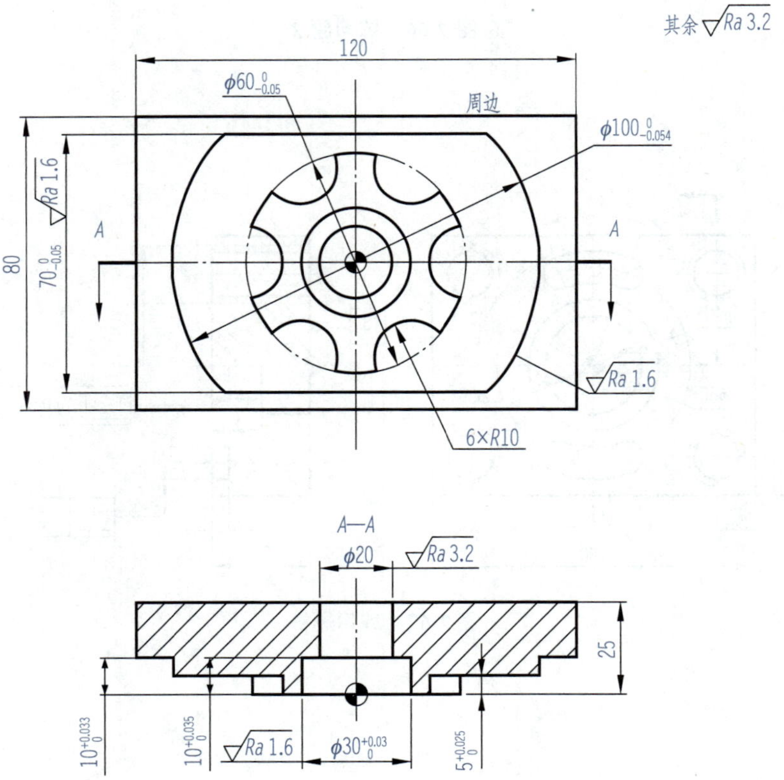

图 7-69　练习题 5

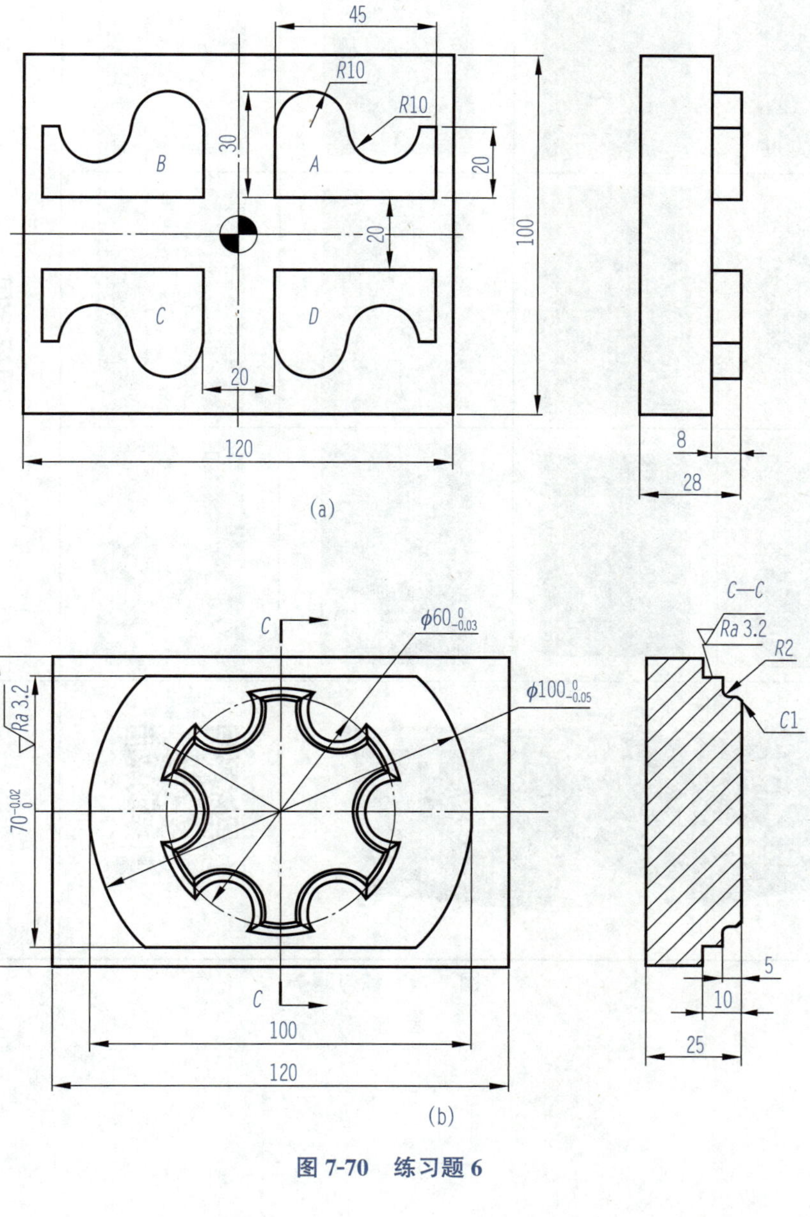
45
R10
R10
30
20
20
100
A
B
C
D
20
120
8
28
(a)
C—C
Ra 3.2
R2
C1
C
C
ϕ60
ϕ100
Ra 3.2
80
70
5
10
25
100
120
(b)

图 7-70 练习题 6

十二生肖

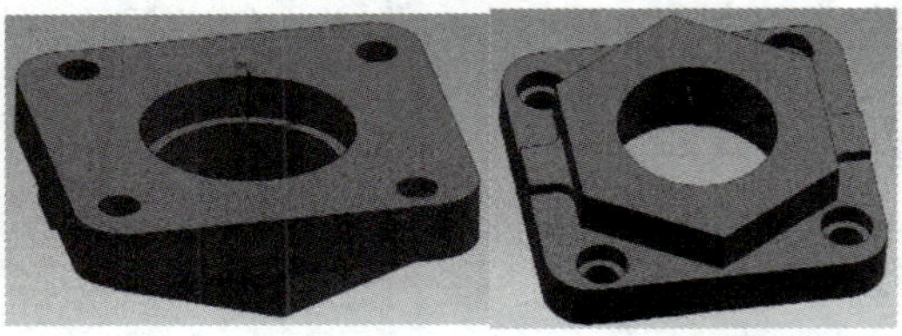

1+X 车铣样题

1+X 车铣样题后处理及机床仿真加工

图 7-71 练习题 7

附 录

1. 综合案例——2012年江苏省数控技能大赛选拔赛样题(巴雷特)

		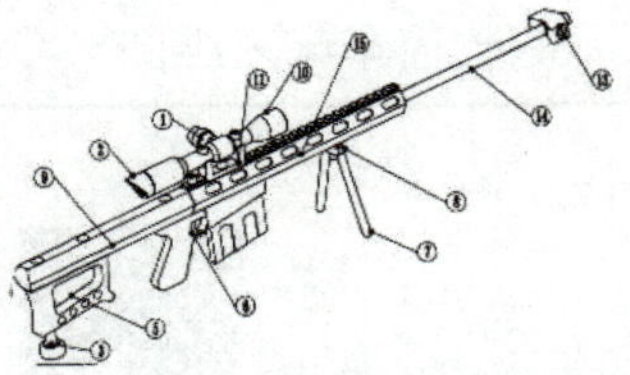
巴雷特图纸	巴雷特三维图	

2. 综合案例——加农炮

		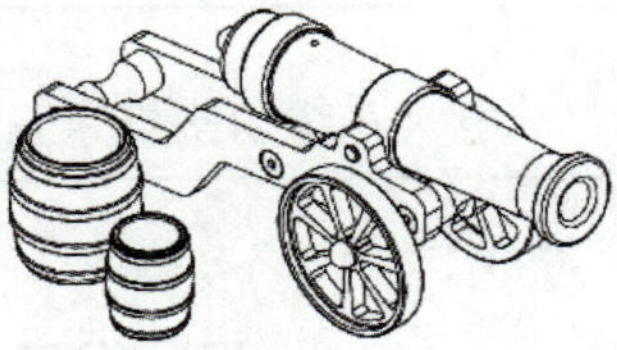
加农炮图纸	加农炮三维图	

3. 综合案例——坦克

	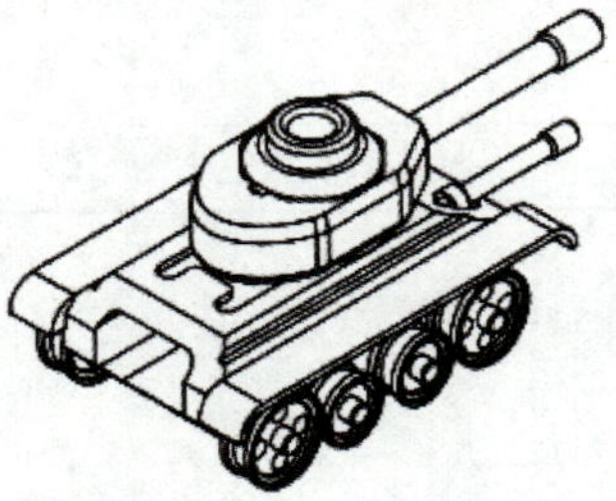
坦克图纸	

4. 综合案例——装甲车

	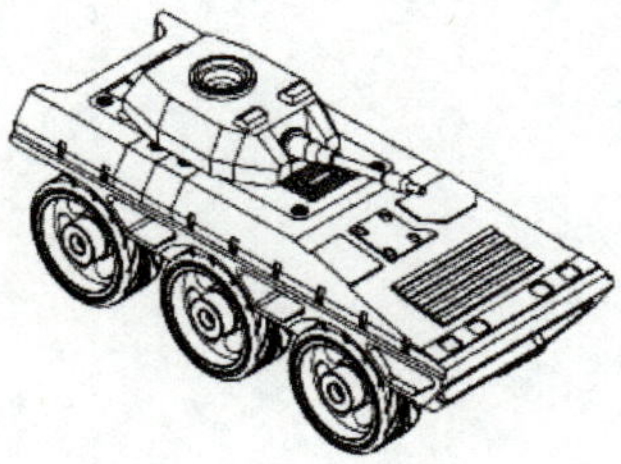
装甲车图纸	

5. 卧式车床三维图

卧式车床三维图	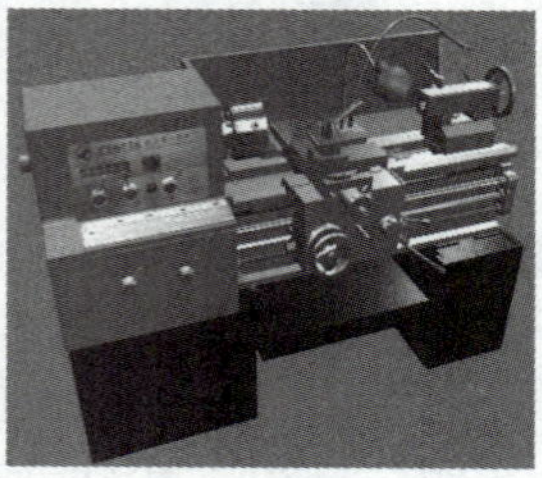

6. 数控车床三维图

数控车床三维图	

7. 电火花线切割机床三维图

线切割机床三维图	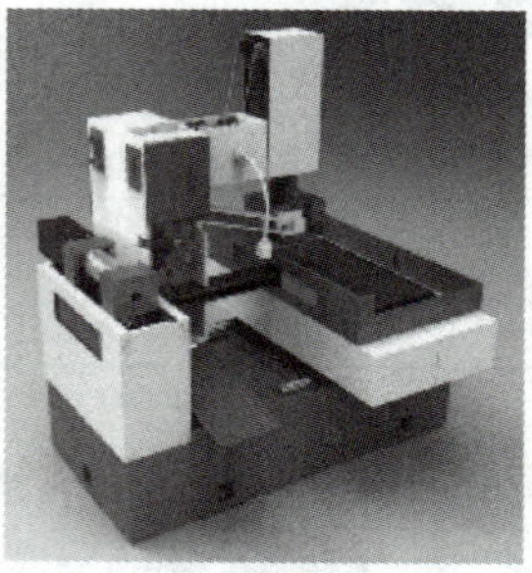

参考文献

[1] 陈学永．工程实训指导书：金工实习[M]. 北京：机械工业出版社，2018.

[2] 张玉中，曹明，陈云峰．钳工实训：修订本[M]. 北京：清华大学出版社，2014.

[3] 龚仲华，靳敏．现代数控机床[M]. 2 版. 北京：高等教育出版社，2017.

[4] 胡丽娜，陈艳．数控编程技术[M]. 2 版．北京：电子工业出版社，2020.

[5] 周前，王红阁．金工实习[M]. 西安：西安电子科技大学出版社，2019.

[6] 吴鸿，李衡．金工实训基础教程[M]. 北京：机械工业出版社，2018.

[7] 史文杰，顾伟强．金工实训教程[M]. 北京：机械工业出版社，2013.

[8] 唐秀梅．NX CAM 初级编程实践教程[M]. 北京：清华大学出版社，2013.

[9] 李东君．UG NX 11.0 CAD/CAM 技术教程[M]. 北京：机械工业出版社，2020.

[10] 张幼军，王世杰．NX CAD/CAM 基础教程[M]. 2 版．北京：清华大学出版社，2011.